人工智能应用人才
能力培养新形态教材

机器学习
原理与应用

王伟 | 主编

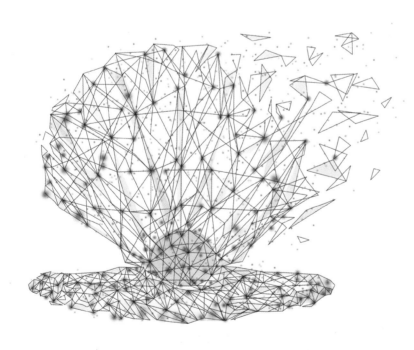

人民邮电出版社

北 京

图书在版编目（CIP）数据

机器学习原理与应用 / 王伟主编. -- 北京 : 人民邮电出版社, 2025. --（人工智能应用人才能力培养新形态教材）. -- ISBN 978-7-115-65206-5

Ⅰ. TP181

中国国家版本馆 CIP 数据核字第 2024LU6134 号

内 容 提 要

本书是机器学习的入门教材，主要讲解机器学习的主流算法原理及其应用。本书着重对线性回归、Logistic 回归、朴素贝叶斯、K 近邻、决策树、支持向量机、K 均值聚类、高斯混合模型、人工神经网络、深度学习、集成学习等经典机器学习算法的原理进行深入、系统的阐述，同时结合鸢尾花识别、在线教学分析、睡眠障碍预测等生活实例介绍其具体应用方法。

本书使用 Python 作为编程语言，强调简单、快速地建立模型，以解决实际问题。本书的算法原理推导深入浅出、简洁明了，同时配有详细的应用讲解，可让初学者真正理解算法，学会使用算法。

本书可作为高等院校计算机科学与技术、数据科学与大数据技术等相关专业的教材，也可作为对机器学习感兴趣的研究人员与工程技术人员的参考书。

◆ 主　编　王　伟

责任编辑　张　斌

责任印制　胡　南

◆ 人民邮电出版社出版发行　　北京市丰台区成寿寺路 11 号

邮编　100164　电子邮件　315@ptpress.com.cn

网址　https://www.ptpress.com.cn

北京隆昌伟业印刷有限公司印刷

◆ 开本：787×1092　1/16

印张：16.25　　　　　　　　2025 年 1 月第 1 版

字数：470 千字　　　　　　　2025 年 1 月北京第 1 次印刷

定价：69.80 元

读者服务热线：(010)81055256　印装质量热线：(010)81055316

反盗版热线：(010)81055315

广告经营许可证：京东市监广登字 20170147 号

前言 INTRODUCTION

机器学习是一种可从观测数据中发现规律或知识，并利用所发现的规律或知识对未知数据进行预测的技术。随着不同行业、不同类型与体量的数据的增长以及超级计算、脑科学等新理论的驱动，机器学习正逐步成为数据处理与分析的核心技术并推动新一代人工智能的跨界融合与跨越式发展。

党的二十大报告提出，建设现代化产业体系，推动战略性新兴产业融合集群发展，构建新一代信息技术、人工智能、生物技术、新能源、新材料、高端装备、绿色环保等一批新的增长引擎。为培养适应新一轮科技革命与产业变革的人工智能类专业人才，国内许多高校开设了数据科学与大数据技术、智能科学与技术、人工智能等新工科专业，而机器学习作为诸多新工科专业的核心课程，其课程内容的设置直接影响着工程教育专业、人工智能认证背景下学生认知、创新与实践能力的提高。从根本上讲，机器学习课程的开设旨在引导学生在理解算法原理的基础上可以创新性地设计新算法以解决新问题，进而提高学生的科学素养与工程能力。为此，编者结合多年的教学经验，将经典机器学习算法的原理及其应用方法进行了归纳与汇编，以期能帮助相关师生进行更有效的教学与学习。

本书主要内容如下。

第 1 章介绍机器学习的基本原理、关键术语、数学本质以及 Python 基础与第三方常用库的使用方法。

第 2 章介绍特征工程，为机器学习算法的学习奠定基础。

第 3~11 章介绍线性回归、Logistic 回归、朴素贝叶斯、K 近邻、决策树、支持向量机、K 均值聚类、高斯混合模型、人工神经网络等经典机器学习算法的原理与应用。

第 12 章介绍自动编码解码器、卷积神经网络、生成对抗网络、残差神经网络与孪生神经网络等深度学习模型。

第 13 章介绍 Boosting、Bagging 与 Stacking 等集成框架。

本书的编写工作分工如下：王伟负责全书结构设计与初始内容撰写，其他编写人员负责各章内容的编写，其中，任国恒编写第 1 章，秦东霞编写第 2~7 章，陈立勇编写第 8 章，殷秀叶编写第 9 章与第 11 章，雷晓艳编写第 10 章，刘琳琳编写第 12 章，宋炯炯编写第 13 章。

特别感谢贺琪琪、张孟琦两位同学对各章初始材料的收集、整理及代码的调试。

本书由河南省重点研发与推广专项（科技攻关）项目基金（232102321068）资助编写。

编者在编写本书的过程中参考的相关文献已在参考文献部分列出，如有疏漏或不当之处请及时指正（E-mail:wangwei@zknu.cn）。

由于编者水平有限，书中难免存在不足之处，敬请各位读者不吝指教。

编　者

2024 年 7 月

目录 CONTENTS

第 1 章　机器学习概述

机器学习（Machine Learning）作为计算机视觉、模式识别等人工智能（Artificial Intelligence）领域诸多研究方向的核心技术，近年来备受人们的重视。在新工科背景下，以机器学习为基础的专业课程作为数据科学与大数据技术、智能科学与技术等专业建设与发展的重要组成部分，也在不同程度地影响着相关人才培养的质量。理解机器学习的原理并掌握其在实际中的具体应用是大数据、人工智能等领域从业人员必备的技能。本章主要介绍机器学习的基本原理、关键术语及数学本质等内容，旨在让初学者对机器学习原理有宏观理解并快速把握机器学习的基本应用方法与过程。

本章学习目标
- 了解机器学习的定义、发展历程与当前进展。
- 掌握机器学习的基本原理、关键术语与数学本质。
- 掌握 Python 编程及机器学习相关库的使用方法。

1.1　机器学习的定义

机器学习是利用特定的方法从历史或观测数据中发现规律或知识并利用所发现的规律或知识对新数据相关问题的求解结果进行预测的技术。由于数据中蕴含的规律或知识在数学形式上可表示为特定的函数或模型，因而通常也可以将机器学习所解决的问题表述为利用已知数据求解特定或未知数学模型的问题。机器学习的基本过程如图 1-1 所示。

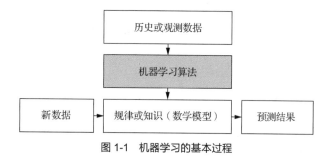

图 1-1　机器学习的基本过程

人类在生活中通过不断的学习积累了许多经验，而且可定期对已知经验进行"归纳"以获得相应的规律或知识；当人类遇到新问题或需要对未知事件的可能结果进行"推测"的时候，可利用这些规律或知识实现对新问题的求解或对未知事件可能结果的推断。事实上，机器"从历史或观测数据中发现规律或知识（或求解数学模型）""预测新数据的相关结果"等过程与人类"根据经验归纳规律或知识""推测未知事件的可能结果"等过程非常类似，本质上可视为人类分析与解决问题过程的模拟。进一步而言，无论是人类还是机器，能否有效归纳或学习规律的关键在于针对特定问题或数据所采用的处理与分析方法是否有效，这也是人们在生活中不断学习及改进学习方法或不断探索机器学习算法的主要原因。

> 📖 **价值引领**
>
> 　　著名学者赫伯特·西蒙（Herbert Simon，1975年图灵奖获得者、1978年诺贝尔经济学奖获得者）教授将"学习"定义为"如果某个系统能通过执行某个过程改进其性能，则这个过程就是学习"，因而，学习的核心目的就是改善性能。其实，对人类而言，此定义也是适用的。例如我们现在正在学习"机器学习"的相关知识，本质是提升自己在机器学习方面的认知水平。如果仅是低层次的重复性学习，而没有达到认知升级的目的，那么即使表面看起来非常勤奋（如天天去图书馆自习），也仅是个"伪学习者"，因为这样的"我们"并没有改善自身的"性能"。无论是人类学习还是机器学习，提高性能、改善自身才是关键。

1.2　机器学习的发展历程与当前进展

　　1950年，"计算机科学之父"阿兰·图灵（Alan Turing）发表论文《计算机器与智能》（Computing Machinery and Intelligence），提出了著名的图灵测试（如果一台机器能够通过与人类进行对话且在对话中表现出与人类相似的智能，那么可以说这台机器具有智能），探讨了机器是否能够思考和具有智能的可能性。几十年来，科研人员围绕机器智能、学习等问题进行了深入的探索与研究，先后涌现出符号主义（关注如何使用逻辑和符号表示和推理知识）、连接主义（关注如何使用神经网络和连接模型模拟人脑的学习和认知过程）等学派以及统计学习（关注如何使用统计学习方法和大量的数据训练机器学习模型）与深度学习（关注如何使用深度神经网络和大规模数据训练更复杂的模型）等方法，极大地推动了计算机视觉、自然语言处理等人工智能技术的快速发展。

1.2.1　发展历程

　　机器学习是人工智能研究发展到一定阶段的必然产物，也是人工智能研究的核心内容，其应用已遍及人工智能的各个领域（如专家系统、模式识别、计算机视觉等）。如表1-1所示，在20世纪50年代初至20世纪70年代初，机器学习研究处于"推理期"，人们认为只要给机器赋予逻辑推理能力，机器即具有智能，其代表性工作主要有艾伦·纽厄尔（Allen Newell）和赫伯特·西蒙的"逻辑理论家"程序及此后的"通用问题求解"程序，他们因此获得1975年的图灵奖。然而，研究者随之发现，人工智能不但要让机器具有逻辑推理能力，而且必须使机器拥有知识。于是，20世纪70年代中期至20世纪80年代，机器学习研究进入"知识期"，大量专家系统问世，"知识工程之父"爱德华·费根鲍姆（Edward Feigenbaum）因为其在专家系统方面的贡献于1994年获得图灵奖。20世纪80年代至今，机器学习研究进入"学习期"，由于专家系统存在"知识工程瓶颈"问题（人工将总结出来的知识教给计算机是相当困难的），研究者逐步将大量精力投入让机器自主学习与应用知识的研究中，代表性工作主要有基于神经网络的连接主义学习技术、以决策理论为基础的统计学习技术、基于逻辑或图结构表示的符号主义学习技术等。在此阶段，机器学习逐步成为解决人工智能问题的主流技术，推动人工智能领域计算机视觉、模式识别等各种研究取得巨大的进展。

表 1-1　机器学习发展的各个阶段

时间段	发展时期	主流技术
20 世纪 50 年代初至 20 世纪 70 年代初	推理期	基于符号知识表示的演绎推理技术
20 世纪 70 年代中期至 20 世纪 80 年代	知识期	基于符号知识表示，通过获取和利用领域知识来建立专家系统
20 世纪 80 年代至今	学习期	符号主义学习技术和连接主义学习技术

1.2.2　当前进展

让机器自主地学习知识与经验以准确、高效地为人类解决特定问题是人工智能领域的基础问题，也是终极目的。近年来，随着智能终端的普及、互联网技术的发展等因素诱发的大数据的产生与相关技术的快速发展，机器学习越来越受到人们的重视，也逐步改变着人类的思维模式并广泛应用于各类行业（如城市数字化建模、智能交通管理、人脸识别等）以有效地提高整体社会生产率。目前，机器学习工程师正逐步成为国内外知名信息技术（Information Technology，IT）企业争抢的技术人才，具有较广阔的发展前景。

Sora、ChatGPT、文心一言等生成式模型的诞生，促使人工智能领域正经历着前所未有的技术进步与创新。未来，量子计算、生物计算和光计算等前沿技术将与人工智能深度融合，为人工智能提供更为强大的计算能力和处理能力。

> **知识拓展**
>
> 机器学习工程师：针对医疗、教育、农业等领域具体问题设计相应的机器学习算法进行求解，通常需要具备 Python 编程、机器学习框架或工具（如 scikit-learn、PyTorch、TensorFlow 等）使用、机器学习算法原理应用与模型构建等能力。随着大数据、人工智能等新一代信息技术的发展，机器学习技术将不断应用于各行各业及各种领域，因而机器学习工程师职业发展前景非常广阔。

近年来，许多新型的机器学习技术不断涌现，也在解决实际问题中获得了较好的效果。

（1）深度学习

深度学习利用深层次的神经网络实现数据不同层次的特征提取，进而可突破人工设计特征可靠性低、需要专家知识等局限。底层特征表达对象的细节或局部信息；高层特征则表达对象的整体或全局信息，通常由不同类型的底层特征通过不同方式的组合或抽象而构成。在深度学习的驱动下，人们在计算机视觉、语音处理、自然语言等方面相继取得了巨大的突破。深度学习的成功主要归功于大数据、大模型与大计算三大因素。近年来，循环神经网络、卷积神经网络、残差神经网络、自动编码解码器等不同类型的深度学习框架或模型层出不穷，极大地推动了人工智能技术的发展。

（2）强化学习

强化学习通过机器与环境进行动态交互或"试错"的方式获得奖赏以指导行为，进而最大化地累积奖赏以确定学习的最佳行为或获取最优的模型。2016 年 3 月，基于深度卷积神经网络与强化学习设计的 AlphaGo 以 4∶1 的比分击败顶尖职业棋手，成为第一个不借助让子而击败围棋职业九段棋手的计算机程序。此次比赛成为人工智能历史上里程碑式的事件，也让强化学习成为机器学习领域的热点研究方向。

（3）迁移学习

迁移学习旨在将针对其他任务（或源任务）训练好的模型迁移至新的学习任务（或目标任务）中，进而帮助新任务解决训练样本不足、训练效率较低等问题。其根本原理在于不同学习任务之间存在一定的相关性（如狗兔识别与猫羊识别）或者相关数据中蕴含相近的规律或知识，因而可实现规律或知识的推广与应用（如会骑摩托车的选手可很快掌握骑自行车的方法）。

（4）对抗学习

对抗学习利用博弈思想或对抗性行为（如产生对抗样本或者对抗模型）加强模型的稳定性，提高数据生成的可靠性，如由生成器与判别器（分别用于生成样本与判别样本的真伪）构成的生成对抗网络被成功应用到图像、语音、文本等领域，成为无监督学习的重要技术之一。

（5）对偶学习

对偶学习的基本思想在于利用学习任务之间的对偶属性获得有效的反馈或正则化，进而引导、加强学习过程，降低深度学习对大规模人工标注数据的依赖。对偶学习已被应用于机器翻译、图像风格转换、问题回答与生成、图像分类与生成、图像转文本与文本转图像等诸多任务中并取得较好的效果。

（6）分布式学习

分布式学习利用多个计算节点进行机器学习模型的训练，通过数据并行、模型并行与混合并行等方式实现大数据、大模型等计算密集型任务的求解，是目前人工智能领域的主流方向之一。

（7）元学习

元学习是近年来机器学习领域的研究热点，其目的在于让机器学会如何进行学习或理解学习本身的思想与方法，而不仅是利用特定的数据完成特定的学习任务。通俗而言，元学习旨在让机器具备举一反三的能力而非只会生搬硬套地解决指定问题，在此情况下，元学习需要能够评估机器当前的学习思想与方法并能根据学习任务对其学习思想与方法进行有效调整。

1.3 机器学习的基本原理与关键术语

本节主要介绍机器学习的基本原理及在构建相关算法时采用的关键术语。

1.3.1 基本原理

机器学习是使计算机具有智能的根本途径，其主要研究如何使计算机模拟人类的行为而从给定的观测数据中学习规律或知识并利用学习到的规律或知识对未知或无法观测的数据进行预测。例如，在"一朝被蛇咬，十年怕井绳"的谚语中，人被蛇咬后，会将蛇细长且柔软的特征作为规律或知识记忆于大脑中；当其遇到草绳时，则会根据此规律或知识对"草绳"的所属类别进行判断（预测），由于草绳也具有细长且柔软的特征，因此会误认为草绳是蛇，进而产生害怕的感觉。事实上，机器学习过程与此非常类似，机器根据人类设定的特定算法可以从观测数据（如"细长且柔软的蛇"）中学习规律或知识（如"细长且柔软的蛇会咬人"），进而也可以对未知数据（如"细长且柔软的草绳"）的所属类别进行预测。

以下通过两则实例说明机器学习要解决的基本问题。

❖ **实例 1-1**：已知表 1-2 所示兔子的数量与食量数据，可以预测 9 只兔子的食量吗？

表 1-2 兔子的数量与食量

数量/只	食量/千克
1	0.2
2	0.5
3	0.8
……	……

此问题其实是机器学习中经典的回归问题。如图 1-2（a）所示，以兔子数量与食量分别为 x、y 坐标轴建立坐标系，则将表 1-2 所示的兔子的数量与食量数据进行可视化时，相应的数据点（黑点）近似呈现逐步上升的趋势；因而可以通过 2 个点求取相关直线 $L_1: y = kx + b$。进而通过求取 $x = 9$ 时的 y 值确定 9 只兔子的食量（即 $y = 1.5$ 千克）。

在此例中，兔子的数量与食量即观测数据，直线 L_1 即根据预测数据预求取的规律或知识，兔子数量 $x=9$ 即新数据，兔子食量 $y=1.5$ 即新数据的预测结果。

❖ **实例 1-2：已知表 1-3 所示狗与兔的尾巴和耳朵特征值，可以根据指定尾巴与耳朵特征值预测出相应的狗或兔类别吗？**

表 1–3　狗与兔的尾巴和耳朵特征值

(尾巴,耳朵)	类别
(0.06,0.9)	兔
(0.4,0.06)	狗
(0.08,0.92)	兔
……	……

此问题其实是机器学习中经典的分类问题。类似于实例 1-1，如图 1-2（b）所示，将(尾巴,耳朵)数据绘制于二维坐标系时，由圈表示的"狗"类别与由黑点表示的"兔"类别具有明显的分类界线；所以，当利用特定算法（如第 8 章的支持向量机）求出分类直线 L_2 后，即可确定新特征所属动物类别，即根据新特征(尾巴,耳朵)值，如(0.87,0.99)，判断相应二维数据（或坐标）与分类界线 L_2 的位置关系，若其在分类界线 L_2 的上侧，则将相应的动物判定为"兔"类别，否则判定为"狗"类别。

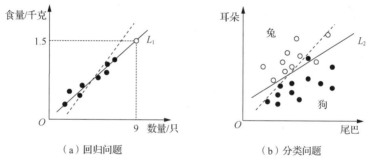

（a）回归问题　　　　　　　　　（b）分类问题

图 1-2　机器学习解决的基本问题

在此例中，狗与兔的尾巴和耳朵的特征值即观测数据，直线 L_2 即根据观测数据预求取的规律或知识，指定尾巴与耳朵特征值即新数据，依此判定的"狗"或"兔"类别即新数据的预测结果。

从以上例子中不难发现，机器学习的过程就是根据特定的方法从观测数据中求取规律或知识的过程。随着大数据时代的到来，如何有效地从海量、价值密度低的数据中求取规律或知识将是机器学习所面临的主要挑战。

1.3.2　关键术语

在机器学习中，数据泛指可输入机器中的客观对象（如文字、图像、视频等），数据集则是相关数据的集合。以下术语是学习机器学习算法的基础。

（1）特征

原始数据通常并不以连续变量或离散变量的形式存在或者对模型的求解并非全部可用，因此需要根据当前问题所涉及的对象（如狗与兔的分类）抽取原始数据中具有代表性的部分（如耳朵与尾巴的特征值等），进而将多个可以表征原始数据的数值型特征组合为向量的形式（称为特征向量）用于模型的求解。在机器学习算法中，由于计算性能和参数的限制，通常要求输入的数据维数不能太高。因此，针对特定的应用（如狗与兔的分类）提取相应特征向量的意义如下。

① 降低数据维度：通过提取特征向量，可在一定程度上降低原始数据的维度以降低模型的复杂度，进而提高模型训练的效率。

② 提升模型性能：优良的特征可有效表示数据中蕴含的与当前问题求解最为相关的信息，有利于提高模型的整体性能。

（2）样本

在机器学习中，样本与样本集主要用于模型的求解；用 $\boldsymbol{x}$ 与 $\boldsymbol{y}$ 分别表示待求模型的输入（即特征向量）与输出（如兔子的食量、狗与兔分类标记等），单个样本通常表示为 $(\boldsymbol{x}_i, \boldsymbol{y}_i)$，样本集表示为 $(\boldsymbol{x}, \boldsymbol{y}) = \{(\boldsymbol{x}_i, \boldsymbol{y}_i)\}_{i=1}^{n}$。如图 1-3 所示，第 1 列与第 2 列为特征及其取值，第 3 列为类别标记，共有 4 个样本，因而相应的样本集表示为 $(\boldsymbol{x}, \boldsymbol{y}) = \{(\boldsymbol{x}_i, \boldsymbol{y}_i)\}_{i=1}^{4}$。需要注意的是，在具体问题的求解中，为突出特征分量，特征向量可进一步表示为 $\boldsymbol{x}_i = (x_i^1, x_i^2, \cdots, x_i^k)$（$k$ 表示特征分量的数量）。在图 1-3 所示例子中，以 x_i^1 与 x_i^2 分别表示尾巴比例与毛色特征，则第 1 个样本表示为 $\boldsymbol{x}_1 = (x_1^1, x_1^2)$。

尾巴比例	毛色（黄/黑: 1/0）	类别（狗/兔: 1/0）
0.41	1	1
0.36	0	1
0.04	1	0
0.05	0	0

图 1-3　样本与特征

在模型的求解过程中，样本通常划分为以下 3 个部分。

① 训练样本：用于模型的求解，其数量通常不低于样本总数的一半。

② 验证样本：用于衡量模型训练或模型参数优化时的性能变化。

③ 测试样本：用于衡量最终模型的性能。

需要注意的是，验证样本只用于监视与辅助模型的求解而不用于评估模型的精度，即使验证时的模型精度为 100%而测试时的模型精度为 10%，最终模型的性能也是较低的。一般情况下，验证样本与测试样本中样本的数量相差不大，两者样本数量之和少于样本总数的一半。

（3）监督学习

监督学习使用已标注的观测数据（如构建狗兔分类模型时，在所用到的每幅图像中将狗或兔所在区域标识出来）求取输入特征向量与输出值之间的映射函数。如实例 1-1 与实例 1-2 所示的回归与分类问题，均通过监督学习的方式进行求解，相关模型的输出值分别为实型数值（如兔的食量）与分类标记（如利用 1 与 0 分别代表狗与兔的类别）。

（4）无监督学习

无监督学习利用未标注的观测数据（即观测数据相应的输出值未知）实现模型的求解，如样本聚类（将具有相同特征的样本聚为一类以使同类样本相似度较高而异类样本相似度较低）、关联规则分析（从数据中发现事物之间的关联或事物共现的概率）等。

一般而言，监督学习是简单、高效的，而无监督学习则更加有用。其主要原因在于人工标注样本不但费时、费力、精度难以得到保证，并且对特定领域数据（如医学与遥感图像）的标注需要业务熟练的专家参与或在求解稀有对象分类或识别问题时不易进行标注。

（5）半监督学习

半监督学习仅利用部分已标注的观测数据实现模型的求解。在实际中，半监督学习不但可有效减少人工的参与，而且可保证模型求解的可靠性。

（6）泛化

泛化是指机器学习模型在学习过程中遇见新样本时的表现，泛化能力是指机器学习模型对未知数据的预测能力。在实际中，通常采用误差、精度等标准评价机器学习模型的泛化能力，泛化能力较强的机器学习模型对问题领域内的训练样本及新样本的预测精度均较高。

（7）拟合

拟合是指当前函数以指定标准逼近数据点的程度，可形象地表述为函数曲线（或模型）在指定标准下距离数据点的远近。根据数据点分布、数量及标准的不同，拟合分为欠拟合、过拟合与好拟合3种。

① 欠拟合：采用过于简单的函数曲线连接数据点，如图1-4（a）所示，机器学习模型在训练时未能对数据中蕴含的规律进行学习，导致其在训练样本与新样本上的精度均很低。欠拟合易于被发现，可通过提高机器学习模型的复杂度或更换机器学习算法解决。

② 过拟合：采用过于复杂的函数曲线或模型试图无偏差地连接所有数据点，如图1-4（b）所示，机器学习模型在训练时趋于将数据中的噪声或非规律性的细节（如某个人脸上的疤痕）视为规律（如人类）而进行学习，导致机器学习模型在训练样本上表现出较高的精度而在新样本上的精度却很低（或泛化能力很弱）。

③ 好拟合：好拟合介于欠拟合和过拟合之间，如图1-4（c）所示，相应的机器学习模型在特定误差的范围内可以对数据中蕴含的规律进行有效学习。

一般情况下，随着机器学习模型复杂度的增大，其在训练数据与测试数据上的错误率在开始阶段均不断降低（欠拟合），之后训练数据上的错误率将继续降低而在测试数据上的错误率将开始上升（泛化能力将降低），此临界点对应的模型复杂度适中，通常具有较强的泛化能力（好拟合），此时即可终止训练，否则将出现过拟合（即机器学习模型过于复杂）问题。

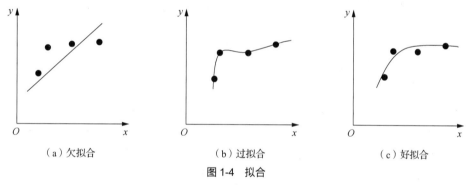

（a）欠拟合　　　　　　　　（b）过拟合　　　　　　　　（c）好拟合

图1-4　拟合

（8）判别函数

特征向量在特征空间（描述同一事物或对象的特征向量所构成的一个向量空间）表现为一个点，如(尾巴,耳朵)的特征向量(0.87,0.99)，为了对特征空间中的点进行分类（如狗与兔的分类），使得不同类别的点分布于不同的子区域中，通常需要确定一个超平面将特征空间分为互不重叠的子区域。超平面由判别函数确定，超平面上的点对应判别函数输出值为 0 或超平面由满足判别函数输出值为 0 的点构成。根据判别函数，可以有效地判定新数据对应的特征向量在特征空间中位于哪个区域，进而确定其相应的类别。

（9）模型训练

模型训练旨在利用特定的算法与样本确定与知识或规律相关的数学表达形式（显式或隐式），一般包括以下几个步骤。

① 特征提取：从数据中提取与问题求解相关的特征以生成样本。

② 划分样本：将样本分成训练样本、验证样本和测试样本3个部分。

③ 模型构建：使用训练样本与验证样本构建模型。

④ 测试模型：使用测试样本验证模型的性能。

⑤ 优化模型：通过更多数据、特征与算法对模型进行优化。

1.4 机器学习的数学本质

在图 1-2 所示的机器学习问题中，从数学角度而言，根据观测数据所求得的规律或知识为直线 L_1 与 L_2（数学函数或模型）。然而，如何确定最优的直线 L_1 与 L_2？在图 1-2（a）所示的回归问题中，虽然两点可确定一条直线，但选择哪两点是最优（如虚线所示直线并非最优）的？而在图 1-2（b）所示的分类问题中，如何确定最优直线（如虚线所示直线也并非最优）以准确地对"狗"和"兔"类别进行分类？

以上问题最终可转换为数学上的最优化问题并进行求解。

1.4.1 模型定义

假设给定由输入数据 x_i（如兔子数量、狗与兔的特征等）与输出目标 y_i（如兔子食量、狗与兔所属类别等）构成的观测数据 $(x,y)=\left\{(x_i,y_i)\right\}_{i=1}^n$，机器学习的目的在于通过特定的算法确定函数或模型 $f(\cdot)$ 以建立输入数据与输出目标之间的关系，即：

$$y=f\big(\Phi(x),\theta\big) \tag{1.1}$$

其中，y 表示函数 $f(\cdot)$ 的输出目标，θ 表示根据观测数据待确定的函数 $f(\cdot)$ 的参数，$\Phi(x)$ 表示输入数据 x 的特征表达（即将原始数据转换为计算机可处理的数据，如(尾巴,耳朵)特征值为(0.87,0.99)），假设输入数据 x 是已经处理好的，式(1.1)也可以直接写成：

$$y=f(x,\theta) \tag{1.2}$$

对于图 1-2 所示的回归与分类问题，函数 $f(\cdot)$ 可通过先验知识事先确定（如直线 $L_1:y=kx+b$），再根据观测数据确定相关的参数（如斜率 k 与截距 b）；然而，对于复杂问题，函数 $f(\cdot)$ 往往是未知的或难以事先确定的，因而在回归或分类误差较大时，需要尝试更复杂的函数（如二次或更高次的多项式）或采用神经网络对难以表达与解析的函数进行求解。

然而，无论采用哪种方式确定函数 $f(\cdot)$，通常均需要采用特定的标准衡量其好坏。在机器学习中，此标准一般称为风险函数，可理解为在求解函数 $f(\cdot)$ 时，当前所采取的函数形式或被优化的参数相对于训练样本所产生的风险，即：

$$R(\theta)=\frac{1}{n}\sum_{i=1}^n L(y_i,\hat{y}_i) \tag{1.3}$$

其中，损失函数 $L(y_i,\hat{y}_i)$ 旨在度量待求函数 $f(\cdot)$ 的输出 $\hat{y}_i$ 与已知观测数据相应 y_i 之间的偏差，具体形式可根据当前问题确定。例如，0-1 损失函数形式为：

$$L(y,\hat{y})=\begin{cases}0 & y=\hat{y}\\1 & 其他\end{cases} \tag{1.4}$$

由于风险函数 $R(\theta)$ 完全根据观测数据构造，因此一般称之为经验风险；理论而言，当风险函数 $R(\theta)$ 最小（即"经验风险最小化"原则）时函数 $f(\cdot)$ 或相关参数最优，即：

$$\theta^*=\arg\min R(\theta) \tag{1.5}$$

为了提高式(1.5)求解的可靠性，在实际中需要在经验风险最小化的基础上，对待求取的参数进行约束或规则化（即"结构风险最小化"原则），即：

$$\theta^*=\arg\min R(\theta)+\lambda\|\theta\|_x \tag{1.6}$$

其中，$\|\theta\|_x$ 为根据当前问题确定的规则化形式，参数 λ 用来控制规则化强度。

1.4.2　模型求解

从式(1.5)与式(1.6)可知，机器学习的本质为根据特定的标准利用已知观测数据确定函数 $f(\cdot)$ 的最优参数，此过程通常称为模型训练或参数优化。

求解式(1.5)与式(1.6)的方法有很多，最常用的方法为梯度下降法，其基本思想类似于游客快速下山的过程（以当前所处位置为基准，首先寻找最陡峭的方向并下山；当到达新位置时，重复此过程直至抵达山脚），相应的数学表示形式为：

$$\theta_{t+1} = \theta_t - \lambda \frac{\partial R(\theta_t)}{\partial \theta} \tag{1.7}$$

其中，梯度 $\partial R(\theta_t)/\partial \theta$ 类似为下山最陡峭的方向，学习率或步长 λ 则控制下山的快慢。

整体而言，从已知观测数据中求取规律或知识的问题最终可转换为数学函数或模型的求解问题，其中需要用到矩阵运算、最优化理论、概率论与数理统计等数学知识，在学习具体机器学习算法前需熟练掌握这些知识。

1.5　Python 基础

Python 是一种解释型、面向对象、动态数据类型的高级程序设计语言，可融合多种科学计算、数据分析与可视化等第三方开源库，特别适合机器学习算法的研究与学习。因而，掌握 Python 编程方法是学习本书内容的基础与前提。

1.5.1　概述

荷兰人吉多·范罗苏姆（Guido van Rossum）于 1989 年开始研发 Python，并于 1991 年发布 Python 的第一个公开版。2000 年 10 月，Python 2.0 发布，2010 年，Python 2.x 系列最后一个版本发布后退出了历史舞台。2008 年 12 月，Python 3.0 发布，其解释器内部完全采用面向对象的方式实现。Python 3.x 与 Python 2.x 系列版本并不兼容，使用 Python 2.x 系列版本编写的库函数必须经过修改才能被 Python 3.x 系列解释器运行。之后，Python 3.x 持续更新。2022 年 10 月，Python 3.11 发布。本书机器学习算法的实现采用 Python 3.7 及以上版本。

Python 是一种功能强大且完善的通用型语言，广泛应用于数据分析、Web 应用开发、科学计算、自动化与系统管理等领域。整体而言，Python 具有以下优点。

① 简单易懂，容易入门。Python 的哲学是简单、优雅，用少的代码写容易看明白的程序。

② 开发效率高。Python 具有丰富的第三方库，覆盖了网络、文件、图形用户界面（Graphical User Interface，GUI）、数据库、文本等大量内容。开发者可以直接调用，大大缩短开发周期。

③ 无须关注底层细节。作为一种高级语言，开发者在使用 Python 编程时无须关注底层细节（如内存管理等）。

④ 功能强大。Python 可用于前端、后端各类应用或模块的开发，功能强大。

⑤ 可移植性。Python 作为一种解释型语言，用它编写的程序可以在任何安装有 Python 解释器的平台执行。

常用的 Python 开发环境有 PyCharm 和 Spyder 两种。

（1）PyCharm

PyCharm 是由 JetBrains 打造的一款 Python 开发环境，支持 Windows、macOS 与 Linux 等操作系统，同时提供调试、语法高亮、项目管理、代码跳转、智能提示、自动完成、单元测试与版本控制等功能，可有效提高 Python 编程的效率。

（2）Spyder

Spyder 是一个强大的、交互式 Python 开发环境，支持 Windows、macOS 与 Linux 等操作系统，同时提供代码编辑、交互测试、调试等功能。与其他 Python 开发环境相比，Spyder 最大的优点就是模仿 MATLAB 的"工作空间"功能，开发者可以很方便地观察与修改数组的值。

1.5.2 基本语法

Python 的设计目标之一是让代码具备高度的可阅读性，其基本语法主要包含变量、关键字、缩进、注释以及输入和输出等。

（1）变量

变量一般是指值可以变化的量。变量在内存中被创建以用来保存和表示数据。在 Python 中，变量名及其类型不需要事先声明，赋值语句可以直接创建任意类型的变量。

等号（=）运算符用来给变量赋值（如 a=1），其左边是变量名，右边是存储在变量中的值。Python 允许同时为多个变量赋值（如 a=b=c=1 或 a,b,c=1,2,"join"）。

需要注意的是，虽然不需要在使用之前显式地声明变量及其类型，并且变量类型随时可以变化，但 Python 解释器会根据等号或赋值运算符右侧表达式的值来自动推断变量类型。此外，在 Python 中定义变量名的时候，需要遵守以下的规范（同样适用于函数名、类名等用户自定义的符号和名称）。

① 变量名只能包含字母、数字和下画线，且不能以数字开头。

② 变量名不能含有空格或标点符号。

③ 不能将 Python 关键字作为变量名。

④ 变量名对英文字母的大小写敏感（如 Machine 和 machine 是不同的变量）。

⑤ 以下画线开头的标识符具有特殊意义。

知识拓展

常用的变量命名方法如下。

（1）小驼峰式命名法：第一个单词以小写字母开始，第二个单词的首字母大写（如 myName）。

（2）大驼峰式命名法：每一个单词的首字母都采用大写字母（如 FirstName）。

（3）用下画线"_"来连接所有的单词（如 send_buf）。

（2）关键字

关键字只允许表达特定的语义，不允许通过任何方式改变其含义，也不能用作变量名、函数名或类名等标识符。在 Python 开发环境中，导入 keyword 库之后，可以使用 print(keyword.kwlist)查看所有关键字，其含义如表 1-4 所示。

表 1-4　Python 中的关键字含义

关键字	含义	关键字	含义
False	比较操作返回的结果，False 与 0 相同	await	声明程序挂起
and	逻辑与操作	del	删除变量或序列的值
as	类型转换	elif	if...else 条件语句
assert	判断变量或条件表达式的值是否为真	else	if...else 条件语句
break	中断循环语句的执行	except	异常捕获
class	定义类	nonlocal	在嵌套函数中声明一个非局部变量
continue	继续执行下一次循环	for	for 循环语句
def	定义函数或方法	finally	异常捕获
from	与 import 结合导入库	if	if...else 条件语句

关键字	含义	关键字	含义
global	定义全局变量	import	与 from 结合导入库
in	判断变量是否在序列中	not	逻辑非操作
is	判断变量是否为某个类的实例	or	逻辑或操作
lambda	定义匿名函数	pass	空的类、方法或函数的占位符
raise	异常抛出操作	try	包含可能会出现的异常语句
return	用于从函数返回计算结果	while	while 循环语句
yield	用于从函数依次返回值	with	对象上下文管理
True	比较操作返回的结果，True 与 1 相同	async	声明一个函数为异步函数
None	空值（根本没有值）		

（3）缩进

Python 遵循严格的缩进规则，用以指示代码之间的层级和包含关系。缩进的空格数是可变的，但是同一个代码块的语句的缩进空格数必须相同。如：

```
if True:
    print("True")
else:
    print("False")
```

（4）注释

应对关键代码和重要业务逻辑代码进行必要的、恰当的注释。注释是用于提高代码可读性的辅助性文字，不被执行。Python 中单行注释采用#开头，多行注释使用 3 个单引号（'''）或 3 个双引号（"""）引起来。

（5）输入和输出

input()和 print()是 Python 的基本输入输出函数，前者用来接收用户的输入，后者用来把数据以指定的格式输出到标准控制台或指定的文件对象。不论用户输入什么内容，input()一律返回字符串，必要的时候可以使用内置函数 int()、float()或 eval()对用户输入的内容进行类型转换。

1.5.3　数据类型

Python 将整数、实数、字符串、列表、元组、字典、集合等数据类型以及函数与类均作为对象进行处理；Python 中常用内置对象如表 1-5 所示。

表 1-5　Python 中常用内置对象

对象类型	类型名称	示例	说明
数字	int float complex	123、0x2aa、0b101 5.45、2.3e5 5+5j、6j	
字符串	str	'python' "I love China" '''This is Python multiple line'''	使用单引号、双引号、三引号作为定界符
列表	list	[1,2,3]	所有元素放在一对方括号中，元素之间用逗号分隔，元素可以是任意类型的
元组	tuple	(1,2,3)	所有元素放在一对圆括号中，元素之间用逗号分隔
字典	dict	{'Name':"xmj",'Age':17}	所有元素放在一对花括号中，元素之间使用逗号分隔，元素形式为"键:值"，键不可以重复
集合	set	{'a','b','c'}	所有元素放在一对花括号中，元素之间使用逗号分隔，元素不允许重复且必须为不可变类型

（1）数字

在 Python 中，内置的数字类型有整数、浮点数和复数。其中，整数类型除了常见的十进制整数，还有二进制（0b 开头）、八进制（0o 开头）和十六进制（0x 开头）整数。对于很大或很小的浮点数，一般采用科学记数法表示（如 1.23×10^9 为 1.23e9、0.000012 为 1.2e-5）。

Python 支持复数类型（复数由实部和虚部组成，实数部分和虚数部分都是浮点型的）及其运算。如：

```
x=3+5j              #x 为复数
print(x.real)       #查看复数实部
>>3.0
print(x.imag)       #查看复数虚部
>>5.0
y=5+3j              #y 为复数
print(x+y)          #复数之间的算术运算
>> (8+8j)
```

💡知识拓展

数据类型之间的关系：数据类型间可进行混合运算，结果生成为"最宽"类型。整数、浮点数与复数在混合运算时逐渐"扩展"或"变宽"，如 123+4.0=127.0（整数+浮点数=浮点数）。

（2）字符串

在 Python 中，没有字符常量与变量的概念，只有字符串类型的常量与变量（即使单个字符也视为字符串处理）。Python 使用单引号、双引号、三单引号、三双引号作为定界符来表示字符串，并且不同的定界符之间可以相互嵌套。

如果要将上述定界符当作正常字符使用，需对其进行转义。常用的转义字符及其作用如表 1-6 所示。

表 1-6　常用的转义字符及其作用

转义字符	作用
\t	制表符（Tab），用于产生约 4 个空格的空白
\n	换行符，用于使后续输出另起一行
\'	转义成单引号
\"	转义成双引号
\\	转义成\
\r	回车符

当然，如果不想使用反斜线（\）转义特殊字符，可以在字符串前面添加一个 r 取消转义，表示原始字符串。如：

```
print(r'\\abcd\\')    #使用 r 取消转义
>>\\abcd\\
```

Python 支持格式化字符串的输出。格式化处理主要用来将变量的值填充到字符串中，对字符串进行格式化显示（左对齐、右对齐、居中对齐、保留数字有效位数）。常用的字符串格式化输出有两种：占位符格式化和 format() 函数格式化。

```
print('Hello ! I %s a %s' % ('am', 'student!'))    #占位符格式化
print('Hello ! I %(v1)s %(v2)s' % {'v1':'am','v2':'a student!'})
print('Hello ! I {} a {}'.format('am','student!'))    #format() 函数格式化
```

字符串支持加号运算符连接字符串、乘号运算符对字符串进行重复、切片访问字符串中的一部分字符等操作。字符串常用基本运算如表 1-7 所示（设变量 a 为字符串"Hello"，变量 b 为字符串"Python"）。

表1-7　字符串常用基本运算

运算符	描述	实例	结果
+	字符串连接	a + b	'HelloPython'
*	重复输出字符串	a * 2	'HelloHello'
[]	通过索引获取字符串中的字符	a[1]	'e'
[:]	截取字符串中的一部分	a[1:4]	'ell'
in	如果字符串中包含给定的字符返回 True	"H" in a	True
not in	如果字符串中不包含给定的字符返回 True	"M" not in a	True

（3）列表

列表（List）是包含若干元素的有序序列。列表的所有元素放在一对方括号中，相邻元素之间使用逗号分隔。在 Python 中，同一个列表中元素的数据类型可以各不相同，能够同时包含整数、实数、字符串等基本类型的元素，也可以包含列表、元组、字典、集合等其他任意对象。如果只有一对方括号而没有任何元素则表示空列表。

① 使用索引的方式访问列表中的值，列表中的元素从 0 开始编号。如：

```
list_example=['xiaowang','xiaozhang','xiaohua']
print(list_example[0])      #访问列表中的第 1 个元素
>>xiaowang
print(list_example[1])      #访问列表中的第 2 个元素
>>xiaozhang
```

② 删除列表元素。del 语句通过给定的索引删除列表中指定位置的元素；remove()函数通过值删除列表的元素；pop()函数用于删除列表指定位置的元素，不指定参数则删除最后一个元素。如：

```
list1=['中国','美国',1997,2000]
del list1[2]                #删除索引为 2 的元素
list1.remove('美国')        #删除值为"美国"的元素
list1.pop(1)                #删除索引为 1 的元素
print(list1)
>>['中国']
```

③ 添加列表元素。append()函数用于向列表尾部追加一个元素；insert()函数用于向列表任意指定位置插入一个元素；extend()函数用于将另一个可迭代对象中的所有元素追加至当前列表的尾部。如：

```
list1=['中国','美国']
list1.append(2003)          #在尾部追加元素
list1.insert(0,2023)        #在指定位置插入元素
list1.extend([2022,2021])   #在尾部追加多个元素
print(list1)
>>['中国', 2023, '美国', 2003,2022,2021]
```

④ 列表的嵌套。列表中的元素亦为列表，这称为列表的嵌套。如：

```
list2=[["CPU","内存"],["硬盘","声卡"]]   #定义一个二维列表
print(list2[0][1])   #以"列表名[索引1][索引2]"的方式获取元素
>>内存
```

⑤ 列表运算。列表同样支持"+""*"运算符，"+"用于组合列表，"*"用于重复列表。如：

```
list3=[1,2]
list4=[3,4]
print(list3+list4)   #组合列表
>>[1, 2, 3, 4]
print(list3*2)       #重复列表
>>[1, 2, 1, 2]
```

（4）元组

元组（Tuple）是只读的列表。只读是指一个元组被创建后，其值或者元素可以被获取，但不能被修改。类似于列表，元组用一对圆括号标识，内部元素用逗号分隔，索引同样从 0 开始。如：

```
tup=()                #创建空元组
tup1=('中国',)          #创建只包含一个元素的元组
tup2=('中国','美国',1997,2000)
print(tup2[0])        #使用索引来访问元组中的值
>>中国
del tup2              #使用del语句删除整个元组
print(tup2)
>>NameError: name 'tup2' is not defined
```

① 基本上关于列表的嵌套以及 in、not in 等运算都适用于元组，切片也适用。那些会导致列表发生改变的函数则不适用于元组，这是因为元组是只读的。如：

```
tuple = ( 'Python', 999 , 9.96, 'Java', 888 )   #创建元组
tinytuple = (123, 456)        #创建元组
y=max(tinytuple)              #max()返回元组元素最大值
print(y)
>>456
print(tuple[1:3])             #元组切片
>>(999, 9.96)
print(tinytuple * 2)          #重复元组
>>(123, 456, 123, 456)
print(tuple + tinytuple)      #连接元组
>>('Python', 999 , 9.96, 'Java', 888, 123, 456)
```

② 元组与列表相互转换。因为元组中的元素不能改变，所以可以将元组转换为列表从而改变其中的元素。实际上列表、元组和字符串之间都可以相互转换。如：

```
tuple=(1,2,3)  #创建元组
list1=list(tuple)         #将元组转换成列表
print(list1)
>>[1, 2, 3]
num=[1,2,3]               #创建列表
print(tuple(num))         #列表转换成元组
>>(1, 2, 3)
str1="I love China!"  #创建字符串
list1=str1.split(" ") #字符串转换成列表
print(list1)
>>['I', 'love','China!']
list1=['I', 'love', 'China!']        #创建列表
str1=" ".join(list1)                 #列表转换成字符串
print(str1)
>>"I love China!"
```

（5）字典

字典（Dict）是包含若干"键:值"元素的无序可变序列，字典中的每个元素包含"键"和"值"两个部分，表示一种映射关系。定义字典时，每个元素的"键"和"值"之间用冒号分隔，不同元组之间用逗号分隔，所有的元素放在一对花括号{}中。

字典中元素的"键"可以是 Python 中的任意不可变数据，例如，整数、实数、复数、字符串、元组等。"键"必须是唯一的，而"值"是可以重复的。如：

```
dict={'Name':"xmj",'Age':17,'Class':'数据科学与大数据技术1班'}        #创建字典
print("dict['Name']:",dict['Name'])   #访问字典的值
>>dict['Name']: xmj
```

① 字典元素的添加、修改与删除。如：

```
dict={'Name':"Linda",'Age':20,'Class':'智能科学与技术1班'}    #创建字典
dict['Age']=18                        #更新键/值对
dict['School']="周口师范学院"         #增加新的键/值对
del dict['Name']                      #用del语句删除键是'Name'的元素
dict.clear()                          #用clear()函数清空字典所有元素
del dict                              #删除字典
```

② 可以使用 values()函数以列表形式返回字典中的所有值；可以使用 items()函数把字典中每个键/值对组成一个元组放在列表中返回；in 运算符用于判断某键是否在字典里。如：

```
dict={'Name':"xmj",'Age':17,'Class':'网络工程1班'}    #创建字典
print('Age' in dict)    #判断Age是否在字典中
>>True
print(dict.values())
>>dict_values(['xmj', 17, '网络工程1班'])    #以列表返回字典中的值
dict={'first':1, 'second':2}    #创建字典
for kv in dict.items():    #以元组形式返回
    print(kv)
>>('first', 1)
    ('second', 2)
```

字典输出的顺序与创建之初的顺序可能不同，字典中各个元素并没有顺序之分（因为不需要通过位置查找元素）。因此，字典的元素存储和查询效率最高。

（6）集合

集合（Set）属于 Python 无序可变序列，使用花括号{}或者 set()函数创建，元素之间使用逗号分隔，同一个集合内的每个元素的值都是唯一的，不允许重复。另外，集合中只能包含数字、字符串、元组等不可变类型的数据，不能包含列表、字典、集合等可变类型的数据。

① 集合对象的创建与删除。如：

```
a={'Python','Java'}    #创建集合对象
x=set()    #创建空集合
b_set=set(['data','information',2023,2.5])
del b_set    #使用del语句删除集合
print(b_set)
>>NameError: name 'b_set' is not defined
```

② 集合元素的增加与删除。add()函数可以为集合增加新元素；update()函数用于合并另外一个集合中的元素到当前集合中；remove()或 discard()函数用于删除集合元素；pop()函数用于删除集合中任意一个元素。如：

```
b_set=set(['data','information',2023,2.5])
b_set.add('math')    #add()函数用于增加集合元素
print(b_set)
>>{'data', 'information', 2023,2.5,'math'}
s={'Python','C','C++'}
s.update({1,2,3},{'Wade','Nash'},{0,1,2})
print(s)    #update()函数用于合并3个集合
>>{0, 1, 2, 'C++', 3, 'C', 'Nash', 'Python', 'Wade'}
s.remove('C')    #删除某个元素，作用与discard()函数一样
print(s)
>>{0, 1, 2, 'C++', 3, 'Nash', 'Python', 'Wade'}
s.pop()    #pop()函数用于随机删除集合中的一个元素
print(s)
>>{0, 1, 2, 'C++', 3, 'Nash', 'Python'}
```

③ 集合运算。Python 中集合支持使用 "-" "|" "&" 运算符进行集合的差集、并集、交集运算。

由于集合本身是无序的，因此不能为集合创建索引或进行切片操作，只能使用 in、not in 运算符或者循环遍历来判断或访问集合元素。如：

```
a=set('abcd')
b=set('cdef')
print(a-b)    #差集
>>{'a', 'b'}
print(a|b)    #并集
>>{'d', 'e', 'a', 'f', 'c', 'b'}
print(a&b)    #交集
>>{'c', 'd'}
print('b' in a)    #判断集合元素
>>True
```

1.5.4　运算符与表达式

在 Python 中，单个常量或变量可以看作最简单的表达式，使用任意运算符连接的式子也属于表达式。Python 支持以下类型的运算符：算术运算符、比较（关系）运算符、赋值运算符、逻辑运算符、位运算符、成员运算符、标识运算符等。

（1）算术运算符

Python 算术运算符除了可以表示常规的算术运算外，还可以用于列表、元组、字符串的连接和重复等。常用的算术运算符如表 1-8 所示（设 a=10，b=2）。

表1-8　常用的算术运算符

运算符	描述	实例
+	加：两个数相加	a+b=>12
-	减：得到负数或两个数的差值	a-b=>8
*	乘：两个数相乘或字符串重复表示	a*b=>20
/	除：两个数相除	a/b=>5.0
%	取模：两个数相除的余数	a%b=>0
**	幂：次幂运算	a**b=>100
//	取整除：返回商的整数部分（向下取整）	9//2 输出结果为 4，9.0//2.0 输出结果为 4.0

（2）比较运算符

Python 比较运算符要求操作数之间必须可比较大小。常用的比较运算符如表 1-9 所示（设 a=10，b=2）。

表1-9　常用的比较运算符

运算符	描述	实例
==	等于：比较对象是否相等	(a==b)=>False
!=或<>	不等于：比较两个对象是否不相等	(a!=b)=>True
>	大于：返回 a 是否大于 b	(a>b)=>True
<	小于：返回 a 是否小于 b	(a<b)=>False
>=	大于或等于：返回 a 是否大于或等于 b	(a>=b)=>True
<=	小于或等于：返回 a 是否小于或等于 b	(a<=b)=>False

（3）赋值运算符

Python 常用的赋值运算符如表 1-10 所示。

表1-10　常用的赋值运算符

运算符	描述	实例
=	简单的赋值运算符	c=a+b 将 a+b 的运算结果赋给 c
+=	加法赋值运算符	c+=a=>c=c+a

续表

运算符	描述	实例
-=	减法赋值运算符	c-=a=>c=c-a
*=	乘法赋值运算符	c*=a=>c=c*a
/=	除法赋值运算符	c/=a=>c=c/a
%=	取模赋值运算符	c%=a=>c=c%a
**=	幂赋值运算符	c**=a=>c=c**a
//=	取整除赋值运算符	c//=a=>c=c//a

赋值运算符左边必须是变量，右边则可以是常量、变量、函数调用，或由常量、变量、函数调用组成的表达式（如 x=1、y=x+1、y=func()）。

（4）逻辑运算符

Python 的逻辑运算符常用来连接条件表达式。常用的逻辑运算符如表 1-11 所示（设 a=10，b=2）。

表 1-11 常用的逻辑运算符

运算符	逻辑表达式	描述	实例
and	x and y	与：如果 x 为 False，x and y 返回 False，否则返回 y 的计算值	(a and b) =>2
or	x or y	或：如果 x 为 True，则返回 x 的值，否则返回 y 的计算值	(a or b) =>10
not	not x	非：如果 x 为 True，则返回 False；如果 x 为 False，则返回 True	not(a and b) =>False

① z>1 and z<5 是判断某数 z 是否大于 1 且小于 5 的逻辑表达式。

② 如果逻辑表达式的操作数不是逻辑值 True 或 False，那么 Python 将非 0 作为真、0 作为假进行运算。

（5）位运算符

Python 的位运算符是把数字看作二进制来进行计算的。Python 常用的位运算符如表 1-12 所示（设 a=1，b=2）。

表 1-12 常用的位运算符

运算符	描述	实例
&	按位与运算符：参与运算的两个值，如果两个相应位都为 1，则该位的结果为 1，否则为 0	(a&b)=>0
|	按位或运算符：只要对应的两个二进位有一个为 1，结果位就为 1	(a|b)=>3
^	按位异或运算符：当两对应的二进位相异时，结果为 1	(a^b)=>3
~	按位取反运算符：对数据的每个二进位取反，即把 1 变为 0，把 0 变为 1。~ x 等价于-x-1	(~ a)=>-2
<<	左移运算符：运算数的各二进位全部左移若干位，由<<右边的数字指定移动的位数，高位丢弃，低位补 0	a<<2=>4
>>	右移运算符：把>>左边的运算数的各二进位全部右移若干位，由>>右边的数字指定移动的位数	a>>2=>0

（6）成员运算符

Python 还支持成员运算符用于成员测试，即测试一个对象是否包含另一个对象。Python 常用的成员运算符如表 1-13 所示（设 a='abc'，b='abcdef'）。

表 1-13 常用的成员运算符

运算符	描述	实例
in	如果在指定的序列中找到值返回 True，否则返回 False	a in b => True
not in	如果在指定的序列中没有找到值返回 True，否则返回 False	a not in b => False

（7）标识运算符

Python 的标识运算符用于比较两个对象的存储单元。Python 常用的标识运算符如表 1-14 所示（设 a='abc'，b='abcdef'）。

表 1-14　常用的标识运算符

运算符	描述	实例
is	is 用于判断两个标识符是不是引用自一个对象	a is b => False
is not	is not 用于判断两个标识符是不是引用自不同对象	a is not b => True

is 用于判断两个变量引用的对象是否为同一个，而 == 用于判断引用变量的值是否相等。

（8）运算符优先级

Python 运算符优先级规则如表 1-15 所示。

表 1-15　运算符优先级规则

运算符	描述
**	指数（最高优先级）
~、+、-	按位取反、一元加号和减号
*、/、%、//	乘、除、取模和取整除
+、-	加法、减法
>>、<<	右移、左移运算符
&	位'AND'
^、|	位运算符
<=、<、>、>=	比较运算符
<>、==、!=	等于运算符
=、%=、/=、//=、-=、+=、*=、**=	赋值运算符
is、is not	标识运算符
in、not in	成员运算符
not、and、or	逻辑运算符

1.5.5　程序控制结构

在表达特定的业务逻辑时，不可避免地要使用选择结构和循环结构，并且必要时还会对这两种结构进行嵌套使用。Python 中用于实现流程控制的特定语句介绍如下。

（1）选择结构

Python 中的选择结构主要包括单分支选择结构、双分支选择结构和多分支选择结构。

① 单分支选择结构

单分支选择结构的语法如下。表达式后的冒号（:）是不可缺少的，表示一个语句块的开始，并且语句块必须做相应的缩进。

```
if 表达式:
    语句块
```

② 双分支选择结构

双分支选择结构的语法如下。当表达式值为 True 时执行语句块 1，否则执行语句块 2。语句块 1 或语句块 2 总有一个会执行。同样以缩进来表示一个语句块。

```
if 表达式:
    语句块 1
```

```
else:
    语句块 2
```

③ 多分支选择结构

多分支选择结构的语法如下。由于 Python 不支持 switch 语句，因此多个条件判断只能用 elif 实现。其中，关键字 elif 是 else if 的缩写。

```
if 表达式1:
    语句块 1
elif 表达式2:
    语句块 2
elif 表达式3:
    语句块 3
...
else:
    语句块 n
```

如果需要同时判断多个条件，可以使用或（or），表示两个条件有一个成立即可；使用与（and）时，表示只有两个条件同时成立才符合要求。示例如下。

```
score=95
if score>100 or score<0:
    print("非法成绩")
elif score>=60 and score<70:
    print("合格")
elif score>=70 and score<90:
    print("良好")
elif score>=90 and score<=100:
    print("优秀")
else:
    print("不及格")
```

（2）pass 语句

Python 中的 pass 是空语句，pass 语句不做任何事情，表示一个占位符，一般用作占位语句，能够保证程序代码结构正确。pass 语句可以用在选择结构中或者类和函数的定义中。示例如下。

```
if a<b:    #pass 语句用在选择结构中
    pass
else:
    z=a
class A:    #pass 语句用在类的定义中
    pass
def demo():    #pass 语句用在函数的定义中
    pass
```

（3）循环结构

Python 主要有 for 循环和 while 循环两种形式的循环结构。多个循环可以嵌套使用，循环结构也可以和选择结构嵌套使用来实现复杂的业务逻辑。

在 Python 中，循环结构可以带 else 子句，其执行过程为：如果循环因为条件表达式不成立或序列遍历自然结束，则执行 else 结构中的语句。但如果循环是因为执行了 break 语句而提前结束，则不会执行 else 结构中的语句。while 循环和 for 循环的语法分别如下。

① while 循环

```
while 条件表达式:
    循环语句
[else:
    else 子句代码块]
```

执行语句可以是单个语句或语句块。判断条件可以是任何表达式，任何非 0 或非空（Null）的值均为 True。当判断条件为假（False）时，循环结束。示例如下。

```
count = 0
while count < 5:
    print('The count is:',count)
    count = count + 1
print("Good bye!")
>>The count is:0
  The count is:1
  The count is:2
  The count is:3
  The count is:4
  Good bye!
```

② for 循环

```
for 循环变量 in 可迭代对象:
    循环体
[else:
    else 子句代码块]
```

for 语句的执行过程是：每次循环，判断循环变量是否还在序列中。如果在，循环继续；如果不在，则结束循环。示例如下。

```
fruits = ['banana','apple','mango']    #定义一个列表
for i in range(len(fruits)):    #循环变量为索引
        print('当前水果:',fruits[i])
print("Good bye!")
>>当前水果: banana
  当前水果: apple
  当前水果: mango
  Good bye!
```

（4）break 语句和 continue 语句

break 语句和 continue 语句在 while 循环和 for 循环中都可以使用，常与选择结构结合使用。执行 break 语句，可跳出并结束当前整个循环；continue 语句的作用是提前结束本次循环，并忽略 continue 之后的语句，提前进入下一次循环。示例如下。

```
var = 3
while var > 0:
    var = var -1
    if var == 1:
        continue
    print("当前变量值: ",var)
print("Good bye!")
>>当前变量值 : 2
  当前变量值 : 0
  Good bye!
```

（5）循环嵌套

循环嵌套时，外层循环和内层循环是包含关系，即内层循环必须被完全包含在外层循环中。当程序中出现循环嵌套时，程序每执行一次外层循环，则其内层循环必须循环所规定的次数（即内层循环结束）后，才能进入外层循环的下一次循环。示例如下。

```
#输出九九乘法表
for i in range(1,10):
    for j in range(1,i+1):
        print(i,'*',j,'=',i*j,'\t',end=" ")    #end=" "的作用是不换行
    print("")    #仅起换行作用
```

1.5.6 函数

函数将一组命令语句封装在一起，以便重复调用。函数可促进"代码重用"，并减少代码冗余。使用函数还有助于将一个 Python 程序所需完成的任务分解为若干定义清晰的子任务，每个子任务由一个函数完成。

（1）基本语法

在 Python 中，函数的定义语法如下。

```
def 函数名([参数列表]):
    #注释
    函数体
    return 表达式
```

其中，def 是用来定义函数的关键字。定义函数时在语法上需要注意以下问题。

① 函数的参数必须放在圆括号中。

② 函数内容从冒号后起始，并且缩进。

③ 函数的第一行语句可以选择性地使用文档字符串说明函数功能。

④ return 表达式结束函数，选择性地返回一个值给调用方。

（2）函数参数

函数定义时，圆括号内是使用逗号分隔的形参列表，函数可以有多个参数，也可以没有参数。调用函数时向其传递实参，将实参的引用传递给形参。

① 位置参数

位置参数是比较常用的形式，调用时，实参和形参的顺序必须严格一致，并且实参和形参的数量必须相同。示例如下。

```
def printme(str):
    print (str)
    return
printme()   #参数调用错误，将显示错误提示!
printme(str="python")
>>python
```

② 关键字参数

函数调用使用关键字参数来确定传入的参数值。使用关键字参数允许函数调用时参数的顺序与声明时的不一致，这是因为 Python 解释器能用参数名匹配参数值。示例如下。

```
def printinfo( name, age ):
    #输出任何传入的字符串
    print ("名字: ", name)
    print ("年龄: ", age)
    return
printinfo( age=50, name="张三" )
>>名字: 张三
年龄: 50
```

③ 默认值参数

Python 支持默认值参数，在定义函数时可以为形参设置默认值。调用函数时，如果没有传递参数，程序就会使用默认值。默认值在定义函数时指定。示例如下。

```
def printinfo( name, age = 35 ):   #age 的默认值为 35
    print ("名字: ", name)
    print ("年龄: ", age)
    return
printinfo( name="李四" )
>>名字: 李四
年龄: 35
```

④ 不定长参数

不定长参数在定义函数时有*parameter 和**parameter 两种形式，前者用来接收任意多个位置实参并将其放在一个元组中，后者用来接收多个关键参数并将其放入字典中。元组和字典的长度无法提前确定，因此称为不定长参数。示例如下。

```
def printinfo( arg1, *vartuple ):
    print (arg1)
    print (vartuple)
printinfo( 70, 60, 50 )      #*参数放在元组中
>>70
(60, 50)
printinfo( 10 )              #没指定*参数，则视为空元组
>>10
def printinfo( arg1, **vardict ):
    print (arg1)
    print (vardict)
printinfo(1, a=2,b=3)        #**参数放在字典中
>>1
{'a': 2, 'b': 3}
```

（3）匿名函数

lambda 表达式常用来声明匿名函数，匿名函数就是没有名称的函数，不使用 def 定义。lambda 表达式只可以包含一个表达式，不允许包含复杂语句和结构，但在表达式中可以调用其他函数，该表达式的计算结果相当于函数的返回值。匿名函数的声明格式：lambda [arg1 [,arg2,...,argn]]:表达式。示例如下。

```
sum = lambda arg1, arg2: arg1 + arg2  # 求和函数
print ("相加后的值为: ", sum( 10, 20 ))  # 调用 sum()函数
>>相加后的值为:30
```

💡知识拓展

lambda 与 def 的区别如下。

（1）def 定义的函数有名称，lambda 定义的函数没有名称。

（2）lambda 定义的函数通常返回一个对象或表达式，不会将返回结果赋值给一个变量，而 def 定义的函数可以。

（3）lambda 定义的函数只有一个表达式，函数体比 def 定义的函数的简单。

（4）lambda 表达式的冒号后面只能有一个表达式，def 后的可以有多个。

（5）if、for 等语句不能用于 lambda 定义的函数，但可以用于 def 定义的函数。

（6）lambda 用于定义简单的函数，def 可以定义复杂的函数。

（7）lambda 定义的函数不能共享给别的程序调用，而 def 定义的函数可以。

（4）递归函数

如果在一个函数中直接或间接地调用了函数自身，则称这个函数为递归函数。函数的递归调用是函数调用的一种特殊情况，当某个条件得到满足的时候则不再调用。示例如下。

```
#计算任意数的阶乘
def func(num):
    count=num
    if count==1:
        result=1
    else:
        result=func(count-1)*count    #函数递归调用
    return result
print(func(5))
>>120
```

（5）变量作用域

变量作用域是指变量起作用的代码范围，处于不同作用域内的同名变量互不影响。在 Python 中，只有当变量在 module（模块）、class（类）、def（函数）中定义时才会有作用域的概念。Python 变量作用域可以分为以下 4 种。

① 局部作用域 L（Local）：函数内的区域，包括局部变量和参数。

② 嵌套作用域 E（Enclosing）：外面嵌套函数区域。

③ 全局作用域 G（Global）：在模块文件顶层声明的变量具有全局作用域，全局作用域的作用范围仅限于单个模块文件内。

④ 内置作用域 B（Built-in）：Python 解释器内置的一些变量和函数。

Python 中变量采用 L→E→G→B 的顺序查找。

（6）全局变量和局部变量

定义在函数内部的变量拥有局部作用域，定义在函数外的变量拥有全局作用域。局部变量只能在其被声明的函数内部被访问，而全局变量可以在整个程序范围内被访问。示例如下。

```
total = 0    #全局变量
def sum( arg1, arg2 ):
    total = arg1 + arg2    #此处 total 为局部变量
    print ("函数内是局部变量: ", total)    #此处 total 为 30
    return total
sum( 10, 20 )
print ("函数外是全局变量: ", total)    #此处 total 为 0
```

（7）global 和 nonlocal 关键字

global 在函数中用于修改全局作用域变量的值；nonlocal 在函数中用于修改嵌套作用域中变量的值。示例如下。

```
x = 99
def func()
    global x    #修改全局作用域
    x = 88
func()
print(x)
>>88
def func():
    count = 1
    def foo():
        nonlocal count        #修改嵌套作用域
        count = 12
    foo()
    print(count)
func()
>>12
```

注意

　　使用 global 关键字修饰的变量之前可以未定义，而使用 nonlocal 关键字修饰的变量在嵌套作用域中必须已经存在。

1.5.7　面向对象

Python 是面向对象的解释型高级动态编程语言。面向对象（Object Oriented）是一种对现实世界进行理解和抽象的方法，把相关的数据和方法组织为一个整体来看待。不同对象之间通过消息机制来通信。对相同类型的对象抽象后，得出共同的特征而形成类（关键字为 class）。创建类时用变量形式表示对象特征的成员称为数据成员，用函数形式表示对象行为的成员称为成员方法，数据成员和成员方法统称为类的成员。

（1）类的定义与使用

Python 使用关键字 class 来定义类，class 后面是类的名字，然后是冒号，最后换行并定义类的内部实现，其基本语法格式如下。

```
class 类名:
    类的属性
    类的方法
```

完成类的定义之后，可以用类实例化对象，并通过"对象名.成员"的方式访问其中的数据成员或成员方法。示例如下。

```
class MyClass:
    i = 12345
    def f(self):
        return 'hello world'
x = MyClass()        #实例化对象
print(x.i)           #访问类的数据成员
>>12345
print(x.f())         #访问类的成员方法
>>hello world
```

（2）构造函数

构造函数主要用于在创建对象时为对象成员变量赋初始值。在 Python 中，构造函数名称为 __init__()（init 前后各两个横短线）。在类实例化时，系统将自动调用构造函数以对相关对象进行初始化。示例如下。

```
class Boy:
    strName='zknu'
    intAge=50
    def __init__(self,name,age):
        self.strName=name
        self.intAge=age
    def Intr(self):
        print('My name:',self.strName)
        print('My age:',self.intAge)
Y=Boy('xiaowang',18)
Y.Intr()
>>My name: xiaowang
  My age: 18
```

知识拓展

self 的使用：在方法的定义中，第 1 个参数默认为 self。self 表示的是对象本身，当某个对象调用方法的时候，Python 解释器会把这个对象作为第 1 个参数传给 self，用户只需要传递后面的参数就可以了。示例如下。

```
class Test:
        def prt(self):
                print(self)
                print(self.__class__)
t = Test()
t.prt()
>> <__main__.Test object at 0x0000020CA6C3B310>
    <class '__main__.Test'>
```

从执行结果可以看出，self 代表的是类的实例对象，输出的是当前对象的地址，而 self.__class__ 指向类。

（3）类的属性与方法

从形式上看，在定义类的成员时，如果成员名以两条下画线开头但是不以两条下画线结束，则表示是私有成员。在类的外部不能直接访问私有成员，可以使用 self.__private_attrs 或 self.__private_methods 的方式使用类内部的私有成员。示例如下。

```python
class JustCounter:
    __secretCount = 0       #私有变量
    publicCount = 0         #公有变量
    def count(self):
        self.__secretCount += 1
        self.publicCount += 1
        print (self.__secretCount)
counter = JustCounter()
counter.count()
counter.count()
print (counter.publicCount)
>>1
 2
 2
print (counter.__secretCount)    #提示错误，即实例不能访问私有变量
class Site:
    def __init__(self, name):
        self.name = name
    def who(self):
        print('name  : ', self.name)
    def __foo(self):    #私有方法
        print('这是私有方法')
    def foo(self):      #公有方法
        print('这是公有方法')
        self.__foo()
x = Site('学习强国, www.xuexi.cn/')
x.foo()
>>这是公有方法
 这是私有方法    #正常输出
x.__foo()      #提示"self.__foo()"错误，即私有方法不能在类外调用
```

（4）继承

继承是一种实现设计复用和代码复用的机制，描述的是事物之间的从属关系。类的继承是指在一个现有类的基础上构建一个新的类。在继承关系中，已有的类称为父类或基类，新设计的类称为子类或派生类。子类可以继承父类的公有成员，但是不能继承其私有成员。如果需要在子类中调用父类的方法，可以使用内置函数 super() 或者通过"父类名.函数名()"的方式实现。继承可以分为单继承和多继承。示例如下。

```python
class People:
    name=''
    age=0
    __weight =0    #定义私有属性，私有属性在类外部无法直接进行访问
    def __init__(self,n,a,w):
        self.name=n
        self.age=a
        self.__weight=w
    def speak(self):
        print('Name:%s;Age:%d'%(self.name, self.age))
#单继承示例
class Student(People):
    grade=''
    def __init__(self,n,a,w,g):
        People.__init__(self,n,a,w)    #调用父类的构造函数
        self.grade=g
#重写父类的方法
```

```
        def speak(self):
             print("Name:%s;Age:%d;Grade:%d"%(self.name,self.age,self.grade))
s=Student('ken',10,30,3)
s.speak()    #输出结果
>>Name:ken;Age:10;Grade:3
#多继承示例
class Speaker():    #另一个类，多重继承之前的内容
     topic = ''
     name = ''
     def __init__(self,n,t):
            self.name = n
            self.topic = t
     def speak(self):
            print("I am %s, I like %s"%(self.name,self.topic))
#多重继承
class Sample(Speaker,Student):
     a =''
     def __init__(self,n,a,w,g,t):
            Student.__init__(self,n,a,w,g)
            Speaker.__init__(self,n,t)
test = Sample("xiaowang",25,80,4,"Python")
test.speak()    #输出结果
>>I am xiaowang, I like Python
```

（5）类的特殊函数

在 Python 中，不管类的名字是什么，构造函数都叫作__init__()，析构函数都叫作__del__()，分别用来在创建对象时进行必要的初始化和在释放对象时进行必要的工作。

除了构造函数和析构函数外，还有大量的特殊函数，表 1-16 所示为比较常用的特殊函数。

表 1-16　比较常用的特殊函数

函数	功能说明	函数	功能说明
__init__()	构造函数，创建对象时自动调用	__call__()	函数调用
__del__()	析构函数，释放对象时自动调用	__cmp__()	比较运算
__add__()	加运算（+）	__pos__()	一元运算符+，正号
__sub__()	减运算（−）	__neg__()	一元运算符-，负号
__mul__()	乘运算（*）	__contains__()	与成员运算符 in 对应
__div__()	除运算（/）	__mod__()	求余运算（%）
__getitem__()	按照索引获取值	__pow__()	乘方运算（**）
__len__()	获得长度	__setitem__()	按照索引赋值

1.5.8　文件

文件是长久保存信息并允许重复使用和反复修改的重要方式，同时也是信息交换的重要途径。Python 中操作的文件按数据的组织形式可以分为文本文件和二进制文件两类。

（1）文件的打开关闭操作

无论是文本文件还是二进制文件，操作流程基本一样，首先打开文件并创建文件对象，然后通过该文件对象对文件内容进行读取、写入、删除和修改等操作，最后使用 close()函数关闭并保存文件内容。open()函数可以按指定模式打开文件并返回一个文件对象，基本语法格式如下。

```
open (filename, mode)
```

其中，filename 为要访问的文件名称的字符串值，mode 为打开文件的模式。常用的文件打开模式如表 1-17 所示。

表 1–17　常用文件打开模式

模式	说明
r	以只读的方式打开文件，文件指针位于文件开头，为默认模式
w	写模式，如果该文件已存在则会覆盖原文件，如果不存在则创建新文件
rb	以二进制格式打开一个文件用于只读，文件指针位于文件开头
r+	打开一个文件用于读写，文件指针位于文件开头
rb+	以二进制格式打开一个文件用于读写，文件指针位于文件开头
wb	以二进制格式打开一个文件用于写入
w+	打开一个文件用于读写
wb+	以二进制格式打开一个文件用于读写，如果文件存在则覆盖，如果不存在则创建新文件
a	追加模式，不覆盖文件中原有的内容
ab	以二进制格式打开一个文件用于追加写入
a+	读写，文件打开时会是追加模式，若文件不存在则创建新文件
ab+	以二进制格式打开一个文件用于追加写入

（2）文件对象的常用函数

Python 提供 open()函数打开文件并返回一个文件对象，通过该文件对象可以对文件进行读写操作，文件对象常用函数如表 1-18 所示。

表 1–18　文件对象常用函数

函数	功能说明
read([size])	从文本文件中读取 size 个字符作为结果返回，或从二进制文件中读取 size 个字节并返回，如果省略 size 则表示读取所有内容
readline()	从文本文件中读取一行内容作为结果返回
readlines()	把文本文件中的每行文本作为一个字符串存入列表中，返回该列表
write(string)	将 string 写入文件中，然后返回写入的字符数
tell()	返回文件对象当前所处的位置
seek(offset[,whence])	把文件指针移动到指定位置，offset 表示相对于 whence 的偏移量。whence 为 0 表示从文件开头计算，1 表示从当前位置开始计算，2 表示从文件尾开始计算，默认值为 0
close()	把缓冲区的内容写入文件，同时关闭文件，并释放文件对象

整体而言，Python 具有清晰的语法结构，包含许多高级数据类型（如列表、元组、字典、集合等），不但易于学习，而且功能强大。此外，Python 可集成 NumPy、SciPy、Matplotlib 等科学计算与可视化库，具有较强的灵活性与可扩充性。

1.6　常用库

机器学习算法的设计及相关数据的处理需用到科学计算库（NumPy）、机器学习库（scikit-learn）、绘图库（Matplotlib）和图像处理库，本节简要进行介绍。

1.6.1　科学计算库

NumPy（Numerical Python 的缩写）库是一个开源的 Python 科学计算库，主要用于数组计算，面向多维数组与矩阵运算，涵盖线性代数运算、傅里叶变换和随机数生成等功能。NumPy 库提供了大量易于使用且运算高效的数据类型与操作方法，是构建机器学习模型的基础。NumPy 库的导入方式如下。

```
import numpy as np
```

NumPy 中的数组对象十分重要，数组对象可以用于对批量数据进行存储和集中处理。数组（Array）是有序的元组序列，数据对象的基本操作主要有数组对象的创建和常用属性设置、数据元素的访问与修改、数组对象的基本运算和常用函数设置。

（1）数组的创建

创建 NumPy 数组的方式主要有 3 种：用 array()函数创建数组；用 zeros()、ones()、empty()函数创建数组；用 arange()函数创建等间隔的数字数组。如：

```
a= np.array([1,2,3])        #创建一个一维数组
a=np.array(((1,2,3),(4,5,6)))  #创建一个二维数组
a=np.array([[[8,9],[8,8]],[4,8]])   #创建一个多维数组
print(a)
>>[[list([8, 9]) list([8, 8])] [4 8]]
array=np.zeros(3)   #使用zeros()函数创建一维数组
print(array)
>>[0. 0. 0.]    #3 个元素，值均为 0
array=np.ones(4)      #使用ones()函数创建一维数组
print(array)
>>[1. 1. 1. 1.]      #4 个元素，值均为 1
array=np.empty(2)    #使用empty()函数创建一维数组
print(array)
>>[6.92552559e-312 0.00000000e+000]     #2 个元素，值为随机数
a=np.arange(5)         #等间隔创建数字数组
print(a)
>>[0 1 2 3 4]
a=np.arange(1,10,2)     #根据指定的区间与步长生成等差数据列
print(a)
>>[1 3 5 7 9]
```

除了以上函数外，NumPy 还提供了其他函数，同样可以生成数组对象，如表 1-19 所示。

表 1–19　NumPy 函数及其功能

函数名	功能说明
linspace(start,stop,num,endpoint)	根据指定区间与数量生成等差数列
random.rand()	产生指定数量的任意随机数
random.randint(low,high=None,size=None,dtype='l')	产生随机整数。low 为随机数的最小值，high 为随机数的最大值，size 为随机数的数量
random.randn()	产生服从标准正态分布的随机数
random.choice(array,size=None,replace=True)	从指定数组抽取随机数。array 表示一维数组，size 为抽取随机数的数量，replace 表示抽取方式是否有放回

（2）数组的基本运算

NumPy 算术运算主要针对数组进行最基本的运算（如加、减、乘、除、取倒数、求幂、求余数等），相关函数包括 add()、subtract()、multiply()、dot()、divide()、power()、mod()、sqrt()、sum()、min()、max()、around()、floor()与 ceil()等，具体示例如下。

```
a = np.array([2,3])
b = np.array([4,5])
c = np.add(a,b)    #数组相加
print(c)
>>[6 8]
c = np.subtract(a,b)      #数组相减
print(c)
>>[-2 -2]
```

```
c= np.multiply(a,b)        #数组相乘
print(c)
>>[8 15]
c= np.dot(a,b)          #矩阵相乘规则
print(c)
>>23
c= np.divide (a,b)     #数组相除
print(c)
>>[0.5 0.6]
d = np.power(a,2)   #求幂
print(d)
>>[4 9]
d= np.mod(a,3)    #求余数
print(d)
>>[2 0]
d= np.sqrt(a)   #求平方根
print(d)
>>[1.41421356 1.73205081]
array1=np.array([[2,10],[1,5]])
array2=np.sum(array1)      #元素之和
print(array2)
>>18
array2=np.sum(array1,axis=0)    #axis=0 表示对每一列（或称0维度）进行操作
print(array2)
>>[ 3 15]
array2=np.sum(array1,axis=1)    #axis=1 表示对每一行（或称1维度）进行操作
print(array2)
>>[ 12 6]
array2=np.min(array1)     #求所有元素中的最小值
print(array2)
>>1
array2=np.min(array1, axis=0)   #axis=0 表示对每一列进行操作
print(array2)
>>[1, 5]
array2=np.min(array1, axis=1)   #axis=1 表示对每一行进行操作
print(array2)
>>[2, 1]
array2=np.max(array1)    #max()是求最大值，操作方式与min()类似
print(array2)
>>10
array2=np.max(array1, axis=0)
print(array2)
>>[2 10]
array2=np.max(array1, axis=1)
print(array2)
>>[10 5]
array3=[0.45, 5.456, 4.2225, 9.655]
array4=np.around(array3)    #对值进行四舍五入取整
print(array4)
>>[0. 5. 4. 10.]
array4=np.floor(array3)    #向下取整
print(array4)
>>[0. 5. 4. 9.]
array4=np.ceil(array3)    #向上取整
print(array4)
>>[ 1.  6.  5. 10.]
```

（3）数组的操作

NumPy 库提供了对数组进行基本操作的函数或方法，掌握这些函数或方法，可以使数组变得更

加灵活多变，也可以为后续的编程提供更简便的算法。本节主要介绍以下函数：reshape()、concatenate()、stack()、sort()、append()、where()等。

① reshape()函数的功能是改变数组的形状，将 x 维数组转换成 y 维数组，其函数格式为 reshape(n)。其中，参数 n 是要改变的数组维度。该函数只能在等数量的情况下才可以使用。具体示例如下。

```
array1=np.array([1,2,3,4])      #创建一维数组
array2=array1.reshape(2,2)      #使用 reshape()函数将原数组转换成二维数组
print(array2)
>>[[1 2]
 [3 4]]
array3=array1.reshape(2,3)      #数量不相等
print(array3)   #报错: cannot reshape array of size 4 into shape (2,3)
```

② concatenate()函数用于沿指定轴连接相同形状的多个数组,其函数格式为 concatenate(arr,axis)。其中，arr 表示待连接的数组（要求数组维数一致），axis 表示在指定维度上进行连接（默认值是 0，0 与 1 分别表示数据在 0 维度或 1 维度进行拼接）。具体示例如下。

```
array1 = np.array([[1,2],[3,4]])   #创建二维数组
array2 = np.array([[7,8]])      #创建二维数组
array3=np.concatenate((array1,array2))       #将两个数组拼接成一个二维数组,拼接维度是 0
print(array3)
>>[[1 2]
 [3 4]
 [7 8]]
array4=np.concatenate((array1,array2.T),axis=1)    #将两个数组拼接成一个二维数组,拼接维度是 1
print(array4)
>>[[1 2 7]
 [3 4 8]]
```

③ stack()、hstack()与vstack()。stack()函数沿指定轴对数组进行合并，其函数格式为 stack(x,axis=0)。其中，x 表示数组（数组的形状必须相同）；axis 表示在指定维度上进行堆叠（默认值是 0，0 与 1 分别表示数据在 0 维度或 1 维度进行堆叠）。hstack()表示沿水平方向堆叠数组；vstack()表示沿垂直方向堆叠数组。具体示例如下。

```
a = np.array([1,2])
b = np.array([7,8])
c=np.stack((a,b),axis=0)   #在0维度进行堆叠
print(c)
>>[[1 2]
 [7 8]]
d=np.stack((a,b),axis=1)   #在1维度进行堆叠
print(d)
>>[[1 7]
 [2 8]]
e=np.hstack((a,b))   #沿水平方向堆叠
print(e)
>>[1 2 7 8]
f=np.vstack((a,b))   #沿垂直方向堆叠
print(f)
>>[[1 2]
 [7 8]]
```

④ append()、sort()、argmax()、argmin()、unique()。append()函数用于在数组的末尾添加元素，其函数格式为 numpy.append(arr,values,axis=None)。其中，arr 为已知数组，values 为待追加数组，axis 为数组追加所依据的轴（二维数据有两个轴，第 1 维对应纵轴或 0 轴，第 2 维对应横轴或 1 轴）。sort()函数用于返回输入数组的排序副本，其函数格式为 sort(arr,axis,kind,order)。其中，arr 是要排序的数

组，axis 是沿着排序的轴，kind 是排序方法，order 是排序的字段。argmax()函数与 argmin()函数的功能是求最大或最小数组元素的索引。unique()函数用于去除数组中的重复元素，并按升序方式排序数组。具体示例如下。

```
a=np.array([[1,2,3],[4,5,6]])    #创建二维数组
b=np.append(a,[7,8,9])    #追加数组，并展平元素
print(b)
>>[1 2 3 4 5 6 7 8 9]
b=np.append(a,[[7,8,9]],axis=0)    #在第 0 轴或第 1 维追加数组
print(b)
>>[[1 2 3] [4 5 6] [7 8 9]]
b=np.append(a,[[1,1,1],[7,8,9]],axis=1)    #在第 1 轴或第 2 维追加数组
print(b)
>>[[1 2 3 1 1 1] [4 5 6 7 8 9]]
a = np.array([[5,2,7],[42,1,4]])    #创建二维数组
b = np.sort(a)    #axis 的默认值为1，表示按第 1 轴或第 2 维排序数组
print(b)
>>[[ 2 5 7] [ 1 4 42]]
c=np.sort(a,axis=0)    #axis 设置为0，表示依据第 0 轴或第 1 维排序数组
print(c)
>>[[ 5 1 4] [42 2 7]]
b=np.argmax(a,axis=1)    #按行求最大元素索引
print(b)
>>[2 0]
b=np.argmin(a,axis=0)    #按列求最小元素索引
print(b)
>>[0 1 1]
a1 = np.array([[1, 2, 1, 2], [3, 4, 4, 4], [1, 2, 2, 2], [3, 4, 4, 4], [2, 4, 2, 4]])
u_a11 = np.unique(a1, axis=0)    #沿指定的轴方向去除数值完全相同的元素
print(u_a11)    #去除值完全相同的行
>>[[1 2 1 2]
   [1 2 2 2]
   [2 4 2 4]
   [3 4 4 4]]
u_a12 = np.unique(a1, axis=1)
print(u_a12)    #去除值完全相同的列
>>[[1 1 2]
   [3 4 4]
   [1 2 2]
   [3 4 4]
   [2 2 4]]
```

⑤ where()函数用于筛选出满足条件的元素的索引。其函数格式为 where(condition[,x,y])；其中，根据条件返回 x 或者 y 中的元素，满足条件输出 x 中的值，不满足条件输出 y 中的值；如果只有条件，则输出满足条件对应的索引。具体示例如下。

```
a=np.array([2,38,3,4])    #创建一维数组
b=np.where(a>3)    #符合条件的元素索引
print(b)
>>(array([1, 3], dtype=int64),)
a=np.array([[5,2],[42,1]])    #创建二维数组
b=np.where(a>4)
print(b)    #返回两个数组，第一个数组从行开始描述，第二个数组从列开始描述
>>(array([0, 1], dtype=int64), array([0, 0], dtype=int64))
```

NumPy 库提供了大量可供开发人员直接使用的函数以实现各种数学运算，以上仅介绍了 NumPy 库中比较常用的函数，更多的其他函数读者可参考官网文档自行学习。

1.6.2 机器学习库

scikit-learn 库是基于 Python 的机器学习库，其基本功能如下。

（1）分类

分类是指预测样本所属类别（如狗与兔类别的识别），属于监督学习范畴，具体包括支持向量机（分类）、K 近邻（K-Nearest Neighbor）、Logistic 回归、随机森林、决策树以及神经网络等算法。

（2）回归

回归是指预测样本相关连续值（如预测成绩、温度等），具体包括线性回归、支持向量机（回归）、脊回归等算法。

（3）聚类

聚类是指在无类别标记的情况下对样本进行分类，属于无监督学习范畴，具体包括 K 均值聚类、谱聚类、均值偏移、分层聚类等算法。

（4）降维

降维是指利用主成分分析、线性判别分析或特征选择等技术减少特征的数量，进而降低相关模型的复杂度以提高训练效率。

（5）模型选择

模型选择功能用于模型的比较、验证与选择，具体包括网格搜索式参数调优、交叉验证与各种针对预测误差评估的度量函数。

（6）预处理

预处理是指将初始数据转换为模型构建所需格式或对数据进行归一化、标准化等处理以提高模型训练的可靠性。

除以上用于机器学习模型构建或算法设计的功能之外，scikit-learn 库还集成了用于回归或分类等问题求解的常用数据集，如表 1-20 所示。

对于 scikit-learn 库集成的数据集，可以使用 datasets.load_*()函数进行加载，如：

```
from sklearn.datasets import load_iris
# 加载鸢尾花数据集
iris = load_iris()
print("鸢尾花的特征值:\n", iris["data"])
print("鸢尾花的目标值: \n", iris.target)
print("鸢尾花特征名字: \n", iris.feature_names)
print("鸢尾花类别名字: \n", iris.target_names)
print("鸢尾花的描述: \n", iris.DESCR)
```

表 1-20 常用数据集

名称	调用方式	适用模型	数据结构
鸢尾花数据集	load_iris()	分类	150×4（3 类）
数字数据集	load_digits()	分类	1797×64（10 类）
乳腺癌数据集	load_breas_cancer()	分类	569×30（2 类）
红酒数据集	load_wine()	分类	178×13（3 类）
波士顿房价数据集	load_boston()	回归	506×13
糖尿病数据集	load_diabetes()	回归	442×10

在数据集加载之后，可通过表 1-21 所示的常用属性对相关信息进行读取。

表 1-21　常用属性

名称	说明
data	数据数组，是具有 n_samples * n_features 结构形式的二维 numpy.ndarray 数组
data target	标签数组，是具有 n_samples 结构形式的一维 numpy.ndarray 数组
DESCR	数据描述
feature_names	特征名
target_names	标签名
target	以浮点数或类别标记构成目标值

此外，scikit-learn 库还提供 make_blobs()、make_classification()、make_circles()、make_moon()、make_multilabel_classification()、make_regression()等方法生成用于分类或回归模型构建的仿真数据，如利用以下代码可生成 100 个样本（具有 2 个特征 3 个类别且以指定方差分布）：

```
from sklearn.datasets import make_blobs
data, label = make_blobs(n_features=2, n_samples=100, centers=3, cluster_std=[0.3, 2, 4])
```

1.6.3　绘图库

绘图库（Matplotlib）依赖 NumPy 和 Tkinter，可以绘制多种形式的图形，包括折线图、散点图、饼状图、柱状图、雷达图、功率谱、误差图等。Matplotlib 库不仅在数据可视化领域有重要的应用，还常用于科学计算可视化。Matplotlib 库包括 pylab、pyplot 等绘图库以及大量可用于字体、颜色等图像元素的管理与控制的库，可以使用非常简洁的代码绘制出各种优美的图案。使用 Matplotlib 库绘图的基本步骤为：导入第三方库、准备数据、开始绘图、完善图表及展示结果。

在绘制图形以及设置轴和图形属性时，大多数函数都具有很多可选参数支持个性化设置，其中每个参数同样具有多个可能的值，例如，颜色、散点符号、线型等。本节主要介绍相关函数的应用，没有完全给出每个参数的可能取值，读者可以查阅 Matplotlib 库官方在线文档获取相关内容。

Matplotlib 库的导入方式如下。

```
import matplotlib.pyplot as plt
```

下面简要介绍 Matplotlib 库的常用函数与使用技巧。

在绘图前，在整个图形窗口中，底层是一个 Figure 实例，通常称为"画布"，所有的图形、图案都绘制在这张画布上。画布上的图形统称为 Axes 实例，该实例基本包含 Matplotlib 库的所有组成元素和属性，例如坐标轴、刻度、标签、图标标题等。

（1）创建空白窗体

函数基本形式如下。

```
figure(num=None,figsize=None,dpi=None,facecolor=None,edgecolor=None)
```

其中，num 可设置为整数（窗体序号）或字符串（窗体名称），figsize 表示窗体尺寸（元组类型），dpi 表示窗体的分辨率，facecolor 与 edgecolor 分别表示窗体的背景颜色与边框颜色。

具体示例如下。

```
#根据以上参数描述，创建如下空白窗体
plt.figure(figsize=(4,2))    #创建指定大小的窗体
plt.axis([-1, 2, -2, 4])     #设定 x、y 坐标轴范围
plt.xlabel('X values')   #设定 x 轴标签
plt.ylabel('Y values')    #设定 y 轴标签
plt.title('Test')   #设定标题
plt.show()   #显示
```

运行结果如图 1-5 所示。

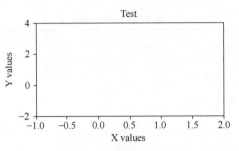

图 1-5　创建空白窗体

💡知识拓展

　　Matplotlib 库常用颜色及代码（见表 1-22）、散点形状（见表 1-23）、线条类型（见表 1-24）以及图例位置代码（见表 1-25）如下。

表 1–22　Matplotlib 库常用颜色及代码

代码	颜色	代码	颜色
b	蓝色	g	绿色
r	红色	y	黄色
c	青色	k	黑色
m	洋红色	w	白色

表 1–23　Matplotlib 库常用散点形状

标记	描述	标记	描述	标记	描述
o	圆圈	.	点	+	加号
D	菱形	s	正方形	x	X
h	六边形 1	*	星号	,	像素
H	六边形 2	d	小菱形	p	五边形
_	水平线	v	一角朝下的三角形	>	一角朝右的三角形
8	八边形	<	一角朝左的三角形	^	一角朝上的三角形

表 1–24　Matplotlib 库常用线条类型（参数为 linestyle 或 ls）

线条风格	描述	线条风格	描述
'-'	实线	':'	虚线
'--'	破折线	'-.'	点画线

表 1–25　Matplotlib 库图例位置代码

位置	代码	位置	代码	位置	代码
'best'	0（自适应）	'lower right'	4	'lower center'	8
'upper right'	1	'right'	5	'upper center'	9
'upper left'	2	'center left'	6	'center'	10
'lower left'	3	'center right'	7		

　　（2）绘制折线图

　　折线图适合用来描述数据的变化趋势，主要用于显示随 x 轴上设定的有序类别变化而变化的连续数据，在自变量相等的情况下的变化趋势。绘制折线图一般使用 plot() 函数，通过传入的参数可以轻松调整绘制线条的风格。

　　函数基本形式如下。

```
plot([x], y, [fmt])
```

其中，x 与 y 分别为所绘图形的横纵坐标，fmt 为用于控制线条外观的字符串。

具体示例如下。

```
#使用plot()函数绘制带有标题、标签的正弦图像
import numpy as np
import matplotlib.pyplot as plt
x = np.linspace(-np.pi,np.pi,50)    #设置自变量
y = np.sin(x)    #求取因变量
plt.figure()
plt.plot(x, y, color='r', linestyle='-.')    #设置颜色与线型
plt.xlabel('X')    #设置横轴标签
plt.ylabel('Y')    #设置纵轴标签
plt.grid(True)    #显示网格线
plt.title('sin function',fontproperties='SimSun',fontsize=24)    #设置标题文本、字体、字号
plt.show()    #显示绘制的结果图像
```

运行结果如图 1-6 所示。

（3）绘制散点图

散点图多用于显示或比较数据点的分布形态，在数据科学、数据统计和数据工程等领域中经常用到。散点图使用 scatter()函数绘制。

函数基本形式如下。

```
scatter(x, y, s=None, c=None, marker=None, alpha=None, linewidths=None, edgecolors=None)
```

其中，x 与 y 分别为散点的横纵坐标，s 为散点的尺寸，c 为散点颜色，alpha 为散点的透明度（范围为 0~1），linewidths 为散点边缘宽度，marker 与 edgecolors 分别为散点的形状与边缘颜色。

具体示例如下。

```
#使用scatter()函数绘制大小与位置有关的红色散点五角星
import numpy as np
import matplotlib.pyplot as plt
x=np.linspace(10,100,50)    #生成x轴数据
y=np.random.rand(50)    #生成y轴数据
plt.xlabel('X')    #设置横轴标签
plt.ylabel('Y')    #设置纵轴标签
#散点大小与位置有关，设置颜色、形状以及透明度等参数
plt.scatter(x, y, c='r',s=x*y,alpha=0.8,marker='*')
plt.show()
```

运行结果如图 1-7 所示。

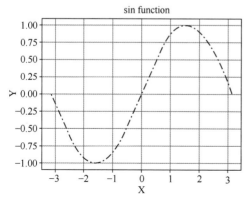

图 1-6 带有标题、标签的正弦图像

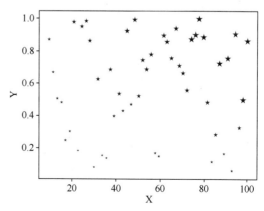

图 1-7 大小与位置有关的红色散点五角星

（4）绘制饼图

饼图适合用来描述数据的分布，尤其是描述各类数据占比的场合。如果饼图中有两块以上面积相近的扇形，应在饼图中同时显示每块扇形区域所占的百分比。饼图使用 pie() 函数绘制。

函数基本形式如下。

```
pie(x, explode=None, labels=None, colors=('b', 'g', 'r', 'c', 'm', 'y', 'k', 'w'),
autopct=None, startangle=None, radius=None)
```

其中，x 表示每一块扇形的比例，explode 表示每一块扇形离中心的距离，labels 表示每一块扇形外侧显示的说明文字，autopct 用于控制饼图内的百分比设置，startangle 表示起始绘制角度，radius 表示饼图半径。

具体示例如下。

```
#使用pie()函数绘制网络工程学院各党支部"学习强国"积分10000分以上的占比
import matplotlib
import matplotlib.pyplot as plt
matplotlib.rcParams['font.family']='SimSun'    #导入中文字体
labels=['教工第一党支部','教工第二党支部','学生第一党支部','学生第二党支部']
X=[12,9,30,25]
explode=(0.015,0.005,0.05,0.03)    #设置扇形突出
plt.figure()
plt.pie(X,explode=explode,labels=labels,autopct='%1.2f%%')
plt.show()
```

运行结果如图 1-8 所示。

（5）绘制柱状图

柱状图是统计中使用频率很高的一种可视化方式，常用来比较不同组数据之间的大小。柱状图使用 bar() 函数绘制，该函数提供了大量参数用于设置柱状图的属性。

函数基本形式如下。

```
bar(left, height,width,bottom,color)
```

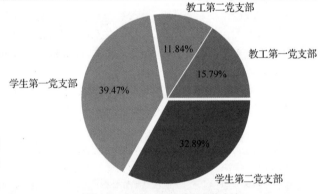

图 1-8　积分 10000 分以上的占比

其中，left 为柱体左侧的 x 坐标、height 为柱体的高度、width 为柱体的宽度、bottom 为柱体 y 轴的起始位置、color 为柱体的颜色。

柱状图可以简单地分为水平柱状图、垂直柱状图以及堆积柱状图。

具体示例如下。

```
#使用bar()函数绘制柱状图,实现水平叠加与垂直叠加功能
import numpy as np
import matplotlib.pyplot as plt
index = np.arange(4)    #生成一维数组
B1=[12,24,8,25]
B2=[8,20,15,38]
labels=[B1,B2]
bar_width=0.2
plt.bar(index,B1,bar_width,color='c')    #绘制柱状图,并设置宽度、颜色等参数
plt.bar(index+bar_width,B2,bar_width,color='r')    #水平叠加的B2柱状图
#plt.bar(index,B2,bar_width,color='r',bottom=B1)    #垂直叠加的B2柱状图
plt.legend(labels,loc='upper left',ncol=1)    #图例设置（左上角、单例）
plt.show()
```

运行结果如图 1-9 所示。

除了 bar() 函数能够绘制柱状图外，数据分析库 Pandas 能够结合 Matplotlib 库进行数据可视化，可以使用 Pandas 创建的 DataFrame 对象的 plot() 函数绘制柱状图。

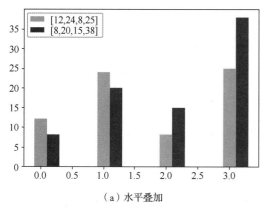
（a）水平叠加

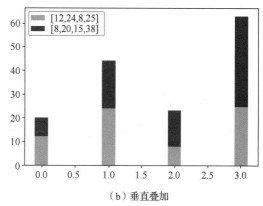
（b）垂直叠加

图 1-9　使用 bar() 函数绘制柱状图

具体示例如下。

表 1-26 所示为戴头盔调查结果。针对表中数据，绘制柱状图进行展示和对比。

表 1–26　戴头盔调查结果

性别	从不戴头盔/人	有时忘记戴头盔/人	一直戴头盔/人
男士	300	800	450
女士	50	900	850

此例代码实现如下。

```
import pandas as pd    #导入 Pandas 库
import matplotlib.pyplot as plt
df=pd.DataFrame({'男士':(300,800,450), '女士':(50,900,850)})    #创建 DataFrame 对象
df.plot(kind='bar',color=['red','cyan'])    #绘制柱状图并设置柱体的颜色
plt.xticks([0,1,2],    #设置 x 轴的刻度和文本
            ['从不戴头盔','有时忘记戴头盔','一直戴头盔'],
            color='red',    #字体颜色
            fontproperties='SimSun',    #字体
            rotation=10)    #旋转
plt.yticks(list(df['男士'].values)+list(df['女士'].values))    #设置 y 轴刻度
plt.ylabel('人数',fontproperties='SimSun',fontsize=10)
plt.show()
```

运行结果如图 1-10 所示。

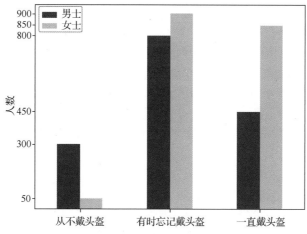

图 1-10　利用 Pandas 库和 plot() 函数绘制柱状图

除了以上描述的几种形状外，Matplotlib 绘图库还可以绘制雷达图、箱线图、三维图形，切分绘图区域，绘制交互式图形、动态图形等。数据可视化是数据分析与处理的重要辅助手段。在后续机器学习部分读者有机会深入学习不同的可视化图形。

1.6.4 图像处理库

图像处理库包括 Python 图像库（Python Imaging Library，PIL）与 Torchvision 库。

1. 图像处理的常用术语

图像处理是利用计算机对图像进行增强、去噪、几何变换等诸多操作的技术。在讲解图像处理库的应用前，下面先介绍一下图像处理的常用术语。

（1）RGB 颜色模型

在此模型中，任意颜色均由红（R）、绿（G）、蓝（B）3 种颜色混合而成，3 种颜色比例不同，合成后的颜色也不同。

（2）图像色彩属性

图像具有亮度、对比度、饱和度与色调等基本属性。

① 亮度：指光作用于人眼时，在视觉上引起的明暗程度。亮度值越高则图像越亮。

② 对比度：指图像中不同颜色最高的亮度值与最低的亮度值之间的差异，差异越大对比度越高，否则越低。一般而言，对比度越高，图像越清晰、醒目，色彩也越鲜明、艳丽，但对比度过高，图像将给人刺眼的感觉。

③ 饱和度：指图像中不同颜色的深浅程度。饱和度越高，颜色越深越饱满；饱和度越低，颜色则越浅越暗淡（饱和度为 0 时，彩色图像将转换为灰度图）。

④ 色调：指衡量一幅图像中画面色彩总体倾向的指标。色调级别为 255 或 0 时即呈白色或黑色，介于其间的色调级别对应不同程度的灰色。

（3）像素坐标与颜色值

图像是由像素（描述图像的最小单位）组成的矩阵，如图 1-11（a）所示，每个网格代表一个像素，每个像素的属性由像素坐标与颜色（或灰度）值描述。

① 像素坐标：以图像左上角为原点并在水平向右与垂直向下两个方向分别建立横坐标与纵坐标，则可在相应的坐标系中确定图像中任意像素的坐标。此外，若将图像视为由像素构成的矩阵，也可通过行列形式确定图像中任意像素的位置。需要注意的是，对于同一像素的位置，相应的横、纵坐标分别与列、行相对应。

② 颜色值：指特定颜色空间中表示颜色的一组数据。由于 RGB 图像中的每个像素由红、绿、蓝 3 种颜色融合而成，因而其在结构上可视为由 3 个分别对应于像素红、绿、蓝颜色值的矩阵（通常称为通道，即 RGB 图像由红、绿、蓝 3 个颜色通道构成）叠加构成。如图 1-11（b）所示，对于横坐标与纵坐标分别为 12 与 9（或第 9 行与第 12 列）位置的像素，其红、绿、蓝颜色值分别为 255、0、0，因而呈现为红色。此外，当图像只有一个颜色通道时，若每个像素的颜色值取值范围为 0~255（不包括 0 和 255），则称其为灰度图；而当每个像素的颜色值取值为 0 或 255 时，则称其为黑白图或二值图。

（4）分辨率

分辨率包括水平分辨率与垂直分辨率，两者分别指图像在水平与垂直两个方向各有多少像素；例如，分辨率 1920×1080 表示水平与垂直两个方向分别有 1920 与 1080 个像素，整幅图像共有 1920×1080=2073600 个像素。分辨率越高，像素密度越高，图像越逼真。

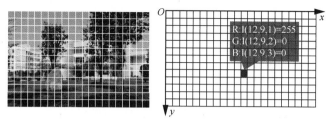

（a）像素坐标　　　　　　　（b）颜色值

图 1-11　像素坐标与颜色值

2. 图像基本操作

PIL 是常用的图像处理库，其 Image 库可实现图像的缩放、裁剪、旋转、颜色转换等基本操作。Image 库的导入方式如下。

```
from PIL import Image
```

下文通过实例简要介绍 PIL 的常用函数与使用技巧。

① 加载并显示图像：采用 open()函数与 show()函数可加载与显示图像，如图 1-12（a）所示。

```
im = Image.open('zknu.jpg')  #加载图像
im.show()  #显示图像
```

此外，采用 Matplotlib 库的 imshow()函数也可显示已加载图像，即：

```
plt.imshow(im)
plt.axis('off')  #不显示坐标轴
```

② 获取图像属性。

```
print(im.format, im.size, im.mode)
>>JPEG (800, 450) RGB
```

③ 保存图像：通过 save()函数可将图像保存为指定格式（如 PNG 格式）。

```
im.save('002.png','PNG')
```

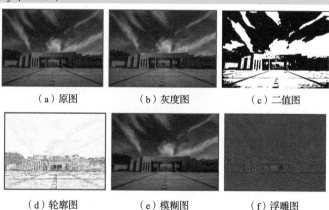

（a）原图　　　　　（b）灰度图　　　　　（c）二值图

（d）轮廓图　　　　　（e）模糊图　　　　　（f）浮雕图

图 1-12　图像基本操作

④ 图像与 NumPy 数组之间的转换：利用 NumPy 库的 array()函数可将图像转换为 NumPy 数组，而利用 PIL 的 fromarray()函数可将 NumPy 数组转换为图像。

```
im_array = np.array(im)  #转换为 NumPy 数组
im_new = Image.fromarray(im_array)  # NumPy 数组转换为图像
```

⑤ 显示指定图像通道：在图像转换为 NumPy 数组后，可通过 Matplotlib 库的 imshow()函数显示指定通道。

```
im_1=plt.imshow(im_array[:,:,0])  #显示第 1 个通道
```

⑥ RGB 图像转换为灰度图与二值图：利用 convert()函数可将 RGB 图像转换为灰度图与二值图，如图 1-12（b）和（c）所示。

```
im_gray=im.convert('L')      #转换为灰度图
im_bin=im.convert('1')        #转换为二值图
#通过设定阈值进行二值化
threshold = 128    #设置阈值
im_bin_new = im_gray.point(lambda x: 0 if x < threshold else 255, '1')    #转换为二值图
im_bin.show()    #显示图像
```

⑦ 获取像素 RGB 值：在图像转换为 NumPy 数组之后，可根据指定行列读取像素的 RGB 值。

```
rc=[100,200]    #指定行列
RGB=im_array[rc[0],rc[1],:]    #获取像素 RGB 值
print(RGB)
>> [140 193 233]
RGB=im.getpixel((200,100))    #使用 getpixel()函数获取指定像素的 RGB 值
print(RGB)
>> (140, 193, 233)
```

此外，可以利用切片操作对像素进行批量处理，即：

```
im_array[i,:] = im_array[j,:]    #将第 j 行像素值赋给第 i 行
im_array[:,i] = 255      #将第 i 列的所有像素值设为 255
im_array[10:20,30:40]    #获取第 10～20 行与第 30～40 列像素值 (不含第 20 行与第 40 列)
im_array[:,-1]    #获取最后 1 列像素值 (负序号表示逆向计数)
```

⑧ 修改像素 RGB 值：在图像转换为 NumPy 数组之后，可根据指定行列修改像素的 RGB 值。

```
rc=[100,200]    #指定像素行列
im_array[rc[0],rc[1],:]=[255,0,0]      #将指定像素颜色修改为红色
im.putpixel((200,100),(255,0,0))    #采用 putpixel()函数进行修改
```

⑨ 图像尺寸修改、旋转与区域截取。利用 resize()函数修改图像尺寸；利用 rotate()函数旋转图像；利用 crop()函数在图像中截取指定区域 (由"左上右下"四元组指定)。

```
im_small=im.resize((128,128))    #修改图像尺寸
im_rotate= im.rotate(45)    #旋转 45°
box=(300,200,600,300)    #指定区域
sub_im=im.crop(box)    #截取区域
```

⑩ 特效滤镜：PIL 的 ImageFilter 库集成了轮廓、模糊、浮雕等特效，可直接调用相关方法，效果如图 1-12 (d)、(e) 和 (f) 所示。

```
im_filter=im.filter(ImageFilter.CONTOUR)    #轮廓
im_filter = im.filter(ImageFilter.GaussianBlur(radius=2))    #模糊
im_filter = im.filter(ImageFilter.EMBOSS)    #浮雕
```

⑪ 绘制点线：对图像中的兴趣点或区域进行标注。

```
plt.imshow(im)
x =[300,300,400,400]
y =[200,300,200,300]
plt.plot(x,y,'ro')    #红色圆点标记
plt.plot([x[0],x[3]],[y[0],y[3]],'b')    #连接第 1 点与第 4 点
plt.plot([x[1],x[2]],[y[1],y[2]],'g')    #连接第 2 点与第 3 点
plt.show()
```

⑫ 交互式标注：通过用户交互方式获取像素坐标。

```
import matplotlib.pylab as mp
plt.imshow(im)
xy=mp.ginput(3)    #在图像中单击 3 次可将单击处坐标保存至 xy
print(xy)    #输出坐标
>>[(347.9052419354839, 80.14956653225818), (468.4435483870967, 189.12940524193556),
(366.0685483870967, 306.36529233870976)]
```

3. 图像扩充处理

在利用深度学习方法构建图像分类或识别模型时，通常需要对原图像进行随机变换（平移、

剪裁、旋转、色彩变换等）以产生一些相似但不同的图像，从而扩大训练数据样本的规模以降低过拟合发生的可能性。此外，在图像扩充中，随机改变训练样本可以降低模型对某些属性的依赖（例如，可对图像进行不同方式的剪裁，使感兴趣的物体出现在不同位置，从而减轻模型对物体出现位置的依赖性；也可以调整亮度、色彩等因素来降低模型对色彩的敏感度），从而提高模型的泛化能力。

Torchvision 库中包含丰富的图像预处理操作，其导入方法如下。

```
import torchvision.transforms as T
```

下文结合 NumPy 与 Matplotlib 库介绍 Torchvision 库的常用方法与使用技巧。

```
#导入图像处理相关库并加载示例图像
import numpy as np   #导入科学计算库
import matplotlib.pyplot as plt    #导入绘图库
from PIL import Image
import torchvision.transforms as T
#加载与打开图像
im = Image.open('sample.jpg')
im.show()
```

① 剪裁图像：以图像中心为基准点，通过指定尺寸剪裁图像区域。其中，图像区域尺寸可通过元组 tuple(H, W)或整数（宽高相等）指定。

```
transform = T.CenterCrop(100)    #定义图像剪裁对象
sub_im = transform(im)    #对图像进行剪裁
plt.imshow(np.array(sub_im))
```

② 改变图像亮度、对比度、饱和度与色相：随机改变亮度、对比度、饱和度与色相，相应的参数通常设置为范围为[0,1]的值。

```
transform=T.ColorJitter(brightness=0.8, contrast=0.3, saturation=0.9, hue=0.2)   #定义图像操作
sub_im = transform(im)
plt.imshow(sub_im)
```

③ 截取 5 个图像区域：在图像 4 个角及中心处剪裁 5 个指定尺寸的图像区域。

```
transform=T.FiveCrop(100)
sub_ims=transform(im)
for sub_im in sub_ims:
    plt.figure()
    plt.imshow(sub_im)
```

④ 图像的灰度处理：对图像进行灰度处理。

```
transform=T.Grayscale(num_output_channels=3)    #参数可设置为 1 或 3（通道数）
im_gray=transform(im)
plt.imshow(im_gray, cmap ='gray')
```

⑤ 图像的四边填充：在图像四边指定宽度、内填充值；在常用参数中，padding 用于设置四边展开的宽度（标量值表示所有边填充宽度，长度为 2 的元组表示左右与上下边的填充宽度，长度为 4 的元组表示左、上、右、下的填充宽度）、fill 用于设置填充的像素值（默认值为 0，可指定为长度为 3 的元组以表示相应的颜色值）、padding_mode 用于设置填充类型（constant 表示用常数填充，edge 表示用边上的像素值填充，reflect 表示以边为对称轴进行填充且不重复边上的值，symmetric 则表示以边为对称轴进行填充且重复边上的值）。

```
transform = T.Pad(padding=(2,4,6,8), fill=(255, 0, 0), padding_mode='constant')
result = transform(im)
plt.imshow(np.array(result))
```

⑥ 随机仿射变换：根据指定的参数对图像进行平移、旋转等变换；在常用参数中，degrees 用于设置旋转角度范围，translate 用于设置平移幅度，scale 用于设置缩放比例，shear 用于设置错切角度范围，resample 用于设置插值方式（包括 NEAREST、BILINEAR、BICUBIC 与 LANCZOS 4 种方式），fillcolor 用于设置图像变换以外的区域填充的颜色。

```
transform = T.RandomAffine(degrees=(-30,30), translate=None, scale=None, shear=30,
resample=Image.BILINEAR, fillcolor=(255,0,0))
im_new = transform(im)
plt.imshow(im_new)
```

⑦ 随机剪裁：在图像中的随机位置剪裁指定尺寸的区域。

```
transform = T.RandomCrop((100,200))
sub_im = transform(im)
plt.imshow(sub_im)
```

⑧ 根据概率灰度化：根据指定的概率对图像进行灰度变换。

```
transform = T.RandomGrayscale(p=0.1)
sub_im = transform(im)
plt.imshow(sub_im)
```

⑨ 根据概率翻转：根据指定的概率对图像进行水平或垂直翻转。

```
transform = T.RandomHorizontalFlip(p=0.9)          #水平翻转
im_new = transform(im)
plt.imshow(im_new)
transform = T.RandomVerticalFlip(p=0.9)            #垂直翻转
im_new = transform(im)
plt.imshow(im_new)
```

⑩ 调整尺寸：将图像调整至指定尺寸。

```
transform = T.Resize((20,30), interpolation=Image.BILINEAR)
im_new = transform(im)
plt.imshow(im_new)
```

⑪ 根据概率预处理：根据指定的概率随机应用已定义的预处理操作。

```
transforms = [
    T.CenterCrop(160),
    T.Pad(padding=(2,4,6,8), fill=(255, 255, 255), padding_mode='constant')
]
transform = T.RandomApply(transforms, p=0.9)
im_new = transform(im)
plt.imshow(im_new)
```

本章小结

本章首先介绍了机器学习基本原理、数学本质、关键术语、发展历程等基础知识，然后通过实例讲解了 Python 语言编程与 NumPy、Matplotlib、PIL 等常用库运用的基本方法和技巧，旨在为后续相关算法的描述做好铺垫，并为初学者的进一步学习奠定坚实的基础。

习题

1. 求 $1+2!+3!+\cdots+20!$ 的解。
2. 求一元二次方程 $ax^2+bx+c=0$ 的实解。
3. 输入一行字符，分别统计出其中英文字母、空格、数字和其他字符的个数。
4. 使用匿名函数求两个数中较大者。
5. 采用面向对象技术实现两数相加。
6. 在同一窗体画出正弦曲线与余弦曲线并设置相关绘图属性。

第 2 章　特征工程

　　针对特定的分类或回归问题，在已知数据的基础上构建相应机器学习模型的关键在于特征提取的有效性与模型求解方法的可靠性；从已知数据中抽取可有效表达问题本质的特征是提高模型求解质量的前提（如在绘制人物素描时未有效把握人物长相的主要特点），否则，即便采用有效的模型求解方法（如采用较好的画笔或颜料）也不易获得较好的结果（如形象、逼真的人物素描）。本章着重介绍特征提取与选择，以及与其相关的特征预处理方法，旨在为后续机器学习算法的学习奠定基础。

本章学习目标

- 掌握 scikit-learn 库特征预处理方法。
- 掌握 scikit-learn 库特征过滤、特征包装、特征嵌入等特征选择方法。
- 掌握 scikit-learn 库主成分分析、线性判别分析等特征提取方法。

2.1　基本原理

　　特征设计与模型求解方法是决定构建机器学习模型性能的两个重要因素，其中，特征设计是基础，模型求解是关键，两者相辅相成，缺一不可。特征工程研究的目的在于最大限度地从原始数据中提取与问题相关的特征以供模型求解使用，如表 2-1 所示，长、宽、高、表面积和体积等长方体的参数被称为长方体的特征。拥有有效的特征，不需要复杂的模型即可获得较好的效率与精度，而且可使模型更容易被理解和维护。在特征设计中，需要根据当前拟解决问题的特点对影响问题求解质量的特征进行提取与选择，最大可能地剔除无关特征（与问题求解无关，如预测成绩时的"学号"特征）与冗余特征（可根据其他特征进行推演，如预测总分成绩时的单科成绩特征）。

表 2-1　长方体特征

长方体	长/m	宽/m	高/m	表面积/m^2	体积/m^3
样本 1	3	1	2	22	6
样本 2	4	2	1	28	8
样本 3	5	3	4	94	60

　　此外，若直接将初始数据输入模型进行模型的求取，则待求取模型参数的数量将非常多，而当初始数据数量较少时或不及模型参数的数量时，许多模型求解算法很难获得较好的效果，具体表现如下。

（1）模型训练容易过拟合。

（2）模型训练、测试以及存储的开销较大。

（3）需要更多的训练样本以完成模型的训练。

（4）难以进行可视化。

在此情况下，减少模型参数的数量或降低输入变量的维度至关重要，此时特征选择与提取是关键手段；其中，特征提取通过对原特征进行一系列变换生成新的特征，特征选择则并不改变原特征，而是从原特征中选择重要的特征，更适用于需要保持原特征意义以及确定特定特征重要程度的场合。

scikit-learn 库是基于 Python 的机器学习库，由分类（Classification）、回归（Regression）、聚类（Clustering）、降维（Dimensionality reduction）、模型选择（Model selection）与预处理（Preprocessing）6 个库构成，如图 2-1 所示。通过导入指定库，可直接调用相关函数实现相应的操作或算法。

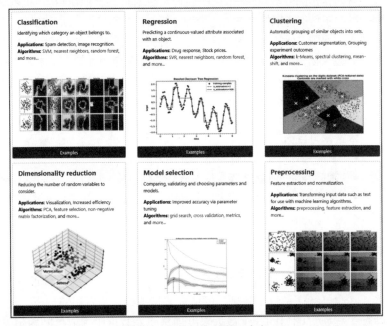

图 2-1　scikit-learn 库的 6 个库

2.2　特征预处理

在初步采集特征时，需要尽可能找出会对拟解决问题的求解产生影响或有关联的所有相关因素，通常采用获取率、覆盖率与准确率对初步采集到的特征进行评估；其中获取率表示特征获取的可行性（如涉及隐私的特征不易获取），覆盖率表示特征获取的完整性（如特征并非所有数据都具备），准确率表示所获取特征的可靠性（如虚填的年龄）。

在初步设计与采集特征之后，需要对其进行异常值检测、数据采样、规范化等预处理操作以使其转换为有利于模型求解的形式。

scikit-learn 库中的 Preprocessing 库用于对数据进行规范化、量化等预处理操作。

> 💡知识拓展
>
> 在 Preprocessing 库中，fit()函数用于求取数据变换或模型参数，transform()函数用于将 fit()函数求取的数据变换或模型参数应用到当前数据，fit_transform()函数则同时执行 fit()与 transform()函数的相关功能。

2.2.1　异常值检测

初步设计与采集的特征通常包含少量异常值（如体温大于 50℃），异常值检测的目的在于检出这些异常值以保证特征取值的规整性与合理性，否则，相关机器学习模型的构建将受到一定的影响。异常值检测常用方法如下。

（1）统计分析

统计分析方法根据特定统计规律或相关专业知识检测异常值（如利用 3σ 原则、分位数等统计规律检测极小概率特征取值或样本）。

（2）聚类分析

聚类分析方法通过对特征取值或样本进行聚类，检测取值异常或成员较少的群，进而将相关取值或样本作为异常值或离群点处理。

（3）距离计算

距离计算方法根据指定距离计算规则，将与当前取值或样本距离较远（如大于指定阈值）的取值或样本视为异常值或离群点。

2.2.2　数据采样

数据采样旨在解决样本不均衡问题，即当正负样本数量差距较大且正负样本个数本身也较多时，以样本量较少的类别对应的样本数量为准，从样本量较多的类别对应的样本集中随机抽取样本以保证两个类别对应的样本数量相当。在特定情况下，数据采样也可采用数据增强方法（如对图像样本进行旋转、缩放、平移与剪裁等处理），根据样本量较少的类别对应的样本集生成新的样本以保证两个类别对应的样本数量相当。

2.2.3　规范化

将特征取值映射至指定的区间可以克服不同特征之间的取值差异或量纲差异（如统一映射至 [0,1]），进而提高后续模型求解的可靠性；在具体实现上，通常根据特征取值大小及分布情况构造相关映射函数来完成，以下是两种常用的规范化方法。

（1）Min-Max 归一化

Min-Max 归一化通过对原特征取值进行以下线性变换将其映射到 [0,1]：

$$x^{*} = \frac{x - x_{\min}}{x_{\max} - x_{\min}} \tag{2.1}$$

其中，x 与 x^{*} 分别为原特征与规范化后的特征值，$x_{\max}$ 与 $x_{\min}$ 分别为原特征的最大值与最小值。

scikit-learn 库利用 preprocessing.MinMaxScaler 库实现数据的 Min-Max 归一化处理，通过设置其中的参数 feature_range 将数据映射到指定的范围（默认范围为 [0,1]），即 feature_range=(min,max)。

❖　**实例 2-1：数据归一化。**

① 问题描述

将二维数组 X 中的各元素分别映射至 [0,1] 与 [5,10]。

② 编程实现

根据本例问题的相关要求，相应的求解过程如下。

```
from sklearn.preprocessing import MinMaxScaler   #导入归一化库
import numpy as np   #导入科学计算库
#创建二维数组 X
X = np.array([[ 4.,  6.,  3.],
```

```
                    [ 6.,  -4.,  7.],
                    [ 1.,   3., -8.]])
#定义 MinMaxScaler 对象
Scaler = MinMaxScaler()
#求取相关变换或参数
Scaler = Scaler.fit(X)     #本质是生成 min(x)和max(x)
Result = Scaler.transform(X)    #根据变换或参数对数据进行处理
print(Result)
Result_ = Scaler.fit_transform(X)    #同时执行变换或参数的求取与应用
print(Result_)
```

③ 结果分析

以上代码运行结果如下。

```
[[0.6        1.         0.73333333]
 [1.         0.         1.         ]
 [0.         0.7        0.         ]]
[[0.6        1.         0.73333333]
 [1.         0.         1.         ]
 [0.         0.7        0.         ]]
```

将数组 X 通过 MinMaxScaler 对象中的 fit()与 transform()函数进行归一化处理后，其元素被映射至[0,1]；此操作也可以利用 fit_transform()函数一次性实现，根据数组 Result 与 Result_的输出结果可知，二者功能完全相同。此外，对归一化后的结果也可利用 inverse_transform()函数进行还原，即：

```
Inv_Result = Scaler.inverse_transform(Result)    #根据归一化结果还原原数组
print(Inv_Result)
```

以上代码运行结果如下。

```
[[ 4.,  6.,  3.],
 [ 6., -4.,  7.],
 [ 1.,  3., -8.]]
```

同理，通过设置 MinMaxScaler 对象的参数 feature_range 可实现原数据至[5,10]的映射，即：

```
X=np.array([[ 4.,  6.,  3.],
            [ 6.,  -4.,  7.],
            [ 1.,   3., -8.]])
Scaler=MinMaxScaler(feature_range=(5,10))    #实例化并指定映射区域
Result = Scaler.fit_transform(X)    #同时执行变换或参数的求取与应用
print(Result)
```

以上代码运行结果如下。

```
[[ 8.         10.          8.66666667]
 [10.          5.         10.         ]
 [ 5.          8.5         5.         ]]
```

（2）Z-score 标准化

Z-score 标准化通过以下变换将原特征取值分布变换为标准正态分布的形态：

$$x' = \frac{x - \mu}{\sigma} \tag{2.2}$$

其中，x 是原特征取值，μ 与 σ 分别为利用所有样本求取的特征均值与标准差。

scikit-learn 库利用 preprocessing.StandardScaler 库实现数据的 Z-score 标准化处理，处理后的数据可通过 mean()与 std()函数查看相应的均值与标准差。

❖ **实例 2-2：数据标准化。**

① 问题描述

将二维数组 X 进行 Z-score 标准化。

② 编程实现

根据本例问题的相关要求，相应的求解过程如下。

```
from sklearn.preprocessing import StandardScaler
import numpy as np
#创建一组特征数据,每一行表示一个样本,每一列表示一个特征
X = np.array([[ 4.,  6.,  3.],
              [ 6., -4.,  7.],
              [ 1.,  3., -8.]])
#定义 StandardScaler 对象
Scaler = StandardScaler ()
#求取相关变换或参数
Scaler = Scaler.fit(X)    #本质是生成均值与标准差
Result = Scaler.transform(X)    #根据变换或参数对数据进行处理
print(Result)
#查看均值
print(Result.mean(axis=0))    #axis=1 表示对每行操作,axis=0 表示对每列操作
#查看标准差
print(Result.std(axis=0))
```

③ 结果分析

以上代码运行结果如下。

```
[[ 0.16222142  1.03422447  0.36791183]
 [ 1.13554995 -1.35244738  0.99861783]
 [-1.29777137  0.31822291 -1.36652966]]
[ 7.40148683e-17 -9.25185854e-17  7.40148683e-17]
[1. 1. 1.]
```

将数组 X 通过 StandardScaler 对象中的 fit()与 transform()函数进行标准化处理后,其元素被映射为标准正态分布形态。与 MinMaxScaler 对象类似,相关结果也可以采用 fit_transform()函数一次完成或采用 inverse_transform()函数对标准化后的数据进行还原,即:

```
Result = Scaler.fit_transform(X)
print(Result)
Inv_Result = Scaler.inverse_transform(Result)
print(Inv_Result)
```

以上代码运行结果如下。

```
[[ 0.16222142  1.03422447  0.36791183]
 [ 1.13554995 -1.35244738  0.99861783]
 [-1.29777137  0.31822291 -1.36652966]]
array([[ 4.,  6.,  3.],
       [ 6., -4.,  7.],
       [ 1.,  3., -8.]])
```

针对以上两种规范化方法,Min-Max 归一化的主要缺点在于新样本加入可能导致 x_{max} 和 x_{min} 发生变化而需要重新进行定义,而 Z-score 标准化的主要缺点在于原特征取值分布不接近正态分布(数据量较小)时规范化效果不好。相对于 Min-Max 归一化,Z-score 标准化能较好地克服不同特征取值之间的量纲差异,使得利用所构成的样本求解模型时各维度的特征均发挥相同的作用;因而,在涉及样本之间的相似度或距离计算(如主成分分析、聚类分析等)且数据量大(近似正态分布)时,其性能更好。

在实际中,由于 MinMaxScaler 对异常值非常敏感,大多数机器学习算法(如 Logistic 回归、支持向量机、神经网络等)会选择 StandardScaler 进行特征的处理。MinMaxScaler 在不涉及距离度量、梯度、协方差计算以及数据需要被压缩到特定区间时使用较为广泛(如图像处理中像素强度的量化或归一化)。

2.2.4 离散化

为解决特定分类问题或降低分类模型的复杂度,有时需要采用特定标记将原特征取值进行离散

化处理；例如，在成绩预测中，将小于 60 分的成绩标记为 0 或 low，将 60～80 分的成绩标记为 1 或 middle，将 80～100 分的成绩标记为 2 或 high，进而将回归类型的成绩预测问题转换为分类类型的成绩预测问题。

2.2.5 特征编码

特征编码旨在将定性表述的特征取值转换为机器学习模型所能处理的形式，设初始数据如表 2-2 所示，常用的特征编码方法有序数编码、独热编码和哑编码。

表 2-2 初始数据

序号	籍贯	学历
1	北京	博士
2	上海	硕士
3	天津	硕士

（1）序数编码

序数编码是指采用特定的有序数字表示指定特征的取值，如采用 0、1、2 分别表示北京、上海与天津，采用 0、1 分别表示博士与硕士，则可生成[0,0]、[1,1]与[2,1]3 个样本。

在 scikit-learn 库中，OrdinalEncoder 库用于特征的序数编码处理。

❖ 实例 2-3：序数编码。

① 问题描述

对二维数组 X 进行序数编码。

② 编程实现

根据本例问题的相关要求，相应的求解过程如下。

```
from sklearn.preprocessing import OrdinalEncoder
X = [['BJ','BS'],['SH','SS'],['TJ','SS']]   #共 3 个样本 2 个特征
enc = OrdinalEncoder()    #定义特征编码对象
enc.fit(X)   #特征编码
Y = [['BJ','SS']]   #测试样本
enc_Y = enc.transform(Y)
print(enc_Y)
```

③ 结果分析

以上代码运行结果如下。

```
[[0. 1.]]
```

（2）独热编码

独热编码是指若特征有 K 个取值，则采用 K 位由 0 与 1 组成且仅有 1 位为 1 的二元数字串对其进行编码，如"籍贯"有 3 个取值，则可分别采用 001、100 与 010 对其编码，而"学历"特征有 2 个取值，则可分别采用 01、10 对其进行编码，最终可生成[0,0,1,0,1]、[1,0,0,1,0]与[0,1,0,1,0]3 个样本。

在 scikit-learn 库中，OneHotEncoder 库用于特征的独热编码处理。

❖ 实例 2-4：独热编码。

① 问题描述

对二维数组 X 进行独热编码。

② 编程实现

根据本例问题的相关要求，相应的求解过程如下。

```
import pandas as pd
import numpy as np
import sklearn
```

```
import matplotlib as mlp
import scipy
from sklearn.preprocessing import OneHotEncoder
X=[['BJ','BS'],['SH','SS'],['TJ','SS']]   #共 3 个样本 2 个特征
enc = OneHotEncoder()
enc.fit(X)
Y = [['BJ','SS']]   #测试样本
enc_Y = enc.transform(Y).toarray()
print(enc_Y)
```

③ 结果分析

以上代码运行结果如下。

```
[[1. 0. 0. 0. 1.]]
```

需要注意的是，此处采用 toarray() 函数将由稀疏矩阵形式表示的编码转换为数组形式，否则将输出以下结果：

```
(0, 0)    1.0
(0, 4)    1.0
```

（3）哑编码

哑编码是指由于指定独热编码位的二进制可表达的信息通常大于特征的可能取值，因而，为精简编码长度，可将独热编码位去除 1 位。如"籍贯"有 3 个取值，则可分别采用 01、10 与 11 对其编码。

在 scikit-learn 库的 OneHotEncoder 库中，可通过设置 drop 参数实现哑编码，即：

```
from sklearn.preprocessing import OneHotEncoder
X=[['BJ','BS'],['SH','SS'],['TJ','SS']]   #共 3 个样本 2 个特征
enc = OneHotEncoder(drop='if_binary')
enc.fit(X)
Y = [['BJ','SS']]   #测试样本
enc_Y = enc.transform(Y).toarray()
print(enc_Y)
```

以上代码运行结果如下。

```
[[1. 0. 0. 1.]]
```

2.3　特征选择

在特征预处理之后，可利用相应的样本进行模型的求解；在实际中，为了提高模型求解的质量与效率，通常需要从原特征中挑选出最具代表性或与所求解问题最为相关的特征，以降低特征空间的维度（如从 10 个原特征中挑选出 3 个关键特征）。特征选择不但可有效剔除不相关或冗余的特征以避免维数过多不易计算与提高模型训练效率，而且可降低模型复杂度、提高模型的泛化能力。

下面着重介绍特征过滤、特征包装与特征嵌入等常用特征选择方法。

📖 **价值引领**

特征选择是特征工程中重要的一个环节，遵循"抓大放小"原则，在现实生活中也要学会"抓大"，善于"放小"。面对复杂形势、复杂矛盾、繁重任务时，没有主次，不加区别，眉毛胡子一把抓，是做不好工作的。我们既要在实践中学会"抓大"，牵住"牛鼻子"，抓住主要矛盾，也要善于"放小"，切忌大包大揽、"一竿子插到底"，甚至越俎代庖。只有懂得区分本末、主次，缓急推进工作，才能取得事半功倍的成效。抓大，就是要学会从战略上去思考、谋划问题。"战略是从全局、长远、大势上作出判断和决策"，对于具体工作而言，就是要学会抓住工作的主要矛盾，抓紧矛盾的主要方面，切实做到立说立行，把重要工作督办好、落实好。放小，不是不管工作中的次要矛盾、矛盾的次要方面，而是要把握好度，不能"眉毛胡子一把抓"，主次不分而影响中心任务、全局发展。只有区分主次，抓好事关全局、维系长远的重点工作，才能牵一发而动全身，带动其他矛盾问题的解决。

2.3.1 特征过滤

特征过滤（Filter）方法是按照统计学准则对各个特征进行评分并排序，然后采用设定阈值的方式选出对拟解决问题影响较大的特征或重要的特征，其基本流程如图 2-2 所示。

图 2-2 特征过滤方法基本流程

理论而言，此类方法仅根据各种统计检验中的分数及相关指标对每个特征进行单独度量而未考虑特征之间的依赖性、相关性以及机器学习算法，因而可能会选出性能不佳的特征子集或者把有用的特征滤除。在实际中，此类方法通常用在特征预处理环节。

下面介绍几种常用的特征过滤方法。

（1）方差过滤

方差过滤的目的在于移除所有方差不满足指定阈值的特征；事实上，如果某特征的取值较为集中或变化较小（即方差较小），则该特征对问题的求解作用不大（如 95% 以上的样本该特征取值均相同，不利于区分两个类别），应当剔除。

scikit-learn 库中的方差过滤库的导入方式如下。

```
from sklearn.feature_selection import VarianceThreshold
```

函数原型如下。

```
VarianceThreshold(threshold=0.0)
```

其中，参数 threshold 为特征过滤阈值（即方差低于此阈值的特征被删除）。

❖ **实例 2-5：利用方差过滤进行特征选择。**

① 问题描述

已知表 2-3 所示样本（"肤色"特征：0 与 1 分别表示黄色与白色。"语言"特征：0 与 1 分别表示英语与汉语。"国籍"特征：0 与 1 分别表示美国与中国。），通过方差过滤剔除特征值为 0 或 1 且比例超过 80% 的特征。

表 2-3 样本信息

样本	肤色	语言	国籍
1	0	0	1
2	0	1	0
3	1	0	0
4	0	1	1
5	0	1	0
6	0	1	1

② 编程实现

根据本例问题的相关要求，相应的求解过程如下。

```
from sklearn.feature_selection import VarianceThreshold
#定义列表X以保存表2-3中的特征值
X=[[0,0,1], [0,1,0], [1,0,0], [0,1,1], [0,1,0], [0,1,1]]
#选择特征值为0或1比例超过80%的特征(布尔特征相应变量X的方差为Var(X)=p*(1-p))
Sel=VarianceThreshold(threshold=(.8*(1-.8)))
Y=Sel.fit_transform(X)
#显示所选择的特征
print(Y)
```

③ 结果分析

以上代码运行结果如下。

```
[[0, 1], [1, 0], [0, 0], [1, 1], [1, 0], [1, 1]]
```

布尔类型特征值与伯努利（Bernoulli）随机变量相关，其方差为 $p(1-p)$，因此，使用阈值 .8*(1-.8) 可以检测出低方差特征。本例中删除了"肤色"特征，保留了"语言"与"国籍"特征。

（2）皮尔逊相关系数

皮尔逊相关系数是一种有助于理解特征与目标变量之间关系的方法，其通过 [-1,1] 的值衡量变量之间的线性相关性，-1 表示完全负相关（即一个变量值下降，另一个变量值上升)，+1 表示完全正相关，0 则表示无线性相关性。

scikit-learn 库利用 pearsonr 库实现基于皮尔逊相关系数的特征选择。

❖　**实例 2-6：利用皮尔逊相关系数进行特征选择。**

① 问题描述

给定由 3 个特征构成的 1000 个样本与相关分类标记，判断 3 个特征中哪个特征最重要。

② 编程实现

根据本例问题的相关要求，相应的求解过程如下。

```
from sklearn.datasets import make_regression  #导入用于构造回归分析数据的库
from scipy.stats import pearsonr  #导入皮尔逊相关系数库
#产生样本
X,Y = make_regression(n_samples=1000, n_features=3, n_informative=1, noise=100,
random_state=9527)
#分别计算每个特征与分类标记的相关系数
P1 = pearsonr(X[:,0],Y)
P2 = pearsonr(X[:,1],Y)
P3 = pearsonr(X[:,2],Y)
#输出相关系数
print(P1)
print(P2)
print(P3)
```

③ 结果分析

以上代码运行结果如下。

```
(0.012936800506951285, 0.6828310401785427)
(0.6680920624164118, 2.8345376164048276e-130)
(0.039389824513971945, 0.213300626660682036)
```

根据结果可知，3 个特征中第 2 个特征最重要（相关系数最大）。

需要注意的是，皮尔逊相关系数的缺点在于其只对具有线性关系的变量有效，如果变量之间的关系是非线性的，即便两个变量具有一一对应的关系，皮尔逊相关性也可能会接近 0。

💡**知识拓展**

random_state 为随机数种子数，用于保证程序的可重复性。

（3）卡方检验

卡方检验的思想在于通过观察实际值与理论值的偏差判断理论值是否正确。具体而言，其首先假设两个变量相互独立（称为"原假设")，然后观测实际值（或"观察值"）与理论值（即"若两变量确实独立"的情况下应有的值）之间的偏差程度；若该偏差足够小，则认为两者确实相互独立，相关误差则是由于测量手段、噪声等因素所导致，并认为两者实际上是相关的。

❖　**实例 2-7：利用卡方检验进行特征选择。**

① 问题描述

针对鸢尾花数据集，采用卡方检验选择相关性最大的两个特征。

② 编程实现

根据本例问题的相关要求，相应的求解过程如下。

```
from sklearn.datasets import load_iris    #导入鸢尾花数据集
from sklearn.feature_selection import SelectKBest   #导入特征选择库
from sklearn.feature_selection import chi2   #导入卡方检验库
#加载鸢尾花数据集
Iris = load_iris()
X, Y = Iris.data, Iris.target
print(X.shape)    #样本数与初始特征数
#选择两个最佳特征
X_new = SelectKBest(chi2, k=2).fit_transform(X, Y)
print(X_new.shape)    #样本数与选择的特征数
```

③ 结果分析

以上代码运行结果如下。

```
(150, 4)
(150, 2)
```

根据结果可知，经过卡方检验，**X_new** 数组保存了所选择的两个相关性最大的特征。

知识拓展

　　SelectKBest()函数包含两个参数，一个用于设置为特征打分的函数，另一个用于设置所选取的特征数。

（4）互信息和最大信息系数

互信息用于度量两个随机变量相互依赖的程度或者两个随机变量共享信息的程度（如已知随机变量 X 的情况下随机变量 Y 不确定性降低的程度），相关公式为：

$$I(X;Y) = \int p(x,y)\log\frac{p(x,y)}{p(x)p(y)}\mathrm{d}x\mathrm{d}y \tag{2.3}$$

其中，$p(x,y)$ 是联合分布，$p(x)$ 与 $p(y)$ 为边缘分布。

在实际中，由于互信息不便于归一化、联合概率难以计算等问题而不易用于特征的选择，在特征选择中更为常用的相关度量是根据互信息演化而成的最大信息系数。最大信息系数（Maximal Information Coefficient，MIC）用于衡量两个变量 X 和 Y 之间的关联程度（线性或非线性），其基本思想在于将两个变量相应的二维空间进行离散化并使用散点图进行表示，进而通过度量散点落入离散方格的情况计算联合概率。

在具体应用中互信息和最大信息系数的计算可通过 Minepy 库中的 MIC 库实现，同时结合 scikit-learn 库中的 feature_selection.SelectKBest 库可从原特征中选择具有最大信息系数的特征。

❖ **实例 2-8：利用互信息和最大信息系数进行特征选择。**

① 问题描述

使用互信息和最大信息系数找出鸢尾花数据集中与标签相关性最强的 K 个特征。

② 编程实现

根据本例问题的相关要求，相应的求解过程如下。

```
import numpy as np
from sklearn.feature_selection import SelectKBest
from minepy import MINE
from sklearn import datasets
Iris=datasets.load_iris()
#定义求取最大信息系数的函数
def Mic(X, Y):
    M = MINE()
    M.compute_score(X, Y)
    return (M.mic(), 0.5)
```

```
#构建互信息的特征提取模型
Model = SelectKBest(lambda X, Y:np.array(list(map(lambda X: Mic(X, Y), X.T))).T[0], k=2)
#选择特征
Model.fit_transform(Iris.data, Iris.target)
print('互信息系数: ',Model.scores_)    #输出互信息系数
#输出所选特征的值
print('所选特征的值为: \n',Model.fit_transform(Iris.data, Iris.target))
```

③ 结果分析

以上代码运行结果如下。

```
互信息系数: [0.6421959 0.40824652 0.91829583 0.91829583]
所选特征的值为:
 [[1.4 0.2]
 [1.4 0.2]
 [1.3 0.2]
 [1.5 0.2]
 [1.4 0.2]
 ...
```

针对鸢尾花数据集对应的 4 个特征的互信息系数，其值越接近 1，特征间的相关性越强。从输出结果可以发现，第 3 个特征与第 4 个特征的相关性最强。因此，当将所选特征数设置为 2 时，特征 3 和特征 4 被选择出来，此结果通过 fit_transform(Iris.data,Iris.target)函数可进一步得以印证。

2.3.2　特征包装

特征包装（Wrapper）方法将特征选择问题视为最优特征子集搜索问题进行求解，其中，不同特征子集的性能利用相关模型进行评估与分析。相对于特征过滤方法，特征包装方法考虑到了特征之间相关性以及特征组合对模型性能的影响，整体上具有更高的性能。特征包装方法一般包括搜索策略、评估函数、终止条件与验证过程 4 个部分，其基本流程如图 2-3 所示，相关环节描述如下。

（1）搜索策略：根据原特征生成特征子集的过程，通常包括完全搜索（如广度优先搜索、定向搜索）、启发式搜索（如双向搜索、后向选择）、随机搜索（如模拟退火、遗传算法）等方式。

（2）评估函数：评估特征子集的优劣程度的标准。

（3）终止条件：与评估函数相关的特定阈值。

（4）验证过程：验证所选特征子集的实际效果。

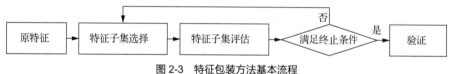

图 2-3　特征包装方法基本流程

整体而言，特征包装方法首先从原特征中选择一个特征子集，然后采用评估函数对该特征子集进行评估并判断是否满足终止条件，若满足终止条件则将当前特征子集作为最优特征子集，否则继续重复特征子集的生成与评估。此外，最优特征子集的实际性能还需利用特定样本进行验证。

递归特征消除（Recursive Feature Elimination）是典型的特征包装方法，其通过递归减小特征集规模的方式进行特征的选择，相关过程可描述为：首先利用训练样本对模型（如支持向量机）进行训练并确定原特征集中每个特征的权重，然后从原特征集中删除具有最小权重特征，如此往复递归，直至剩余的特征数量达到指定的数量。

scikit-learn 库中的递归特征消除库的导入方式如下。

```
from sklearn.feature_selection import RFE
```

函数原型如下。

```
RFE(estimator,n_features_to_select=None,step=1,verbose=0)
```

表 2-4 与表 2-5 所示为递归特征消除算法的常用参数和常用属性。

表 2-4　常用参数

名称	说明
estimator	设置监督型基学习器（通常应输出包含 coef_或 feature_importances_等与权重相关的结果）
n_features_to_select	选择的特征数量
step	控制每次迭代过程中消除的特征个数，设置为大于或等于 1 的整数时，每次迭代时消除相应数量的特征，而设置为 0 到 1 之间的浮点数时，每次迭代则消除相应比例的特征

表 2-5　常用属性

名称	说明
n_features_	选择的特征数量
support_	标示所有特征是否被选中的布尔矩阵（True 表示被选中，False 表示被淘汰）
ranking_	所有特征的综合重要性评分排名，其值越小（1 为最小值），表示相应的特征越重要

❖　**实例 2-9：利用特征包装方法进行特征选择。**

① 问题描述

利用递归特征消除方法从鸢尾花数据集原特征中选择最佳特征子集，要求采用 Logistic 回归模型评估特征子集的性能并输出每个特征的重要性排名、所选择的特征数量与特征名称。

② 编程实现

根据本例问题的相关要求，相应的求解过程如下。

```
from sklearn.feature_selection import RFE    #导入递归特征消除库
from sklearn.linear_model import LogisticRegression    #导入 Logistic 回归库
#加载鸢尾花数据集
from sklearn import datasets
Iris=datasets.load_iris()
Name=Iris["feature_names"]
#构建递归特征消除对象并进行特征的选择
Selector=RFE(estimator=LogisticRegression(),n_features_to_select=2).fit(Iris.data,
Iris.target)
#查看特征选取情况
print(Selector.support_)
#查看特征的重要性
print(Selector.ranking_)
#所选择的特征数
print(Selector.n_features_)
#特征重要性排序
print("Features sorted by their rank:")
print(sorted(zip(map(lambda X:round(X,4),Selector.ranking_),Name)))
```

③ 结果分析

以上代码运行结果如下。

```
[False False True True]
[3 2 1 1]
2
Features sorted by their rank:
[(1, 'petal length (cm)'), (1, 'petal width (cm)'), (2, 'sepal width (cm)'), (3, 'sepal
length (cm)')]
```

从输出结果可以看出，鸢尾花数据集的 4 个特征中的 2 个特征 petal length (cm)和 petal width (cm)在区分鸢尾花种类时更加重要，因而被选择作为最优特征子集。

2.3.3　特征嵌入

特征嵌入（Embedded）方法的主要特点是特征选择与模型训练同时进行，基本流程如图 2-4 所示，其首先利用模型（如决策树模型的 feature_importances_ 属性）确定各特征的权重（对模型的贡献度或重要性），然后根据权重大小从原特征中选择最有用的特征。此方法不仅考虑到了模型的整体性能，而且考虑到了特征对模型的贡献，因此，无关的特征（需要相关性过滤的特征）和无区分度的特征（需要方差过滤的特征）均会被删除。

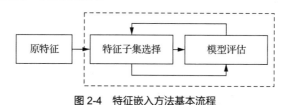

图 2-4　特征嵌入方法基本流程

　　特征嵌入方法的主要缺点在于其所采用的权重并不具有明确的统计含义，若有较多特征对模型均有贡献且贡献不一，不易确定相应的阈值进行判别。此外，模型训练的效率也会受特征选择过程的影响。

　　scikit-learn 库中的特征嵌入库导入方式如下。

```
from sklearn.feature_selection import SelectFromModel
```

函数原型如下。

```
SelectFromModel(estimator, threshold=None, prefit=False)
```

　　其中，SelectFromModel 对象可以与任何具有 coef_ 与 feature_importances_ 属性的模型（如随机森林、Logistic 回归等）联合使用。此外，对于具有 feature_importances_ 属性的模型而言，若特征重要性低于指定阈值，则可认为此特征不重要并将其移除。表 2-6 所示为特征嵌入方法的常用参数。

表 2-6　常用参数

名称	说明
estimator	设置监督型基学习器（通常应输出包含 coef_ 或 feature_importances_ 等与权重相关的结果或具有 L1、L2 等惩罚项，如线性支持向量机 LinearSVC、逻辑回归与 Lasso 回归等）
threshold	特征重要性阈值
prefit	指定是否为预训练的模型，若是预训练模型，则将其值置为 True
max_features	选择的最大特征数

❖　**实例 2-10：利用惩罚项进行特征选择。**

① 问题描述

利用惩罚项对鸢尾花数据集进行特征选择。

> 💡**知识拓展**
>
> 　　利用 L_0 与 L_1 范数作为正则化项的模型（如支持向量机）可以获得稀疏解（即大部分特征对应的权重为 0），因此有利于选择特征或对原特征进行降维处理。

② 编程实现

根据本例问题的相关要求，相应的求解过程如下。

```
from sklearn.svm import LinearSVC    #导入支持向量机库
from sklearn.feature_selection import SelectFromModel    #导入特征选择库
#加载鸢尾花数据集
from sklearn.datasets import load_iris
Iris = load_iris()
X, Y = Iris.data, Iris.target
#构建线性分类支持向量机模型并训练
```

```
lsvc = LinearSVC(C=0.01, penalty="l1", dual=False).fit(X, Y)
#使用线性分类支持向量机模型进行特征选择
Model = SelectFromModel(lsvc, prefit=True)
X_new = Model.transform(X)
#输出所选特征数
print(X_new.shape)
```

③ 结果分析

以上代码运行结果如下。

```
(150, 3)
```

从运行结果可以看出，该模型选择了鸢尾花数据集 4 个特征中的 3 个。

❖ **实例 2-11：利用随机森林进行特征选择。**

① 问题描述

利用随机森林对鸢尾花数据集进行特征选择。

> **知识拓展**
>
> 决策树、随机森林等模型可计算特征的重要程度，因此有利于去除不相关的特征。

② 编程实现

根据本例问题的相关要求，相应的求解过程如下。

```
from sklearn.ensemble import RandomForestRegressor    #导入随机森林库
from sklearn.feature_selection import SelectFromModel    #导入特征选择库
#加载鸢尾花数据集
from sklearn.datasets import load_iris
Iris = load_iris()
X, Y = Iris.data, Iris.target
print(X.shape)
#构建随机森林模型并训练
Clf=RandomForestRegressor()
Clf = Clf.fit(X, Y)
#查看每个特征的重要性
print(Clf.feature_importances_)
#使用随机森林模型进行特征的选择
Model = SelectFromModel(Clf, prefit=True)
X_new = Model.transform(X)
#输出所选特征数
print(X_new.shape)
```

③ 结果分析

以上代码运行结果如下。

```
(150, 4)
[0.09910899 0.05531363 0.38511802 0.46045936]
(150, 2)
```

利用随机森林对鸢尾花数据集中的 4 个特征进行特征选择，最终可获取每个特征的重要性并从中选择了 2 个重要的特征。

2.4 特征提取

特征选择是在原特征的基础上选择最优特征子集而不改变原特征，特征提取则在原特征的基础上生成维度较小但仍保留原特征主要信息的新特征，其主要目的在于将高维空间中的数据映射到低维空间，不但保证尽可能少地丢失信息，而且使得低维空间的数据更易于分开。

常用的特征提取方法有主成分分析与线性判别分析。

2.4.1　主成分分析

主成分分析（Principal Component Analysis，PCA），其思想是将 m 维特征映射为 k 维全新的正交特征（$k<m$），而不是从 m 维特征中简单地选择 k 维特征或去除 m-k 维特征。将数据转换成前 k 个主成分的基本流程如图 2-5 所示。

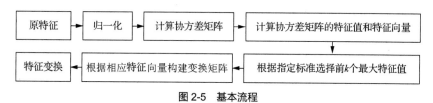

图 2-5　基本流程

（1）计算协方差矩阵

对于一维数据，常用标准差与方差描述数据的分布形态；而对于二维或多维数据，要用协方差描述不同维度的数据的分布形态与彼此之间的相互关系（如在分析考试成绩时，不但要考虑数学成绩的分布形态，而且要考虑数学与英语成绩之间的相互关系）。

对于数量为 n 的样本集，设两个特征对应的变量为 X 与 Y，则相应的协方差计算公式如下。

$$\mathrm{cov}(X,Y)=\frac{1}{n-1}\sum_{i=1}^{n}\left(X_i-\bar{X}\right)\left(Y_i-\bar{Y}\right) \tag{2.4}$$

其中，$\bar{X}$ 与 $\bar{Y}$ 分别为两个特征对所有样本取值的平均。用除数 n-1 可得到协方差的无偏估计。

协方差为正时，表明 X 与 Y 是正相关关系；协方差为负时，表明 X 与 Y 是负相关关系；协方差为 0 时，说明 X 与 Y 相互独立。此外，由于协方差只能描述两个变量之间的相关性，因而多个变量之间的相关性描述需要计算多个协方差，此时可用矩阵形式组织相应的协方差，即：

$$\boldsymbol{C}_{m\times m}=\left[\mathrm{cov}\left(D_i,D_j\right)\right]_{i,j=1}^{m} \tag{2.5}$$

其中，D_i 与 D_j 分别表示第 i 与 j 个特征对应的变量。

例如，3 个特征对应的变量分别为 X、Y 与 Z，则相应的协方差矩阵为：

$$\boldsymbol{C}=\begin{bmatrix}\mathrm{cov}(x,x) & \mathrm{cov}(x,y) & \mathrm{cov}(x,z)\\ \mathrm{cov}(y,x) & \mathrm{cov}(y,y) & \mathrm{cov}(y,z)\\ \mathrm{cov}(z,x) & \mathrm{cov}(z,y) & \mathrm{cov}(z,z)\end{bmatrix} \tag{2.6}$$

协方差矩阵是一个对称的矩阵，而且对角线是各个维度上的方差。

（2）计算协方差矩阵的特征值和特征向量

由于协方差矩阵为方阵，因此可以计算其特征值 $\{\lambda_1,\lambda_2,\cdots,\lambda_m\}$ 与特征向量 $\{v_1,v_2,\cdots,v_m\}$，它们与协方差矩阵之间的关系为：

$$\boldsymbol{C}=\boldsymbol{Q}\boldsymbol{\Sigma}\boldsymbol{Q}^{-1} \tag{2.7}$$

其中，$\boldsymbol{Q}$ 为特征向量 $\{v_1,v_2,\cdots,v_m\}$ 构成的矩阵，$\boldsymbol{\Sigma}$ 为特征值 $\{\lambda_1,\lambda_2,\cdots,\lambda_m\}$ 构成的对角矩阵。

（3）利用特征值确定特征数与特征降维矩阵

根据协方差求取的特征向量描述了原特征可投影的期望坐标轴（即投影至该坐标轴后特征可有效表达原特征的主要信息），特征值则描述了原特征在期望坐标轴投影后的新特征方差（或新特征包含的信息量），指定特征值除以所有特征值的和则表示相应特征向量对应新特征方差的贡献率。

原特征在不同特征向量确定的期望坐标轴下的投影结果称为其主成分，当前 k 个主成分对应的方差贡献率达到指定百分比（如 95%），则此 k 个新特征包含了原特征的大部分信息，因而可根据其对应的特征向量构造相应的特征变换矩阵。具体而言，首先将特征值 $\{\lambda_1,\lambda_2,\cdots,\lambda_m\}$ 从大到小进行排序并根据指定特征方差贡献率百分比选择前 k 个特征值，然后将其对应的 k 个特征向量分别作为列向量组成特征变换矩阵 $V_{m\times k}$。

（4）根据特征变换矩阵对特征进行降维处理

将 $n\times m$ 结构的样本集乘以特征变换矩阵 $V_{m\times k}$ 即得到 $n\times k$ 结构的样本集，进而实现原特征的降维处理（即将 m 维特征变换为 k 维全新特征）。

scikit-learn 库中的主成分分析库的导入方式如下。

```
from sklearn.decomposition import PCA
```

函数原型如下。

```
class sklearn.decomposition.PCA(n_components=None, copy=True, whiten=False)
```

表 2-7、表 2-8 与表 2-9 所示为特征提取的常用参数、常用属性与常用函数。

表 2-7 常用参数

名称	说明
n_components	指定降维后的特征数目。可通过设置大于或等于 1 的整数直接指定降至的维度数，也可以设置取值范围为(0,1]的浮点数指定主成分的方差与所占的最小比例阈值确定降至的维度数
copy	表示是否将原始训练样本复制一份；若为 True，原始训练样本的值不会有任何改变，算法在原始训练样本的副本上进行运算；若为 False，算法在原始训练样本上直接进行降维计算
whiten	表示是否进行白化（对降维后数据的每个特征进行归一化以使其方差均为 1）

表 2-8 常用属性

名称	说明
components	具有最大方差的成分
explained_variance_ratio	降维后各主成分的方差值占总方差值的比例
explained_variance	降维后各主成分的方差值

表 2-9 常用函数

名称	说明
fit(X,y=None)	利用数据 X 训练主成分分析模型（由于主成分分析为无监督学习，因而 y=None）
fit_transform(X)	利用数据 X 训练主成分分析模型并输出数据 X 降维后的结果
inverse_transform(X)	利用降维后的数据恢复相应的原数据
transform(X)	利用已训练的主成分分析模型对数据 X 进行降维

❖ **实例 2-12：利用主成分分析方法进行特征提取。**

① 问题描述

利用主成分分析方法将鸢尾花数据（4 维）降至 2 维并将降维后的 3 类鸢尾花数据进行可视化。

② 编程实现

根据本例问题的相关要求，相应的求解过程如下。

```
import matplotlib.pyplot as plt    #导入绘图库
from sklearn.decomposition import PCA    #导入主成分分析库
#加载鸢尾花数据
from sklearn.datasets import load_iris
Iris = load_iris()
X = Iris.data
y = Iris.target
#查看原特征维度
print(X.shape)
pca = PCA(n_components=2)    #实例化主成分分析对象（指定变换后的特征维度）
pca.fit(X)    #求取变换矩阵
X_new = pca.transform(X)    #特征变换
print(X_new)    #输出变换后的样本
```

③ 结果分析

以上代码运行结果如下。

```
(150, 4)
[[-2.68412563  0.31939725]
 [-2.71414169 -0.17700123]
 [-2.88899057 -0.14494943]
 [-2.74534286 -0.31829898]
 ...
```

降维后的特征在数值上与原特征完全不同，但表达了原特征的主要信息。降维后的特征只有 2 维，相对于原特征，其在训练模型时具有更高的效率。此外，可采用 fit_transform() 函数一次性实现 fit() 函数和 transform() 函数的功能，即 X_dr=pca.fit_transform(X)。

由于特征变换后维度为 2，因而将二维坐标系横纵坐标分别设置为相应的特征即可将包含 3 类鸢尾花的数据采用不同颜色进行可视化，进而可直观地展示其分布形态。相关代码实现如下。

```python
plt.figure()
plt.scatter(X_new[y==0, 0], X_new[y==0, 1], c="red", label=Iris.target_names[0])
plt.scatter(X_new[y==1, 0], X_new[y==1, 1], c="black", label=Iris.target_names[1])
plt.scatter(X_new[y==2, 0], X_new[y==2, 1], c="orange", label=Iris.target_names[2])
plt.xlabel('x1_pca')
plt.ylabel('x2_pca')
plt.legend()
plt.show()
```

可视化结果如图 2-6 所示。在图 2-6 中，不同颜色的点表示不同种类的鸢尾花，从点的分布形态不难发现，versicolor 与 virginica 两种鸢尾花之间存在少许交叠，setosa 种类的鸢尾花则较为孤立，降维后的 3 类鸢尾花数据整体上更易于分类或更有利于提高后续分类模型构建的可靠性。

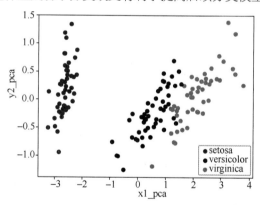

图 2-6　主成分分析降维后的鸢尾花数据可视化结果

为进一步分析主成分分析的特性，可通过以下代码查看降维后的特征贡献率：

```python
#查看降维后新特征所带的信息量大小
print(pca.explained_variance_)
#查看可解释性方差贡献率
print(pca.explained_variance_ratio_)
#获取可解释性方差贡献率之和以衡量新特征所保留原特征信息的比例
print(pca.explained_variance_ratio_.sum())
```

以上代码运行结果如下。

```
[4.22824171, 0.24267075]
[0.92461872, 0.05306648]
0.9776852063187949
```

从 pca.explained_variance_ 与 pca.explained_variance_ratio_ 的输出结果可以得到，降维后的第一个特征的信息量及可解释性方差贡献率远大于第二个特征的，原特征的大部分信息主要集中于降维后的第一个特征。此外，降维后两特征可解释性方差贡献率之和接近 97.77%，较好地保留了原特征的主要信息。

❖　**实例 2-13：主成分分析方法中特征维度的确定。**

① 问题描述

scikit-learn 库中的糖尿病数据集包含 442 个样本，每个样本具有年龄、性别、体重指数、平均血压及 6 个疾病级数指标等 10 个特征，即['age', 'sex', 'bmi', 'bp', 's1', 's2', 's3', 's4', 's5', 's6']，请使用主成分分析方法对糖尿病数据集进行降维处理并确定合理的新特征维度。

② 编程实现

根据本例问题的相关要求，相应的求解过程如下。

```
import numpy as np    #导入科学计算库
from sklearn.decomposition import PCA    #导入主成分分析库
import matplotlib.pyplot as plt    #导入绘图库
#加载糖尿病数据
from sklearn.datasets import load_diabetes
Data_diabetes = load_diabetes()
X = Data_diabetes['data']
print(X.shape)    #查看样本数与特征数
```

③ 结果分析

以上代码运行结果如下。

```
(442, 10)
```

为确定合理的新特征维度，可采用以下 3 种方法。

方法 1：利用累积可解释性方差贡献率曲线确定新特征维度。

此方法通过累积特征的可解释性方差贡献率并进行可视化的方式确定相应的新特征维度，即：

```
pca_opt = PCA(n_components=10).fit(X)
#查看可解释性方差贡献率
print(pca_opt.explained_variance_ratio_)
#累积可解释性方差贡献率并绘制变化曲线
plt.plot([1,2,3,4,5,6,7,8,9,10],np.cumsum(pca_opt.explained_variance_ratio_))
plt.xticks([1,2,3,4,5,6,7,8,9,10])
plt.xlabel("Number of components")
plt.ylabel("Cumulative explained variance")
plt.show()
plt.grid(True)
```

以上代码运行结果如下。

```
[0.40242142 0.14923182 0.12059623 0.09554764 0.06621856 0.06027192
 0.05365605 0.04336832 0.00783199 0.00085605]
```

从图 2-7 所示的曲线可以看出，当 n_components 取值为 8 或者 9 时，可解释性方差贡献率累积值达到最大，因此可将其设置为 8 或 9。

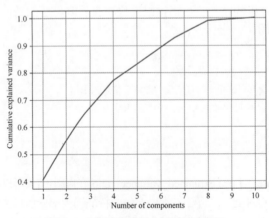

图 2-7　累积可解释性方差贡献率曲线

方法 2：利用最大似然估计确定新特征维度。

利用最大似然估计（Maximum Likelihood Estimation）方法确定新特征维度；在具体实现时，将 n_components 参数值设置为'mle'即可，即：

```
pca_mle = PCA(n_components='mle')
X_new= pca_mle.fit_transform(X)
#查看特征维度
print(X_new.shape)
#查看新特征对应的累积可解释性方差贡献率
print(pca_mle.explained_variance_ratio_.sum())
```

以上代码运行结果如下。

```
(442, 9)
0.9991439470098976
```

从输出结果可以看出，采用最大似然估计方法自动选择的新特征维度为 9，这 9 个特征所包含的信息量占原特征信息量的 99.91%左右。

方法 3：按信息量占比确定新特征维度。

此方法直接将 n_components 参数值设置为[0,1]的浮点数，以表示降维后的特征累积可解释性方差贡献率占比大于该浮点数，进而可通过累积的方式自动选择出相应的特征数，即：

```
pca_percent = PCA(n_components=0.90)
X_new = pca_percent.fit_transform(X)
print(pca_percent.explained_variance_ratio_.sum())
print(X_new.shape)
```

以上代码运行结果如下。

```
0.9479436357350414
(442, 7)
```

将 n_components 参数值设置为 0.90，表明新特征累积可解释性方差贡献率应大于 90%，进而确定了 7 个新特征，这 7 个特征所包含的信息量占原特征信息量的 94.79%左右。

2.4.2　线性判别分析

主成分分析只是降低了特征的维度而未考虑降维后特征的分类或拟合性能，为解决此问题，线性判别分析（Linear Discriminant Analysis，LDA）在通过寻找最优投影方向的方式对特征进行降维时，设法将样本投影至一条直线上，以使同类样本对应的投影点尽可能接近（即类内离散度越小越好）而异类样本对应的投影点尽可能远离（即类间离散度越大越好）；在对新样本进行分类时，首先将其投影至同样的直线上，再根据对应投影点的位置确定相应的类别。

以两类样本 $C_i\,(i=1,2)$ 为例，设其类别中心为

$$\boldsymbol{\mu}_i = \frac{1}{|C_i|}\sum_{x\in C_i}\boldsymbol{x} \tag{2.8}$$

其中，$|C_i|$ 表示样本集 C_i 中样本的数量。

任意样本 $\boldsymbol{x}$ 投影至方向为 $\boldsymbol{w}$ 的一维坐标轴后的投影点为

$$y = \boldsymbol{w}^{\mathrm{T}}\boldsymbol{x} \tag{2.9}$$

投影后两类样本对应的类别中心为：

$$m_i = \frac{1}{|C_i|}\sum_{x\in C_i}\boldsymbol{w}^{\mathrm{T}}\boldsymbol{x} = \boldsymbol{w}^{\mathrm{T}}\boldsymbol{\mu}_i \tag{2.10}$$

若以方差度量类内样本间的聚集程度，则相应的方差为：

$$S_i = \sum_{x\in C_i}\left(y - m_i\right)^2 = \sum_{x\in C_i}\left(\boldsymbol{w}^{\mathrm{T}}\left(\boldsymbol{x} - \boldsymbol{\mu}_i\right)\right)^2 = \sum_{x\in C_i}\left(\boldsymbol{w}^{\mathrm{T}}\left(\boldsymbol{x} - \boldsymbol{\mu}_i\right)\right)\left(\boldsymbol{w}^{\mathrm{T}}\left(\boldsymbol{x} - \boldsymbol{\mu}_i\right)\right)^{\mathrm{T}}$$

$$= \sum_{x\in C_i}\left(\boldsymbol{w}^{\mathrm{T}}\left(\boldsymbol{x} - \boldsymbol{\mu}_i\right)\left(\boldsymbol{x} - \boldsymbol{\mu}_i\right)^{\mathrm{T}}\boldsymbol{w}\right) = \boldsymbol{w}^{\mathrm{T}}\left[\sum_{x\in C_i}\left(\boldsymbol{x} - \boldsymbol{\mu}_i\right)\left(\boldsymbol{x} - \boldsymbol{\mu}_i\right)^{\mathrm{T}}\right]\boldsymbol{w} \tag{2.11}$$

两个类别类内方差之和为：

$$S_1 + S_2 = \boldsymbol{w}^{\mathrm{T}} \left[\sum_{\boldsymbol{x} \in C_1} (\boldsymbol{x} - \boldsymbol{\mu}_1)(\boldsymbol{x} - \boldsymbol{\mu}_1)^{\mathrm{T}} + \sum_{\boldsymbol{x} \in C_2} (\boldsymbol{x} - \boldsymbol{\mu}_2)(\boldsymbol{x} - \boldsymbol{\mu}_2)^{\mathrm{T}} \right] \boldsymbol{w} = \boldsymbol{w}^{\mathrm{T}} \boldsymbol{S}_w \boldsymbol{w} \tag{2.12}$$

其中，$\boldsymbol{S}_w$ 为类内散度矩阵，即：

$$\boldsymbol{S}_w = \boldsymbol{w}^{\mathrm{T}} \left[\sum_{\boldsymbol{x} \in C_1} (\boldsymbol{x} - \boldsymbol{\mu}_1)(\boldsymbol{x} - \boldsymbol{\mu}_1)^{\mathrm{T}} + \sum_{\boldsymbol{x} \in C_2} (\boldsymbol{x} - \boldsymbol{\mu}_2)(\boldsymbol{x} - \boldsymbol{\mu}_2)^{\mathrm{T}} \right] \tag{2.13}$$

两个类别之间的类别中心之间的距离为：

$$(m_1 - m_2)^2 = (m_1 - m_2)(m_1 - m_2)^{\mathrm{T}} = \boldsymbol{w}^{\mathrm{T}} (\boldsymbol{\mu}_1 - \boldsymbol{\mu}_2)(\boldsymbol{\mu}_1 - \boldsymbol{\mu}_2)^{\mathrm{T}} \boldsymbol{w} = \boldsymbol{w}^{\mathrm{T}} \boldsymbol{S}_b \boldsymbol{w} \tag{2.14}$$

其中，$\boldsymbol{S}_b$ 为类间散度矩阵，即：

$$\boldsymbol{S}_b = (\boldsymbol{\mu}_1 - \boldsymbol{\mu}_2)(\boldsymbol{\mu}_1 - \boldsymbol{\mu}_2)^{\mathrm{T}} \tag{2.15}$$

为使两个类别对应投影点可靠地分开，期望类间距离较大而类内间距较小，因而可最大化以下目标函数：

$$J(\boldsymbol{w}) = \frac{(m_1 - m_2)^2}{S_1 + S_2} = \frac{\boldsymbol{w}^{\mathrm{T}} \boldsymbol{S}_b \boldsymbol{w}}{\boldsymbol{w}^{\mathrm{T}} \boldsymbol{S}_w \boldsymbol{w}} \tag{2.16}$$

在上式的求解中，由于分子分母同时变化，因而可先固定分母为一个非零常数，此时目标函数转换为：

$$\max_{\boldsymbol{w}} \boldsymbol{w}^{\mathrm{T}} \boldsymbol{S}_b \boldsymbol{w} \ \mathrm{s.t.} \boldsymbol{w}^{\mathrm{T}} \boldsymbol{S}_w \boldsymbol{w} = c, c \neq 0 \tag{2.17}$$

利用拉格朗日乘子法可得

$$L(\boldsymbol{w}, \lambda) = \boldsymbol{w}^{\mathrm{T}} \boldsymbol{S}_b \boldsymbol{w} - \lambda (\boldsymbol{w}^{\mathrm{T}} \boldsymbol{S}_w \boldsymbol{w} - c) \tag{2.18}$$

对 $\boldsymbol{w}$ 求偏导并令其结果为 0 可得

$$\frac{\partial L(\boldsymbol{w}, \lambda)}{\partial \boldsymbol{w}} = (\boldsymbol{S}_b + \boldsymbol{S}_b^{\mathrm{T}}) \boldsymbol{w} - \lambda (\boldsymbol{S}_w + \boldsymbol{S}_w^{\mathrm{T}}) \boldsymbol{w} = 2 \boldsymbol{S}_b \boldsymbol{w} - 2\lambda \boldsymbol{S}_w \boldsymbol{w} = 0 \tag{2.19}$$

化简可得

$$\lambda \boldsymbol{w} = \boldsymbol{S}_w^{-1} (\boldsymbol{\mu}_1 - \boldsymbol{\mu}_2)(\boldsymbol{\mu}_1 - \boldsymbol{\mu}_2)^{\mathrm{T}} \boldsymbol{w} = \boldsymbol{S}_w^{-1} (\boldsymbol{\mu}_1 - \boldsymbol{\mu}_2) \beta \tag{2.20}$$

进而可得最优投影坐标轴为

$$\boldsymbol{w} = \frac{\beta}{\lambda} \boldsymbol{S}_w^{-1} (\boldsymbol{\mu}_1 - \boldsymbol{\mu}_2) \propto \boldsymbol{S}_w^{-1} (\boldsymbol{\mu}_1 - \boldsymbol{\mu}_2) \tag{2.21}$$

其中，$\beta = (\boldsymbol{\mu}_1 - \boldsymbol{\mu}_2)^{\mathrm{T}} \boldsymbol{w}$ 为标量。

线性判别分析适用于两类分类问题的求解，当推广至多类分类问题时，可采用类似的类间距离最大而类内距离最小的思想进行求解，此时待求解的参数为诸多基向量构成的矩阵。

💡**知识拓展**

多类分类问题也可以采用 one-vs-all（需训练 k 个两类分类器）或 one-vs-one（需训练 $k(k-1)/2$ 个的两类分类器）等方法解决。

---

scikit-learn 库中的线性判别分析库导入方法如下。

```
from sklearn.discriminant_analysis import LinearDiscriminantAnalysis
```

主函数原型如下。

```
LinearDiscriminantAnalysis(solver='svd',shrinkage=None,priors=None,n_components=None,
store_covariance=False,tol=0.0001)
```

表 2-10 与表 2-11 所示为常用参数与常用函数。

表 2–10　常用参数

名称	说明
solver	求解算法，包括'svd'（奇异值分解）、'lsqr'（最小平方差）与'eigen'（特征值分解）
skrinkage	收缩参数（通常在训练样本数小于特征数时使用），仅适用于'lsqr'与'eigen'
priors	指定每个类别的先验概率（若设置为 None 则认为每个类别的先验概率相等）
n_components	指定降维后的维度数

表 2–11　常用函数

名称	说明
fit(X,Y)	利用训练样本（X 与 Y 分别为训练样本相应的特征与分类标记）训练模型
predict(X)	预测测试样本特征对应的分类标记
predict_proba(X)	预测测试样本特征所属类别的概率
score(X,Y)	利用指定测试样本（X 与 Y 分别为测试样本相应的特征与分类标记）评估模型的平均准确度

❖　**实例 2-14：采用线性判别分析进行特征提取。**

① 问题描述

采用线性判别分析方法对鸢尾花数据相应特征进行降维（维度设为 2）处理并可视化降维后的样本。

② 编程实现

根据本例问题的相关要求，相应的求解过程如下。

```python
import matplotlib.pyplot as plt    #导入绘图库
#导入线性判别分析库
from sklearn.discriminant_analysis import LinearDiscriminantAnalysis
#加载鸢尾花数据
from sklearn import datasets
Iris = datasets.load_iris()
X = Iris.data
y = Iris.target
#查看样本数与特征数
print(X.shape)
#实例化线性判别分析对象并指定新特征的维度
lda = LinearDiscriminantAnalysis(n_components=2)
#特征变换
X_new = lda.fit(X, y).transform(X)
#查看降维后的样本数与特征数
print(X_new.shape)
#查看降维后特征累积可解释性方差贡献率
print(lda.explained_variance_ratio_.sum())
#降维后特征可视化
plt.figure()
plt.scatter(X_new[y==0, 0], X_new[y==0, 1], c="red", label=Iris.target_names[0])
plt.scatter(X_new[y==1, 0], X_new[y==1, 1], c="black", label=Iris.target_names[1])
plt.scatter(X_new[y==2, 0], X_new[y==2, 1], c="orange", label=Iris.target_names[2])
plt.xlabel('x1_lda')
plt.ylabel('x2_lda')
plt.legend()
plt.show()
```

③ 结果分析

以上代码运行结果如下。

```
(150, 4)
(150, 2)
0.9999999999999999
```

利用线性判别分析方法对原特征进行降维处理后获得的 2 个新特征基本包含了原特征的信息量，此外，如图 2-8 所示，降维后的 3 类鸢尾花样本点较易于分类，整体效果较好。

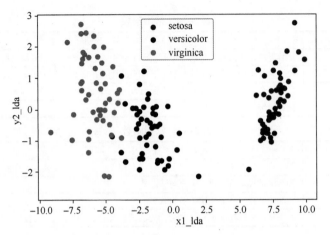

图 2-8　线性判别分析降维后的鸢尾花数据可视化

线性判别分析不但可用于特征降维，而且可直接用于分类问题的求解，即：

```
from sklearn.model_selection import train_test_split    #导入数据划分库
#划分训练样本与测试样本
X_train,X_test,y_train,y_test = train_test_split(X,y,test_size=0.25)
lda = LinearDiscriminantAnalysis()    #构建线性判别分析模型
lda.fit(X_train,y_train)    #利用训练样本训练线性判别分析模型或求取线性判别分析模型参数
score = lda.score(X_test,y_test)    #利用测试样本求取预测精度
print(score)    #查看预测精度
```

以上代码运行结果如下。

```
0.9736842105263158
```

从在测试样本上的测试结果可知，线性判别分析分类性能也较好。

整体而言，线性判别分析既可用于特征降维，也可用于样本分类。在特征降维中，与无监督式的主成分分析方法相比，线性判别分析可使用类别信息提高特征降维的可靠性。

线性判别分析的主要缺点如下。

（1）不适合对非高斯分布的样本进行降维。

（2）当样本数远小于特征维数时，可能导致类内与类间离散度矩阵奇异而难以获取最优投影方向。

（3）在样本分类信息依赖方差而不是均值的时候，降维效果不好。

（4）最多将原特征降至比类别数少 1 的维度（如采用多个特征解决两类分类问题时，特征维度最多降至 1 维，在实际中较为受限）。

线性判别分析与主成分分析的主要区别如下。

（1）线性判别分析利用"异类样本距离大而同类样本距离小"的原则确定特征的最优变换或映射方式，利用了样本的类别信息，属于监督式学习，而主成分分析则仅利用特征之间的相关性确定特征的最优变换或投影方式，属于无监督式学习。

（2）线性判别分析最多将原特征降至比类别数少 1 的维度，而主成分分析最多可选择与原特征相同的维度对原特征进行降维。

（3）线性判别分析不但可对特征进行降维，而且可直接用于样本分类，而主成分分析则仅可用于特征降维。

2.5　应用实例

特征提取与选择不但是提高分类器性能的关键，而且可应用于图像、视频等数据的压缩处理。

本节通过主成分分析与线性判别分析方法的对比、图像压缩等实例介绍特征提取与选择的相关应用方法。

2.5.1 特征分析

主成分分析与线性判别分析分别属于监督学习与无监督学习，本例利用鸢尾花数据集对其性能差异进行对比与分析。

（1）问题描述

利用 scikit-learn 库中的鸢尾花数据集构建 Logistic 回归模型，实现鸢尾花类别的预测与精度分析。基本要求如下。

① 利用全部特征实现模型的训练与预测。

② 利用主成分分析方法将特征降至二维后实现模型的训练与预测。

③ 利用线性判别分析方法将特征降至二维后实现模型的训练与预测。

④ 对两种特征提取方法相应模型的分类效果进行可视化。

（2）编程实现

根据本例问题的相关要求，相应的求解过程如下。

```python
import numpy as np    #导入科学计算库
import matplotlib.pyplot as plt   #导入绘图库
from matplotlib.colors import ListedColormap
from sklearn.model_selection import train_test_split   #导入数据划分库
from sklearn.linear_model import LogisticRegression   #导入 Logistic 回归库
from sklearn.datasets import load_iris    #导入鸢尾花数据集
from sklearn.decomposition import PCA   #导入主成分分析库
#导入线性判别分析库
from sklearn.discriminant_analysis import LinearDiscriminantAnalysis as LDA
from sklearn.preprocessing import StandardScaler   #导入数据标准化库
# 加载数据
iris = load_iris()
x = iris.data
y = iris.target
# 数据标准化处理
ds = StandardScaler()
x_ = ds.fit_transform(x)
# 划分训练样本与测试样本
x_train, x_test, y_train, y_test = train_test_split(x_, y, test_size=0.3, stratify=y,
random_state=0)
# 采用全部特征进行分类
LR = LogisticRegression()
LR.fit(x_train, y_train)
print('采用全部特征的精度:',LR.score(x_test, y_test))
# 利用主成分分析提取特征
pca = PCA(n_components=2)
pca.fit(x_)
x_train_pca = pca.transform(x_train)
x_test_pca = pca.transform(x_test)
print('方差占比:', np.max(np.cumsum(pca.explained_variance_ratio_ *100)))
LR_pca = LogisticRegression(multi_class='ovr', random_state=1, solver='lbfgs')
LR_pca.fit(x_train_pca, y_train)
print('PCA 提取二维特征时的精度:',LR_pca.score(x_test_pca,y_test))
# 利用线性判别分析提取特征
```

```
lda = LDA(n_components=2)
x_train_lda = lda.fit_transform(x_train, y_train)
x_test_lda = lda.fit_transform(x_test, y_test)
print('方差占比:', np.max(np.cumsum(lda.explained_variance_ratio_ *100)))
LR_lda = LogisticRegression(multi_class='ovr', random_state=1, solver='lbfgs')
LR_lda.fit(x_train_lda, y_train)
print('LDA 提取二维特征时的精度:',LR_lda.score(x_test_lda,y_test))
# 定义分类边界绘制函数
def plot_decision_boundary(X, y, model, resolution=0.01):
    markers = ('o', 's', '^')
    colors = ('red', 'blue', 'green')
    cmap = ListedColormap(colors[:len(np.unique(y))])
    x1_min, x1_max = X[:, 0].min() - 1, X[:, 0].max() + 1
    x2_min, x2_max = X[:, 1].min() - 1, X[:, 1].max() + 1
    xx1, xx2 = np.meshgrid(np.arange(x1_min, x1_max, resolution),np.arange(x2_min, x2_max,
resolution))
    Z = model.predict(np.array([xx1.ravel(), xx2.ravel()]).T)
    Z = Z.reshape(xx1.shape)
    plt.contourf(xx1, xx2, Z, alpha=0.3, cmap=cmap)
    plt.xlim(xx1.min(), xx1.max())
    plt.ylim(xx2.min(), xx2.max())
    for idx, cl in enumerate(np.unique(y)):
        plt.scatter(x=X[y == cl, 0], y=X[y == cl, 1],alpha=0.8, c=[cmap(idx)],
edgecolor='black', marker=markers[idx], label=cl)
# 显示主成分分析的分类结果
plt.figure(1)
plot_decision_boundary(x_train_pca, y_train, model=LR_pca)
plt.xlabel('x1_pca')
plt.ylabel('x2_pca')
plt.legend(loc='lower left')
plt.tight_layout()
plt.show()
# 显示线性判别分析的分类结果
plt.figure(2)
plot_decision_boundary(x_train_lda, y_train, model=LR_lda)
plt.xlabel('x1_lda')
plt.ylabel('x2_lda')
plt.legend(loc='lower left')
plt.tight_layout()
plt.show()
```

（3）结果分析

以上代码运行结果如下。

```
采用全部特征的精度: 0.9777777777777777
方差占比: 95.81320720000164
PCA 提取二维特征时的精度: 0.7777777777777778
方差占比: 100.0
LDA 提取二维特征时的精度: 0.8444444444444444
```

分类结果的可视化如图 2-9 所示。

根据实验结果可知，在指定特征提取维度的情况下，线性判别分析可利用类别信息对数据进行变换以使同类数据点之间的距离尽可能小而异类数据点之间的距离尽可能大，因而更好地保留了原始数据中的关键信息，相关的方差占比与分类精度均较高。相对而言，主成分分析因为未利用类别信息，相应的方差占比与分类精度偏低。在实际应用中，若数据包含类别标记，则应优先选择线性判别分析进行特征提取，否则，应选择主成分分析。此外，从原理上讲，主成分分析与线性判别分析并没有绝对的优劣之分，其在具体应用中的性能还受数据分布形态的影响。

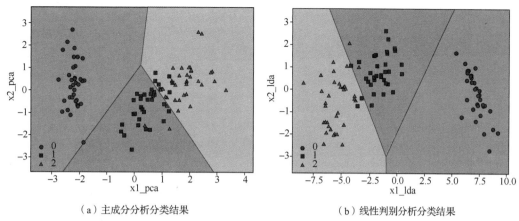

（a）主成分分析分类结果　　　　　　　（b）线性判别分析分类结果

图 2-9　主成分分析与线性判别分析分类结果可视化

2.5.2　图像压缩

图像压缩旨在从图像中提取关键性信息，这不但有利于相关分类器性能的提升，而且可应用于图像存储与传输。本例通过对图像进行主成分分析的方式实现图像的压缩处理。

（1）问题描述

利用不同主成分分析方法对图像进行压缩处理。基本要求如下。

① 提取并显示图像红色通道。

② 将主成分设置为 200 以对相应的累积方差占比进行可视化。

③ 输出主成分为 10 时的方差占比并显示相应的图像。

④ 输出主成分为 50 时的方差占比并显示相应的图像。

（2）编程实现

根据本例问题的相关要求，相应的求解过程如下。

```python
import numpy as np    #导入科学计算库
from PIL import Image   #导入图像处理库
import matplotlib.pyplot as plt   #导入绘图库
from sklearn.decomposition import PCA   #导入主成分分析库
#打开图像
im = Image.open('sample.jpg')
#显示图像信息
print('Image information',im.format, im.size, im.mode)
#提取并显示图像的红色通道
im_array = np.array(im)    #转换为 NumPy 数组
im_red = im_array[:,:,0]    #提取图像红色通道
plt.figure(1)
plt.imshow(im_red,cmap='gray')    #显示图像红色通道
#图像主成分分析
#查看各主成分的方差值占总方差值的比例
pca = PCA(n_components=200)    #将主成分设置为 200
pca.fit(im_red)   #主成分分析
#显示结果
plt.figure(2)
plt.plot(np.cumsum(pca.explained_variance_ratio_ *100))
plt.xlabel('Number of components')
plt.ylabel('Explained variance')
plt.grid()
#利用 10 个主成分进行图像压缩
```

```
pca_10 = PCA(n_components=10)    #将主成分设置为10
im_red_pca_10 = pca_10.fit_transform(im_red)    #主成分分析
im_red_inv_pca_10 = pca_10.inverse_transform(im_red_pca_10)    #由主成分分析生成图像
#显示压缩后的图像
plt.figure(3)
plt.imshow(im_red_inv_pca_10,cmap='gray')    #显示图像
#显示主成分对应方差所占总方差的比例
#cumsum()函数用于保存数组的累积和
print('Explained_variance_ratio_10:', np.max(np.cumsum(pca_10.explained_variance_
ratio_ *100)))
#利用50个主成分进行图像压缩
pca_50 = PCA(n_components=50)    #将主成分设置为50
im_red_pca_50 = pca_50.fit_transform(im_red)    #主成分分析
im_red_inv_pca_50 = pca_50.inverse_transform(im_red_pca_50)    #由主成分分析生成图像
#显示压缩后的图像
plt.figure(4)
plt.imshow(im_red_inv_pca_50,cmap='gray')
#显示主成分对应方差所占总方差的比例
print('Explained_variance_ratio_50:', np.max(np.cumsum(pca_50.explained_variance_ratio_ *100)))
```

（3）结果分析

以上代码运行结果如下。

```
Image information JPEG (819, 544) RGB
Explained_variance_ratio_10: 81.37139915403002
Explained_variance_ratio_50: 94.8934533740981
```

可视化结果如图2-10所示。

（a）图像红色通道

（b）主成分方差占比

（c）主成分为10时的图像

（d）主成分为50时的图像

图2-10　图像压缩

根据实验结果，如图 2-10（b）所示，图像累积方差占比呈增长趋势变化并在主成分为 25 时达到 90%左右。在此基础上，将主成分分别设置为 10 与 50 以提取图像的主要信息，由于更多的主成分包含更丰富的信息（相应的方差占比分别约为 81%与 95%），因此主成分设置为 50 时所恢复的图像更清晰。

本章小结

特征选择与提取均属于特征降维中的关键技术，特征维度的降低对提高机器学习算法性能具有重要作用。特征选择直接从原特征中选择对当前问题的求解影响较大的重要特征，特征提取则通过对原特征进行变换或映射生成新的特征。本章重点介绍了特征过滤、特征包装与特征嵌入等常用特征选择方法以及主成分分析与线性判别分析两种常用特征提取方法，这些方法简单、有效，被广泛应用于社交网络分析、模式识别等领域。

习题

1. 特征选择常用的方法有哪些？
2. 特征提取常用的方法有哪些？
3. 利用以下方式加载 make_hastie_10_2 数据集，然后完成指定题目。

```
from sklearn.datasets import make_hastie_10_2
X, y = make_hastie_10_2(n_samples=1000)
```

（1）分别利用递归特征消除方法、基于惩罚项的特征选择方法与基于树的特征选择方法选择 5 个特征，然后比较与分析所选特征之间的差异。

（2）分别利用主成分分析方法与线性判别分析方法将特征降至 5 维，然后比较与分析降维后的特征之间的差异（提示：可采用特征方差与特征之间的相关性进行比较与分析）。

03 第 3 章 线性回归

回归分析是一种研究自变量与因变量之间关系的模型构建方法，其主要目标在于利用直线或曲线拟合已知数据点以使指定的误差（如数据点至直线或曲线的距离之和）最小。回归分析通常分为模型学习和预测两个过程，前者主要根据给定的训练样本构建模型，后者则根据新数据预测相应的输出。

线性回归是一种较为简单、常用的回归分析方法，其在假设目标值（因变量）与特征值（自变量）之间线性相关的基础上，通过求解指定误差或损失函数确定相应的线性模型参数。

本章学习目标

- 理解线性回归的基本原理。
- 掌握运用 scikit-learn 库实现线性回归的基本方法。

> 💡**知识拓展**
>
> "回归"的概念是由弗朗西斯·高尔顿（Francis Galton）于 1877 年提出的，其最初目的在于根据上一代豌豆种子（双亲）的高度预测下一代豌豆种子（孩子）的高度。1889 年，他在研究豌豆祖先与后代身高之间的关系时发现，身材较高的双亲，它们的孩子也较高，但这些孩子的平均身高并不高于双亲的平均身高；身材较矮的双亲，它们的孩子也较矮，但这些孩子的平均身高要高于双亲的平均身高。高尔顿将这种后代的身高向中间值靠近的趋势称为"回归现象"。后来，高尔顿在多项研究上均注意到此现象的发生。因此，尽管"回归（Regression）"这一单词与数值预测无任何关系，但此研究方法仍被称作"回归"。

3.1 基本原理

针对机器学习中分类与回归这两类常见问题，在已知训练样本的情况下，前者与后者的输出分别为离散型数值（或分类标记）与连续型数值。回归分析的目的在于利用已知样本确定指定回归方程或模型的相关系数以通过新样本与相关系数之间的数学运算实现连续型输出值的求解或相关问题的预测。

3.1.1 基本概念

回归最简单的定义可表述为：已知特征空间中的点集，利用已知或未知形式的函数对其进行拟合以使点集与函数之间的误差最小；若目标值（因变量）与特征值（自变量）之间为线性相关关系（自变量指数为 1），则称为线性回归，否则称为非线性回归（自变量指数大于 1）。

线性回归通过求解指定代价或目标函数的方式确定相应的相关系数；根据自变量数量，线性回归分为一元线性回归与多元线性回归。

（1）一元线性回归

一元线性回归旨在确定一个自变量与一个因变量之间的线性关系，相应的模型可采用二维坐标中一条直线进行表示（即 $y = kx + b$，其中，x 与 y 分别表示自变量与因变量，斜率 k 与截距 b 分别表示待求取的模型参数）；在一元线性回归中，若因变量和自变量之间存在高度的正相关，则数据点与直线之间的平均距离将非常小，否则该平均距离将非常大。

（2）多元线性回归

多元线性回归旨在确定多个自变量与一个因变量之间的线性关系，相应的模型可采用多元一次线性方程表示；需要注意的是，"多元"与"多次"是两个不同的概念。"多元"是指模型参数的数量，而"多次"则指模型参数的最高次幂。

（3）广义线性回归

广义线性回归是传统线性回归的拓展，在实际中可用于处理分布形态多样的数据。广义线性回归模型的一般形式在多元线性回归模型的基础上，将其中的因变量更换为特定的函数（如对数函数），因而具有与多元线性回归模型相同的参数。然而，从本质上讲，广义线性回归模型实现了数据从输入空间至输出空间的非线性映射，通常可更全面、深入地描述数据中蕴含的规律或关键信息。

> 📖**价值引领**
>
> 回归应了"物以类聚，人以群分"这一句俗语。我们交友时一定会遵循一些原则，真正关系十分亲近的好友必定是有着相同人生观、世界观、价值观的。我们要靠近"三观"都正的圈子，让自己总是保持积极、乐观的状态。

在探讨线性回归的基本原理之前，首先通过一个简单实例明确线性回归的主要目的。在图 3-1 中，沿直线分布的真实数据点（圆点）与噪声点（方形点）各有 10 个，在真实数据点未知的情况下，如何根据噪声点确定真实数据点所在的真实直线？需要强调的是，在实际中，由于各种干扰因素（如运行引起的图像模糊）的影响，真实数据点通常难以获取，而求取真实数据点相关的模型（如直线）是各类机器学习算法的根本目的。

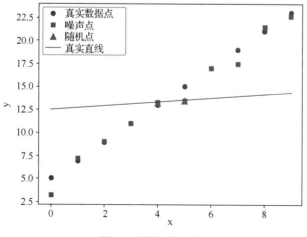

图 3-1　线性回归示例

针对此问题，一个简单的做法是随机地从噪声点中抽取两点确定直线。然而，此方法由于未考虑其他噪声点，很难保证所有噪声点到该直线的距离之和最小（如利用第 5、6 个噪声点确定的直线距离其他 8 个噪声点较远）或者说该直线相对于所有噪声并非最优。此问题类似要修一条 10 位同学"反对意见"均小的公路，若以公路到指定同学家的距离度量为该同学的"反对意见"，则选择任意两位同学确定的公路均难以保证其他同学的"反对意见"最小。因此，为了解决此问题，应当综合考虑所有同学的"反对意见"并依此构造相应的标准，在此标准最小的情况下相应的公路自然是最好的。

3.1.2 数学模型与求解

根据以上分析，线性回归问题的求解可归结为两个步骤，即先明确或定义线性回归模型的基本形式，然后用已知数据点及约束条件构造相应的代价或风险函数求取回归模型参数。

（1）线性回归模型的基本形式

假设数据点 $x = [x_1, x_2, \cdots, x_n]$，线性模型的基本形式可表示为：

$$h_w(x) = \sum_{i=1}^{n} w_i \cdot x_i + w_0 \tag{3.1}$$

若设 $x_0 = 1$，则上式可简化为：

$$h_w(x) = \sum_{i=0}^{n} w_i \cdot x_i \tag{3.2}$$

其中，当 n 取值为 1 时为一元线性回归模型（即只包括一个自变量和一个因变量且二者之间为线性映射关系），大于 1 时则为多元线性回归模型（即包括两个或两个以上的自变量且因变量与自变量之间是线性映射关系）；参数 $w_i (i=1,\cdots,n)$ 与 w_0 分别称为权重系数与常数项。

（2）线性回归模型的求解

以一元线性回归为例，如图 3-2 所示，已知两个数据点 $\{(x_i, y_i)\}_{i=1}^{2}$，不妨设待取的线性回归模型的形式为 $L: y = ax + b$（即直线）。则可利用求数据点到直线距离的方式度量直线 L 的可靠性，即当两个数据点到直线 L 的距离之和最小时，直线 L 最为可靠。为此，首先可通过直线 L 确定的自变量与因变量之间的关系求取横坐标 x_1 与 x_2 对应的纵坐标 y_1' 与 y_2'（即通过已知数据点且垂直于横轴的直线与直线 L 交点的纵坐标），进而可求取已知数据点 $\{(x_i, y_i)\}_{i=1}^{2}$ 与直线 L 上的点 $\{(x_i, y_i')\}_{i=1}^{2}$ 之间的曼哈顿距离 $\{r_i\}_{i=1}^{2}$。

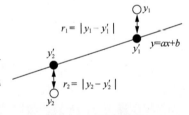

图 3-2 一元线性回归

在此基础上，可构造以下目标函数度量直线 L 的可靠性：

$$L = \sum_{i=1}^{2} r_i = \sum_{i=1}^{2} |y_i - y_i'| \tag{3.3}$$

由于 y' 通过假设的直线 L 求取，因而上式可转换为：

$$L(a,b) = \sum_{i=1}^{2} r_i = \sum_{i=1}^{2} |y_i - ax_i - b| \tag{3.4}$$

考虑到较多数据点及后续求解（即求偏导）的方便性（利用两数差的平方代替其绝对值），式(3.4)通常转换为以下常用的形式：

$$L(a,b) = \sum_{i=1}^{n} r_i = \sum_{i=1}^{n} (y_i - ax_i - b)^2 \tag{3.5}$$

其中，n 为数据点的数量。

在机器学习中，式(3.5)通常称为代价函数或风险函数，而度量已知数据点与模型预测输出值之间差异的函数称为损失函数（式(3.5)中采用了平方损失函数）。此外，由于式(3.5)仅包含两个参数 a 与 b，因而可通过目标函数对相关参数求偏导并建立方程的方式进行求取，此方法通常称为最小二乘法，即：

$$\frac{\partial L}{\partial a} = \frac{\partial \frac{1}{n}\sum_{i=1}^{n}(y_i - ax_i - b)^2}{\partial a} = -\frac{2}{n}\sum_{i=1}^{n}(y_i - ax_i - b)x_i = 0 \tag{3.6}$$

$$\frac{\partial L}{\partial b} = \frac{\partial \frac{1}{n}\sum_{i=1}^{n}(y_i - ax_i - b)^2}{\partial b} = -\frac{2}{n}\sum_{i=1}^{n}(y_i - ax_i - b) = 0 \tag{3.7}$$

进而可确定其参数 a 与 b 的最优解为：

$$a = \frac{n\sum x_i y_i - \sum x_i \sum y_i}{n\sum x_i^2 - (\sum x_i)^2} \tag{3.8}$$

$$b = \frac{\sum x_i^2 \sum y_i - \sum x_i \sum x_i y_i}{n\sum x_i^2 - (\sum x_i)^2} \tag{3.9}$$

然而，对于多元线性回归模型，由于其涉及参数较多，以上方法不适用，因而一般采用矩阵形式的推导方法，具体过程如下。

对于多元线性回归，相关模型有多个参数需要求取，此时可通过矩阵表达的形式确定相应的解；

设矩阵形式的样本集为 $[\boldsymbol{x}, \boldsymbol{y}]$（其中 $\boldsymbol{x} = \begin{bmatrix} x_1 \\ \vdots \\ x_n \end{bmatrix}$ 与 $\boldsymbol{y} = \begin{bmatrix} y_1 \\ \vdots \\ y_n \end{bmatrix}$）、模型参数为 $\boldsymbol{W} = [b, a]^{\mathrm{T}}$；另设 $\boldsymbol{X} = \begin{bmatrix} 1 & x_1 \\ 1 & \vdots \\ 1 & x_n \end{bmatrix}$，

则 $\boldsymbol{X}$ 对应的模型输出 $\boldsymbol{y}' = \begin{bmatrix} y_1' \\ \vdots \\ y_n' \end{bmatrix} = \boldsymbol{XW}$，相应的代价函数可表示为：

$$L(\boldsymbol{W}) = \frac{1}{2n}\sum_{i=0}^{n}(y_i' - y_i)^2 = \frac{1}{2n}(\boldsymbol{XW} - \boldsymbol{y})^{\mathrm{T}}((\boldsymbol{XW} - \boldsymbol{y})) \tag{3.10}$$

将式(3.10)展开可得：

$$L(\boldsymbol{W}) = \frac{1}{2n}(\boldsymbol{W}^{\mathrm{T}}\boldsymbol{X}^{\mathrm{T}}\boldsymbol{XW} - 2\boldsymbol{W}^{\mathrm{T}}\boldsymbol{X}^{\mathrm{T}}\boldsymbol{y} + \boldsymbol{y}^{\mathrm{T}}\boldsymbol{y}) \tag{3.11}$$

式(3.11)对 $\boldsymbol{W}$ 求导并将结果置零可得：

$$\frac{\partial L(\boldsymbol{W})}{\partial \boldsymbol{W}} = \frac{1}{2n}(2\boldsymbol{W}^{\mathrm{T}}\boldsymbol{X}^{\mathrm{T}}\boldsymbol{X} - 2\boldsymbol{X}^{\mathrm{T}}\boldsymbol{y}) = 0 \tag{3.12}$$

式(3.12)化简即可得模型参数的最终解，即：

$$\boldsymbol{W} = (\boldsymbol{X}^{\mathrm{T}}\boldsymbol{X})^{-1}\boldsymbol{X}^{\mathrm{T}}\boldsymbol{y} \tag{3.13}$$

除上述最小二乘法之外，求解式(3.5)及复杂模型（如无法表达其具体数学形式）的常用方法为梯度下降法，此方法在第 12.2.1 节结合深度学习框架进行介绍。

3.2 应用实例

scikit-learn 库包含线性回归库及糖尿病、波士顿房价等用于回归分析的数据集，其中，线性回归库的导入方式如下。

```
from sklearn.linear_model import LinearRegression
```
函数原型如下。

```
LinearRegression(fit_intercept=True, normalize=False, copy_X=True, n_jobs=1)
```

表 3-1、表 3-2 与表 3-3 所示分别为 scikit-learn 库线性回归算法的常用参数、常用属性与常用函数。

表 3-1   常用参数

名称	说明
fit_intercept	是否计算偏置项或截距
normalize	是否标准化参数；当 fit_intercept 的值设置为 False 时，此参数被自动忽略
copy_X	表示是否将原始训练样本复制一份；若为 True，原始训练样本的值不会有任何改变，算法在原始训练样本的副本上进行运算；若为 False，算法直接在原始训练样本上进行运算

表 3-2   常用属性

名称	说明
coef_	回归系数
intercept	偏置项或截距

表 3-3   常用函数

名称	说明
fit(X,Y)	利用训练样本（X 与 Y 分别为训练样本相应的特征与分类标记）训练模型
predict(X)	预测测试样本特征对应的分类标记
predict_proba(X)	预测测试样本特征所属类别的概率
score(X,Y)	利用指定测试样本（X 与 Y 分别为测试样本相应的特征与分类标记）评估模型的平均准确度

3.2.1 体重预测

在人们的日常生活中，体重偏高与偏低均是身体出现亚健康的体现，也是身体部分器官病变的前兆。影响体重的因素较多（如体内激素水平、饮食情况、心情原因等），而且体重与身高有直接的相关性。因而，如何在指定身高的情况下评估体重是否达标进而让人们提前预知身体状况具有一定实际意义。

（1）问题描述

利用表 3-4 所示身高与体重样本进行线性回归分析。

表 3-4   身高与体重样本

训练样本			测试样本		
序号	身高/m	体重/kg	序号	身高/m	体重/kg
1	0.86	12	1	0.83	11
2	0.96	15	2	1.08	17
3	1.12	20	3	1.26	27
4	1.35	35	4	1.51	41
5	1.55	48	5	1.60	50
6	1.63	51	6	1.67	64
7	1.71	59	7	1.75	66
8	1.85	75	8	1.90	89

基本要求如下。

① 将样本划分为训练样本与测试样本，用于求取模型参数与测试模型精度。

② 考察身高与体重的线性关系并进行可视化。

（2）编程实现

根据本例问题的相关要求，相应的求解过程如下。

```
#导入线性回归库、绘图库与科学计算库
from sklearn.linear_model import LinearRegression
import matplotlib.pyplot as plt
import matplotlib as mpl
import numpy as np
#训练样本
```

```
X = [[0.86],[0.96],[1.12],[1.35],[1.55],[1.63],[1.71],[1.85]]
Y = [[12],[15],[20],[35],[48],[51],[59],[75]]
#线性回归
model = LinearRegression(fit_intercept=True)
model.fit(X,Y)
k = model.coef_[0][0]   #斜率
b = model.intercept_[0]  #截距
#显示结果
plt.figure(1)
plt.xlabel('Height(m)'),plt.ylabel('Weight(kg)')
plt.scatter(X, Y, color='white', edgecolors='k', label='Data Points')   #散点图
plt.plot(X,model.predict(X), color='red', linewidth=1, label='Fitted Line')  #预测直线
plt.legend(loc='upper left')   #标签显示
plt.grid(True); plt.show()
#模型测试
x2 = [[0.83], [1.08], [1.26], [1.51], [1.6], [1.67], [1.75], [1.90]]
y2 = [[11], [17], [27], [41], [50], [64], [66], [89]]
fitted_y = k * np.array(x2) + b
plt.figure(2)
plt.xlabel('Height/m'),plt.ylabel('Weight/kg')
plt.plot(x2,fitted_y, color='red', linewidth=1, label='Line Model')  #已拟合直线
plt.scatter(x2, fitted_y, color='green', label='Predicted Points')  #测试点
#体重高于预测值的数据点用白色矩形显示，否则用黑色矩形显示
cm_pt = mpl.colors.ListedColormap(['w', 'k'])   #设置颜色映射
yn = fitted_y - y2; yn[yn > 0] = 1; yn[yn <= 0] = 0   #比较体重与预测值的大小
plt.scatter(x2, y2, c=yn, cmap=cm_pt, marker='s', edgecolors='k', label='Test Points')
plt.legend(loc='upper left')   #标签显示
plt.grid(True); plt.show()
```

（3）结果分析

以上代码运行结果如图 3-3 所示。

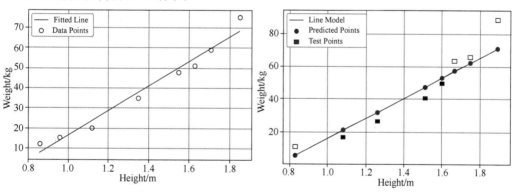

（a）利用训练样本构建身高与体重线性回归模型　　　（b）利用测试样本对线性回归模型进行测试

图 3-3　对身高体重样本进行线性回归分析

根据图 3-3（a）所示实验结果可知，体重随身高的增长而增大，相关数据点近似呈直线分布，因而可确定相应的直线模型。此外，如图 3-3（b）所示，根据已求知的直线模型以及新数据点与该直线模型之间的关系，可确定指定身高时体重的偏高或偏低状况（白色矩形为偏高，黑色矩形为偏低），以此可评估相应的健康情况。

3.2.2　糖尿病预测

糖尿病是一种常见的慢性疾病，有数据显示，截至 2021 年，全球约有 5.37 亿糖尿病患者。我国

糖尿病患者人数约 1.41 亿，发病率高达 12.8%，糖尿病已经成为威胁人们身体健康的一个大问题。早发现、早治疗可以降低糖尿病的发病率以及由糖尿病并发症引起的死亡率。在实际中，糖尿病诱发因素通常包括葡萄糖浓度、舒张压、皮层厚度等（每种因素与线性回归模型中的自变量相对应），因而需采用多元线性回归模型确定多种因素与问题求解目标之间的相关性。

（1）问题描述

利用 scikit-learn 库中的糖尿病数据集构建多元线性回归模型，实现糖尿病的预测与精度分析。基本要求如下。

① 将样本划分为训练样本与测试样本，用于求取模型参数与测试模型的精度。

② 考察单个特征与糖尿病之间的线性关系并进行可视化。

③ 利用标准差度量线性回归模型的性能。

> **知识拓展**
>
> 标准差：当数据点分布较分散时，各数据点与数据点平均值之差的平方和就较大，否则就较小。标准差是度量数据点波动的重要指标，其公式为 $\sigma = \sqrt{\sum\limits_{i=1}^{n}(x_i - \overline{x})^2 / n}$，其中，$n$ 为数据点的数量，$\overline{x}$ 为数据点的平均值。

（2）编程实现

根据本例问题的相关要求，相应的求解过程如下。

```
import numpy as np        #导入科学计算库
import matplotlib.pyplot as plt    #导入绘图库
from sklearn.model_selection import train_test_split    #导入数据划分库
from sklearn.linear_model import LinearRegression    #导入线性回归库
#加载糖尿病数据
from sklearn.datasets import load_diabetes
Data_diabetes = load_diabetes()
X = Data_diabetes['data']
Y = Data_diabetes['target']
#划分训练样本与测试样本
train_X,test_X,train_Y,test_Y = train_test_split(X,Y,train_size =0.8)
#构建线性回归模型
linear_model = LinearRegression()
#利用训练样本训练模型或求取模型参数
linear_model.fit(train_X,train_Y)
#利用测试样本测试模型的精度
acc = linear_model.score(test_X,test_Y)
print(acc)
#考察单个特征并进行可视化
col = X.shape[1]
for i in range(col):    #遍历每1列
    plt.figure()
    linear_model = LinearRegression()    #构建线性回归模型
    linear_model.fit(train_X[:,i].reshape(-1,1),train_Y)    #利用训练样本训练模型或求取模型参数
    acc = linear_model.score(test_X[:,i].reshape(-1,1),test_Y)    #利用测试样本测试模型的精度
    plt.scatter(train_X[:,i],train_Y)    #绘制数据点
    #求取相应的直线
    k =linear_model.coef_    #斜率
    b =linear_model.intercept_    #截距
    x = np.linspace(train_X[:,i].min(),train_X[:,i].max(),100)    #根据横坐标范围生成100个数据点
```

```
y = k * x + b
#绘制直线
plt.plot(x,y,c='red')
#显示特征列数与相应的精度
plt.title(str(i) + ':' + str(acc))
plt.xlabel('x')
plt.ylabel('y')
plt.show()
```

（3）结果分析

以上代码运行结果如下。

0.5559939824614473

根据实验结果可知，利用 10 个特征进行多元线性回归时，相应模型的精度只有 0.5 左右且标准差较大，表明特征空间中的数据点的分布形态并不呈明显的线性形态。此外，如图 3-4 所示，利用单个特征进行一元线性回归时，数据点线性分布形态越明显，相应的模型精度越高，表明该特征与糖尿病越相关。

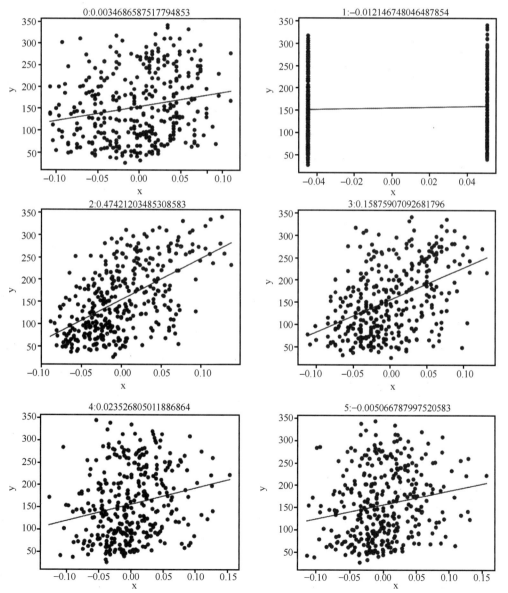

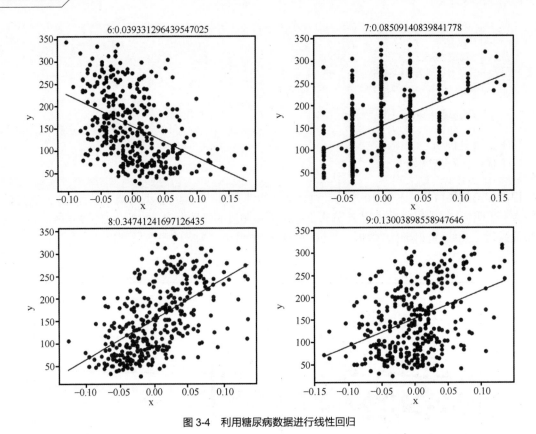

图 3-4　利用糖尿病数据进行线性回归

3.2.3　房价预测

一个地方的房价通常与当地犯罪率、商业用地比例、教育情况、居民收入情况等多种因素相关，分析这些因素与房价之间的相关性并构建相应的房价预测模型，有助于居民提前了解房价的走势以更好地选购理想的住房。

（1）问题描述

利用波士顿房价数据集构建线性回归模型，实现房价的预测。波士顿房价数据集包括 506 个样本，每个样本包括 13 个特征与该地区的平均房价。

基本要求如下。

① 将样本划分为训练样本与测试样本，用于求取模型参数与测试模型精度。

② 考查相关系数绝对值大于 0.5 的特征，并对这些特征与房价之间的线性关系进行可视化。

③ 利用精度与标准差等标准评估线性回归模型的性能。

（2）编程实现

根据本例问题的相关要求，相应的求解过程如下。

```
#导入科学计算库
import numpy as np
import pandas as pd
import matplotlib.pyplot as plt    #导入绘图库
from sklearn .metrics import mean_squared_error    #导入标准差评价指标库
from sklearn.model_selection import train_test_split    #导入数据划分库
from sklearn.linear_model import LinearRegression    #导入线性回归库
from sklearn import preprocessing    #导入数据预处理库
#加载波士顿房价数据集
```

```
data_url = http://lib.stat.***/boston  #数据网址
raw_df = pd.read_csv(data_url, sep="\s+", skiprows=22, header=None)  #读取数据
data = np.hstack([raw_df.values[::2, :], raw_df.values[1::2, :2]])
target = raw_df.values[1::2, 2]
boston_df= pd.DataFrame(data,columns=['CRIM', 'ZN','INDUS','CHAS', 'NOX', 'RM', 'AGE',
'DIS','RAD','TAX','PTRADIO', 'B', 'LSTAT'])
boston_y=pd.DataFrame(target,columns=['MEDV'])  #将数据转换成 DataFrame 格式
boston_df['MEDV']=boston_y
#计算每个特征与房价的相关系数
corr = boston_df.corr()
corr = corr['MEDV']
#显示相关系数绝对值大于 0.5 的特征（排序并绘制直方图）
corr = corr[:-1]
plt.figure(facecolor='white')
corr[abs(corr) > 0.5].sort_values().plot.bar()
plt.ylabel('Correlation')
plt.grid(True)
plt.show()
#利用相应的特征构造样本
boston_df = boston_df[['LSTAT', 'PTRADIO', 'RM', 'MEDV']]  #选择特征与目标值
y = np.array(boston_df['MEDV'])  #目标值
boston_df = boston_df.drop(['MEDV'], axis=1)  #移除目标值
X = np.array(boston_df)  #特征值
#划分测试样本与训练样本
X_train, X_test, y_train, y_test = train_test_split(X, y, test_size=0.3, random_state=10)
#归一化
min_max_scaler = preprocessing.MinMaxScaler()
#分别对训练样本和测试样本的特征以及目标值进行标准化处理
X_train = min_max_scaler.fit_transform(X_train)
# reshape(-1,1)指将它转换为 1 列
y_train = min_max_scaler.fit_transform(y_train.reshape(-1,1))
X_test = min_max_scaler.fit_transform(X_test)
y_test = min_max_scaler.fit_transform(y_test.reshape(-1,1))
#线性回归
lr = LinearRegression()  #建立线性回归模型
lr.fit(X_train, y_train)  #使用训练样本进行参数估计
y_test_pred = lr.predict(X_test)  #使用测试样本进行回归预测
#利用测试样本测试模型的精度
acc=lr.score(X_test,y_test)
#计算标准差
mse=mean_squared_error(y_test,y_test_pred)
#输出模型精度和标准差
print('精度:',acc)
print('标准差:',mse)
#考察单个特征并进行可视化
col=X.shape[1]
for i in range(col):  #遍历每一列
    plt.figure()
    linear_model=LinearRegression()  #构建线性回归模型
    linear_model.fit(X_train[:,i].reshape(-1,1),y_train)  #利用训练样本训练模型
    acc=linear_model.score(X_test[:,i].reshape(-1,1),y_test)  #利用测试样本测试模型精度
    plt.title('Accuracy:'+str(acc))
    plt.scatter(X_train[:,i],y_train, s=30, c='green', edgecolor='black')  #绘制数据点
    k=linear_model.coef_  #斜率
```

```
            b=linear_model.intercept_  #截距
            x=np.linspace(X_test[:,i].min(), X_test[:,i].max(),100)  #根据横坐标范围生成100个数据点
            y=(k*x+b).flat  #将y展平
            #绘制直线
            plt.plot(x,y,c='red')
            plt.xlabel('x')
            plt.ylabel('y')
            plt.show()
```

（3）结果分析

以上代码运行结果如下。

```
精度: 0.5436505100025456
标准差: 0.01681490540812091
```

在与波士顿房价相关的13个特征中，如图3-5（a）所示，本例对不同特征与房价之间的相关性进行了分析，其中特征LSTAT（负相关）、PTRADIO（负相关）与RM（正相关）与房价相关性最高；采用3个特征构建多元线性回归模型，相应的精度为0.54左右，表明特征空间中的数据点的分布形态并不呈明显的线性形态。此外，图3-5（b）～（d）所示为单个特征与房价之间的一元线性回归结果，其中，特征LSTAT、RM与房价的相关性相对较高（相关数据点线性分布形态较为明显），相应模型的精度也较高。

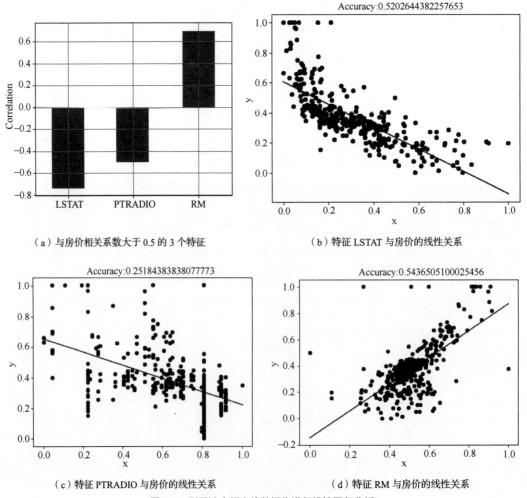

（a）与房价相关系数大于0.5的3个特征　　　（b）特征LSTAT与房价的线性关系

（c）特征PTRADIO与房价的线性关系　　　（d）特征RM与房价的线性关系

图3-5　利用波士顿房价数据集进行线性回归分析

本章小结

　　与分类一样，回归也是预测目标值的过程。回归与分类的不同点在于，前者预测连续型变量，后者预测离散型变量。回归是统计学中最有力的工具之一。线性回归在假设自变量与因变量之间满足线性关系的情况下利用已知数据点求取相关线性模型，进而可利用此线性模型对新的数据点进行预测。线性回归分为一元线性回归与多元线性回归，分别利用单个特征与多个特征实现线性模型的求取。线性回归模型通常应用于在未知数据点分布的情况下，对数据点分布形态进行初始估计，若相应的精度较低，则可转而采用更复杂的非线性模型对数据点分布形态进行估计；此外，通过组合不同的线性模型或通过低维特征空间向高维特征空间映射的方式也可完成线性模型难以解决的复杂模型的求解。

习题

　　1. 已知真实模型 $f(x)=2x+5$，根据要求完成以下题目。

（1）根据 $f(x)=2x+5$ 生成噪声服从均值与方差分别为 4 与 7 的仿真数据点。

（2）对仿真数据点进行拟合。

（3）绘制误差变化曲线。

（4）绘制最终真实曲线、仿真数据点及拟合曲线。

　　2. 利用以下方式生成包含两类样本的样本集，然后利用 scikit-learn 库按要求完成相关题目。

```
from sklearn.datasets import MakeRegression
X,Y=make_regression(n_samples=100, n_features=1, n_targets=1, noise=12,
random_state=10)
```

（1）利用线性回归库对数据点（X,Y）进行线性拟合。

（2）求取 X 均值的 2 倍值（X1）对应的 Y 值（Y1）。

（3）在同一坐标系中绘制数据点（X,Y）、直线 L 与点（X1,Y1）并设置相关图例（颜色分别为蓝色、红色与绿色；位置为左上角；名称为明确点或线的含义）。

04 第4章 Logistic 回归

Logistic 回归主要用于求解两类分类问题（如根据病情特征判断病种是否为胃癌，根据邮件基本信息区分其是垃圾邮件还是正常邮件等）或预测指定事件发生概率问题（如预测病人患有胃癌的概率、学生缺勤的概率等），其根本目的在于通过线性回归模型的非线性变换构建两类数据点的分类界线，进而实现以该分类界线为判别标准的两类分类或概率预测。

本章学习目标

- 理解 Logistic 回归的基本原理。
- 掌握利用 scikit-learn 库进行 Logistic 回归的基本方法。
- 掌握 Logistic 回归库的常用参数、属性与方法。

4.1 基本原理

线性回归主要研究因变量（与待求解问题相关的取值）和自变量（与待求解问题相关的特征）之间是否存在线性关系的问题。事实上，因变量与自变量之间的线性关系仅是为简化问题所做的假设或为求解复杂模型的初始探测，因而，线性回归在实际中不但不易获得较好的效果，而且不易直接应用于分类问题的求解或应用于分类问题求解时易导致不可靠的结果。

4.1.1 基本概念

针对线性回归存在的问题，一个直接的解决方法是对因变量进行非线性映射以使其取值具有特定的含义；而在非线性映射中，常用且简单的映射方式是将输入数据或对象从一个取值或状态直接变换为另一个取值或状态，由于相应的函数曲线通常呈 S 形变化，因而称为 Sigmoid 函数，如图 4-1 所示。Logistic 回归即在线性回归的基础上通过 Sigmoid 函数变换而构成的分类方法。

在本质上，Logistic 回归模型与线性回归模型的参数完全相同，其主要区别在于前者通过 Sigmoid 函数将后者的因变量映射至[0,1]作为输出，即：

$$p_w(x) = g(w^T x) = \frac{1}{1 + \exp(-h_w(x))} \tag{4.1}$$

其中，$h_w(x)$ 为式(3.1)所示的线性回归模型，$p_w(x)$ 与 $g(w^T x)$ 分别为参数隐式与显示表达的两种 Logistic 回归模型输出（便于模型求解中的相关公式推导）。

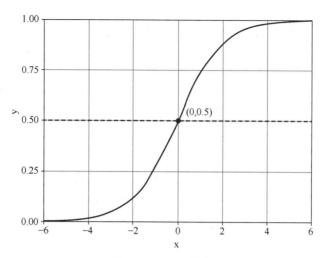

图 4-1 Sigmoid 函数

根据式(4.1)可知,输出值 $p_w(x)$ 位于[0,1],因而可视为事件 x 发生时的概率。在两类分类问题中,可以通过阈值 0.5 区分相应的类别,即当 $p_w(x)>0.5$ 时将数据点 x 归为一类,否则将其归为另一类。需要注意的是, $p_w(x)=0.5$ 为相应的分类边界,即 $h_w(x)=0$。因而,若相关样本包含两个特征,则可以以这两个特征为横、纵坐标构建坐标系以对样本及分类边界进行可视化,相应的分类边界实为一条直线,其形式为:

$$x_2 = \frac{-\left(w_1 \cdot x_1 + w_0\right)}{w_2} \tag{4.2}$$

其中, x_1 与 x_2 为相应的特征变量, w_0、 w_1 与 w_2 为模型参数。

4.1.2 数学模型与求解

确定 Logistic 回归模型形式之后,相关参数通常采用梯度下降法进行求解,相应的代价函数如下。

$$J(W) = \frac{1}{n}\sum_{i=1}^{n} R\left(p_w(x_i), y_i\right) \tag{4.3}$$

其中, $p_w(x_i)$ 为 Logistic 回归模型预测的分类标记, y_i 为已知分类标记, n 为样本数量。

通常情况下,式(4.2)中的损失函数采用交叉熵损失函数构造,即:

$$R\left(p_w(x_i), y_i\right) = -y_i \log\left(p_w(x_i)\right) - (1-y_i)\log\left(1-p_w(x_i)\right) \tag{4.4}$$

因而,式(4.2)所示代价函数可转换为:

$$J(W) = \frac{1}{n}\sum_{i=0}^{n}\left(-y_i \log\left(p_w(x_i)\right) - (1-y_i)\log\left(1-p_w(x_i)\right)\right) \tag{4.5}$$

在利用梯度下降法求取 $L(w)$ 的最小值及相关参数时,梯度的求取是其中最为关键的步骤;对于式(4.5)所示代价函数,其梯度求取过程如下。

$$\begin{aligned}
\frac{\partial}{\partial w_k} L(w) &= -\frac{1}{n}\sum_{i=1}^{n}\left(y_i \frac{1}{p_w(x_i)}\frac{\partial}{\partial w_k}p_w(x_i) - (1-y_i)\frac{1}{1-p_w(x_i)}\frac{\partial}{\partial w_k}p_w(x_i)\right) \\
&= -\frac{1}{n}\sum_{i=1}^{n}\left(y_i \frac{1}{g(w^{\mathrm{T}}x_i)} - (1-y_i)\frac{1}{1-g(w^{\mathrm{T}}x_i)}\right)\frac{\partial}{\partial w_k}g(w^{\mathrm{T}}x_i) \\
&= -\frac{1}{n}\sum_{i=1}^{n}\left(y_i \frac{1}{g(w^{\mathrm{T}}x_i)} - (1-y_i)\frac{1}{1-g(w^{\mathrm{T}}x_i)}\right)g(w^{\mathrm{T}}x_i)\left(1-g(w^{\mathrm{T}}x_i)\right)\frac{\partial}{\partial w_k}(w^{\mathrm{T}}x_i)
\end{aligned}$$

$$= -\frac{1}{n}\sum_{i=1}^{n}\Big(y_i\big(1-g\big(w^{\mathrm{T}}x_i\big)\big)-\big(1-y_i\big)g\big(w^{\mathrm{T}}x_i\big)\Big)x_i^k$$

$$= -\frac{1}{n}\sum_{i=1}^{n}\big(y_i-g\big(w^{\mathrm{T}}x_i\big)\big)x_i^k$$

$$= -\frac{1}{n}\sum_{i=1}^{n}\big(y_i-p_w\big(x_i\big)\big)x_i^k$$

$$= \frac{1}{n}\sum_{i=1}^{n}\big(p_w\big(x_i\big)-y_i\big)x_i^k \tag{4.6}$$

因此，参数 w 的更新过程为（$1/n$ 省略）：

$$w_{k+1}=w_k-\rho\sum_{i=1}^{n}\big(p_w\big(x_i\big)-y_i\big)x_i^k \tag{4.7}$$

上式中，x_i^k 表示样本 x_i 的第 k 个分量，ρ 为学习率。

对于式(4.5)所示的代价函数，由于其仅利用已知数据构造，因而易受数据量、数据分布等因素的影响而导致过拟合问题的发生；对此，通常对其进行正则化处理以提高模型参数求取的可靠性。常用的正则化方式分为 L1 正则化（模型参数绝对值之和）与 L2 正则化（模型参数的平方和的开方）两种，其形式分别表示为：

$$J\big(W\big)_{\mathrm{L_1}}=C\cdot J\big(W\big)+\sum_{i=1}^{n}\big|w_i\big| \tag{4.8}$$

与

$$J\big(W\big)_{\mathrm{L_2}}=C\cdot J\big(W\big)+\sqrt{\sum_{i=1}^{n}\big|w_i\big|^2} \tag{4.9}$$

其中，C 用以控制正则化程度。需要注意的是，模型参数中的常量或偏置项一般不参与正则化。

在实际中，C 值越大，正则化程度越小，否则，正则化程度越大。当正则化程度增大时，L1 正则化趋于将模型压缩为 0，而 L2 正则化则仅使参数无限趋近于 0。

> **知识拓展**
>
> 　　正则化是成本函数中的一个术语，其可使算法更倾向于选择"更简单"的模型（在此情况下，模型将会有值更小的系数）。正则化理论（类似于奥卡姆剃刀理论）有助于降低过拟合问题发生的概率，进而提高模型的泛化能力。

4.2 应用实例

scikit-learn 库包含 Logistic 回归库及相关数据集，其中，Logistic 回归库的导入方式如下。

```
from sklearn.linear_model import LogisticRegression
```

函数原型如下。

```
LogisticRegression(penalty='l2', dual=False, tol=0.0001, C=1.0, fit_intercept=True,
intercept_scaling=1, class_weight=None, random_state=None, solver='liblinear', max_iter=100,
multi_class='ovr', verbose=0, warm_start=False, n_jobs=1)
```

表 4-1、表 4-2 所示与表 4-3 所示分别为 Logistic 回归库的常用参数、常用属性与常用函数。

表 4-1　常用参数

名称	说明
solver	优化算法，包括'newton-cg'、'lbfgs'、'liblinear'、'sag'与'saga'等 5 种（默认值为'liblinear'）
penalty	正则化项或惩罚项，包括'l1'（L1 正则化）与'l2'（L2 正则化）两种；若选择'l1'（L1 正则化），则仅能使用'liblinear'和'saga'两种优化算法，而选择'l2'（L2 正则化），可使用所有优化算法
C	正则化程度控制参数（大于 0 的浮点数，默认值为 1.0）；其值越小正则化程度越大，否则正则化程度越小
fit_intercept	是否计算偏置项或截距

表 4-2　常用属性

名称	说明
coef_	回归系数
intercept_	偏置项或截距

表 4-3　常用函数

名称	说明
fit(X,Y)	利用训练样本（X 与 Y 分别为训练样本相应的特征与分类标记）训练模型
predict(X)	预测测试样本特征对应的分类标记
predict_proba(X)	预测测试样本特征所属类别的概率
score(X,Y)	利用指定测试样本（X 与 Y 分别为测试样本相应的特征与分类标记）评估模型的平均准确度

4.2.1　分类可视化

Logistic 回归分析算法主要用于解决两类样本分类问题，当相关样本包含两个特征时，两类样本之间的分类边界实为二维坐标系下的一条直线；在此情况下，对样本与分类边界进行可视化有利于理解 Logistic 回归分析原理与性能。

（1）问题描述

首先构造特征数量及类别数据均为 2 的仿真数据，然后利用 Logistic 回归模型实现样本的预测与两类样本分类界线的可视化。

（2）编程实现

根据本例问题的相关要求，相应的求解过程如下。

```python
import numpy as np    #导入科学计算库
#导入绘图库
import matplotlib.pyplot as plt
import matplotlib as mpl
from sklearn.linear_model import LogisticRegression   #导入 Logistic 回归库
from sklearn.datasets import make_blobs   #导入 make_blobs 数据集
#生成数据
x, y = make_blobs(n_samples=100, n_features=2, centers=[[1,1], [2.5,3]], cluster_std=
[0.8, 0.8])
#构建 Logistic 回归模型
LR = LogisticRegression()
#模型训练
LR.fit(x,y)
#输出样本的预测概率值
print('预测精度:', LR.score(x,y))
#显示分类界线（方法 1）
N, M = 1000,1000
x1_min, x2_min = x.min(axis=0)    #求最小值
x1_max, x2_max = x.max(axis=0)    #求最大值
t1 = np.linspace(x1_min, x1_max, N)    #生成横坐标
t2 = np.linspace(x2_min, x2_max, M)    #生成纵坐标
x1,x2 = np.meshgrid(t1,t2)    #生成网格采样点
grid_test = np.stack((x1.flat, x2.flat), axis=1)    #利用采样点生成样本
y_predict = LR.predict(grid_test)    #预测样本类别
cm_pt = mpl.colors.ListedColormap(['w', 'g'])    #散点颜色
cm_bg = mpl.colors.ListedColormap(['r', 'y'])    #背景颜色
plt.figure()
plt.xlim(x1_min, x1_max);plt.ylim(x2_min, x2_max)    #设置坐标范围
```

```
plt.pcolormesh(x1,x2,y_predict.reshape(x1.shape), cmap=cm_bg)   #绘制网格背景
plt.scatter(x[:,0],x[:,1],c=y,cmap=cm_pt,marker='o',edgecolors='k')   #绘制散点
plt.xlabel('x1')
plt.ylabel('x2')
plt.grid(True)
plt.show()
#显示分类界线（方法2）
w=LR.coef_   #回归系数
b=LR.intercept_   #截距
#可视化拟合分类结果
colors=mpl.colors.ListedColormap(['w','g'])   #设置不同类别的颜色映射
#利用散点图可视化样本数据
plt.scatter(x[:,0],x[:,1],c=y,cmap=colors,marker='o',edgecolors='k')
#画出分类界线
x1=np.linspace(-2,5)
x2=(w[0][0]*x1+b)/(-w[0][1])
plt.plot(x1,x2,'r-',linewidth=2)
plt.xlabel('x1')
plt.ylabel('x2')
plt.grid(True)
plt.show()
```

（3）结果分析

以上代码运行结果如下。

预测精度：0.91

Logistic 回归通过求解与线性回归模型相同形式的参数解决两类分类问题，从图 4-2 所示的结果可以看出，其整体效果较好。在分类边界可视化时，其首先将由横纵坐标表示的两个特征的取值区间确定的矩形区域离散化为网格，然后将每个网格视为样本输入模型进行预测，进而将不同类别的网格填充上不同的颜色以形成相应的交汇直线（即分类边界），最后将不同颜色表达的不同类别的真实样本覆盖于网格区域上方。

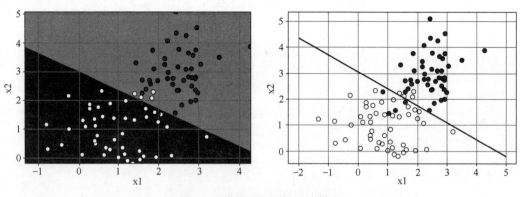

图 4-2　两类分类边界的可视化结果

💡知识拓展

meshgrid()函数是 MATLAB 中用于生成网格采样点的函数，其基本形式为：

```
[X,Y] = meshgrid(x,y)
```

其中，x 与 y 为两个向量，矩阵 X 的行向量由 x 中的元素决定，矩阵 Y 的列向量则由 y 中的元素决定。

示例：

```
import numpy as np
x = np.arrar([1,2,3])
```

```
y = np.arrar([4,5,6])
X, Y = np.meshgrid(x,y)
print(X) => array([[1,2,3],[1,2,3],[1,2,3]])
print(Y) => array([[4,4,4],[5,5,5],[6,6,6]])
```

4.2.2　鸢尾花识别

根据植物的特征对其所属类别进行识别有助于提高人们对植物的认识或辅助研究者对植物特征及其类别之间的相关性进行分析。

（1）问题描述

scikit-learn 库中的鸢尾花数据集包含 3 种类别，选择前两类并利用 Logistic 回归算法完成以下实验。

① 对鸢尾花样本进行分类并求取相应模型的精度。

② 对比 L1 正则化与 L2 正则化在 C 值为 0.02 时的模型参数变化及预测精度。

（2）编程实现

根据本例问题的相关要求，相应的求解过程如下。

```
#导入绘图库与鸢尾花数据集
import matplotlib.pyplot as plt
from sklearn.datasets import load_iris
from sklearn.model_selection import train_test_split
#导入 Logistic 回归库
from sklearn.linear_model import LogisticRegression
#加载数据集并调整类别标记
Iris=load_iris()
x=Iris.data
y=Iris.target
ix = [i for i in range(len(y)) if y[i]!=2]
x_new = x[ix,:]
y_new = y[ix]
#输出数据基本信息
print('数据基本信息: {0}; Class_1: {1}; Class_2: {2}'.format(x_new.shape,
y_new[y_new==1].sum(), y_new[y_new==0].shape[0]))
print('特征名称:',Iris.feature_names)
#划分训练样本与测试样本
X_train,X_test,Y_train,Y_test=train_test_split(x_new,y_new,test_size=0.3,random_state=0)
#构建 Logistic 回归模型
LR = LogisticRegression()
#模型训练
LR.fit(X_train,Y_train)
#模型预测
pro = LR.predict_proba(X_test)    #利用测试样本预测概率
acc = LR.score(X_test,Y_test)     #利用测试样本求取精度
#显示前 10 行的预测概率
print('前 10 个样本的预测概率:',pro[:10])
#显示前 10 个样本的类别标记
print('前 10 个样本的类别标记:',Y_test[:10])
#输出模型准确率
print('在测试样本上的预测精度:',acc)
#L1 正则化
LR_L1=LogisticRegression(penalty='l1',solver='liblinear',C=0.02,max_iter=1000)
LR_L1.fit(x_new,y_new)
print('L1 正则化系数:',LR_L1.coef_)
print('非零 L1 正则化系数:',(LR_L1.coef_!=0).sum(axis=1))
```

```
#L2 正则化
LR_L2=LogisticRegression(penalty='l2',solver='liblinear',C=0.02,max_iter=1000)
LR_L2.fit(x_new,y_new)
print('L2 正则化系数:',LR_L2.coef_)
print('非零 L2 正则化系数:',(LR_L2.coef_!=0).sum(axis=1))
#比较 L1 与 L2 正则化相应的精度
Acc = []
LR_L1=LogisticRegression(penalty='l1',solver='liblinear',C=0.02,max_iter=1000)
LR_L1.fit(X_train,Y_train)
Acc.append(LR_L1.score(X_test,Y_test))    #L1 正则化相应的精度
LR_L2=LogisticRegression(penalty='l2',solver='liblinear',C=0.02,max_iter=1000)
LR_L2.fit(X_train,Y_train)
Acc.append(LR_L2.score(X_test,Y_test))    #L2 正则化相应的精度
#画出 L1 正则化与 L2 正则化相应的精度对比柱状图
plt.bar(range(len(Acc)),Acc,color=['red','lightgreen'],tick_label=['L1','L2'])
for i,k in zip(range(len(Acc)),Acc):
    plt.text(i,k,str(k))
plt.xlabel('Regularization')
plt.ylabel('Accuracy')
plt.grid(True)
plt.show()
```

（3）结果分析

以上代码运行结果如下。

```
数据基本信息: (100, 4); Class_1: 50; Class_2: 50
特征名称: ['sepal length (cm)', 'sepal width (cm)', 'petal length (cm)', 'petal width (cm)']
前 10 个样本的预测概率: [[0.95925348 0.04074652]
 [0.00473879 0.99526121]
 [0.98064455 0.01935545]
 [0.00966936 0.99033064]
 [0.00937843 0.99062157]
 [0.12489358 0.87510642]
 [0.98328926 0.01671074]
 [0.00600118 0.99399882]
 [0.00491633 0.99508367]
 [0.02346401 0.97653599]]
前 10 个样本的类别标记: [0 1 0 1 1 1 0 1 1 1]
在测试样本上的预测精度: 1.0
L1 正则化系数: [[0. 0. 0.07842657 0.]]
非零 L1 正则化系数: [1]
L2 正则化系数: [[-0.08598023 -0.36059151  0.56587429  0.2397033 ]]
非零 L2 正则化系数: [4]
```

可视化结果如图 4-3 所示。

Logistic 回归算法既可用于两类分类问题的求解，也可用于预测事件发生的概率；在此例中，其预测了样本所属两个类别的概率并从中选择最大的那个作为最终预测的类别，精度较高。

鸢尾花数据集包含 4 个特征（前两类共有 100 个样本），与其对应有 4 个模型参数。在此例中，正则化程度较强，在 C 值相同时，L1 正则化将更多的模型参数置 0（非 0 参数为 1 个），而 L2 正则化赋予不同的模型参数不同的值（非 0 参数为 4 个）。一般情况下，L1 正则化程度越强，模型中将有更多的参数被置 0，这虽有利于降低模型复杂度并在一定程度上避免过拟合问题的发生，但同时也可能损失一些影响预测精度的特征或信息；与此相反，L2 正则化在降低模型复杂度方面虽不及 L1 正则化，但可保留相对较多且与预测精度相关的特征或信息。因而，在此例中，L1 正则化相应的精度低于 L2 正则化相应的精度。

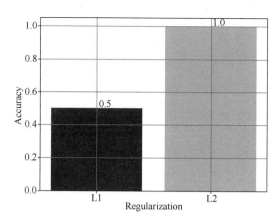

图 4-3　L1 与 L2 正则化相应的可视化结果

4.2.3　乳腺癌预测

　　世界卫生组织的数据显示，2020 年，全球新发 230 万例乳腺癌病例，占全球所有新发癌症病例的 11.7%；对乳腺癌进行早期筛查与诊断已成为医学界关注的焦点，利用机器学习算法对乳腺癌发病率进行预测可以辅助医生更好地针对患者的病情进行治疗。

　　（1）问题描述

　　利用 scikit-learn 库中的乳腺癌数据集（包含细胞厚度、细胞大小、形状等 30 个特征）完成以下实验。

　　① 对特征数据进行标准化处理。

　　② 利用 L2 正则化进行特征提取并对比特征提取前后的相应模型的预测精度。

　　③ 确定最优 C 值构建乳腺癌预测模型并评估其预测精度。

　　（2）编程实现

　　根据本例问题的相关要求，相应的求解过程如下。

```
import matplotlib.pyplot as plt  #导入绘图库
import numpy as np  #导入科学计算库
from sklearn.datasets import load_breast_cancer  #导入数据集
from sklearn.model_selection import train_test_split  #导入数据划分库
from sklearn import preprocessing  #导入数据预处理库
from sklearn.linear_model import LogisticRegression  #导入 Logistic 回归库
from sklearn.model_selection import cross_val_score  #导入交叉验证库
from sklearn.feature_selection import SelectFromModel  #导入特征选择库
#加载数据
Cancer=load_breast_cancer()
x = Cancer.data  #特征值
y = Cancer.target  #目标值
#输出数据基本信息
print('数据基本信息: {0}; Cancer_No: {1}; Cancer_Yes: {2}'.format(x.shape, y[y==1].shape[0],
y[y==0].shape[0]))
print('特征名称:',Cancer.feature_names)
#划分训练样本与测试样本
x_train, x_test, y_train, y_test = train_test_split(x, y, random_state=22)
# 对数据进行标准化处理
transfer = preprocessing.StandardScaler()
x_train = transfer.fit_transform(x_train)
x_test = transfer.transform(x_test)
#构建 Logistic 回归模型
LR= LogisticRegression()
```

```
LR.fit(x_train, y_train)
#模型评估
print('预测精度:',LR.score(x_test, y_test))
#在 L2 正则化的基础上通过遍历 C 值的方式确定特征提取前与特征提取后的精度
all_features = []
selected_features = []
C = np.arange(0.01,10,0.5)
for i in C:
        #构建 Logistic 回归模型
        LR = LogisticRegression (penalty='l2',solver="liblinear",C=i,random_state=100)
        #特征提取前交叉验证精度
        all_features.append(cross_val_score(LR,x_train,y_train,cv=10).mean())
        #特征提取后交叉验证精度
        X_new = SelectFromModel(LR,norm_order=1).fit(x_train,y_train)
        X_new_train = X_new.transform(x_train)
        selected_features.append(cross_val_score(LR,X_new_train,y_train,cv=10).mean())
#输出特征提取前模型精度最高值及对应的 C 值
print('特征提取前模型精度最高值及对应的 C 值:',max(all_features),C[all_features.index
(max(all_features))])
    #输出特征提取后模型精度最高值及对应的 C 值
    print('特征提取后模型精度最高值及对应的 C 值:',max(selected_features), C[selected_features.
index(max(selected_features))])
    plt.figure(figsize=(10,5))
    plt.plot(C,all_features,label="All Features")
    plt.plot(C,selected_features,label="Selected Features")
    plt.xticks(C)
    plt.grid(True)
    plt.legend()
    plt.xlabel('x')
    plt.ylabel('y')
    plt.show()
    #构建与训练 Logistic 回归模型
    LR = LogisticRegression (penalty='l2',solver='liblinear',C=0.5,random_state=100)
    x_new = SelectFromModel(LR,norm_order=1).fit(x_train,y_train)
    x_new_train = x_new.transform(x_train)
    LR.fit(x_new_train,y_train)
    #利用训练样本测试 Logistic 回归模型的精度
    print('训练样本相应的精度:',cross_val_score(LR,x_new_train,y_train,cv=10).mean())
    #利用测试样本测试 Logistic 回归模型的精度
    x_new_test = x_new.transform(x_test)
    print('测试样本相应的精度:',cross_val_score(LR,x_new_test,y_test,cv=10).mean())
```

（3）结果分析

以上代码运行结果如下。

```
数据基本信息: (569, 30); Cancer_No: 357; Cancer_Yes: 212
特征名称: ['mean radius' 'mean texture' 'mean perimeter' 'mean area'
 'mean smoothness' 'mean compactness' 'mean concavity'
 'mean concave points' 'mean symmetry' 'mean fractal dimension'
 'radius error' 'texture error' 'perimeter error' 'area error'
 'smoothness error' 'compactness error' 'concavity error'
 'concave points error' 'symmetry error' 'fractal dimension error'
 'worst radius' 'worst texture' 'worst perimeter' 'worst area'
 'worst smoothness' 'worst compactness' 'worst concavity'
 'worst concave points' 'worst symmetry' 'worst fractal dimension']
预测精度: 0.9440559440559441
特征提取前模型精度最高值及对应的 C 值: 0.9905869324473976 0.51
特征提取后模型精度最高值及对应的 C 值: 0.990531561461794 5.01
训练样本相应的精度: 0.9859357696566999
测试样本相应的精度: 0.9585714285714285
```

　　乳腺癌数据集不同特征的取值差别较大，因而要对其进行标准化处理。此外，由于 L2 正则化可对模型中不同参数的重要性或所蕴含的信息量进行度量，因而可根据相应的参数值选择关键特征。如图 4-4 所示，不同 C 值时特征提取前后相应模型对应交叉验证（10-Fold Cross Validation）的精度的最大值基本相等，但特征提取后相应模型的对应交叉验证整体精度更高；此外，二者在 C 值为 0.51 时的精度均较高且相差不大，因而可作为最优 C 值构建乳腺癌预测模型，此模型利用训练样本与测试样本的预测精度分别为 0.98 与 0.95 左右，均比直接利用默认值构建乳腺癌预测模型的精度（0.94 左右）高。需要注意的是，在图 4-4 中，不同 C 值对应的交叉验证采用训练样本的部分样本求取相应的精度，与最终采用完整的训练与测试样本求取的精度不同。

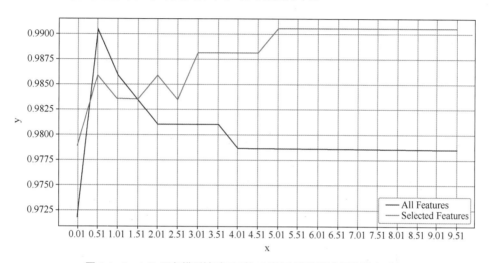

图 4-4　Logistic 回归模型针对不同的 C 值在特征提取前后的精度对比

本章小结

　　Logistic 回归将线性回归的输出通过非线性映射的方式变换至[0,1]实现对两类分类问题的求解。Logistic 回归与线性回归两个模型参数形式相同，不同之处在于其因变量的差异。需要注意的是，在数学含义上，Logistic 回归的输出虽可视为概率值，但与传统意义上的概率并不相同；此外，其在原理上用于求解两类分类问题，但通过多个两类分类器的组合可求解多类分类问题。

习题

　　1. 绘制图 4-5 所示形式的 Logistic 函数。

　　2. 研究人员在研究肾细胞癌转移的有关病理时，收集、整理了一批肾癌细胞标本资料以对肾癌细胞是否转移进行分析，以从中随机抽取的 16 例肾癌细胞病例数据为基础，采用 Logistic 回归算法对癌细胞是否转移进行预测，以此辅助研究人员对患者病情进行诊断。肾癌细胞数据主要包括患者年龄、肾细胞癌血管内皮生长因子（阳性由低到高共 3 个等级）、肾细胞癌组织内微血管数、肾癌细胞核组织学分级（由低到高共 4 级）与肾细胞癌分期（由低到高共 4 期）等 5 项特征。因此，以 $x1$、$x2$、$x3$、$x4$ 与 $x5$ 分别表示以上特征，用于构建 Logistic 回归模型的特征向量 $X=(x1,x2,x3,x4,x5)$，相应的肾癌细胞转移状况 Y 可取值为 1 或 0（$Y=1$ 表示有癌细胞转移；$Y=0$ 表示无癌细胞转移）。样本如表 4-4 所示。

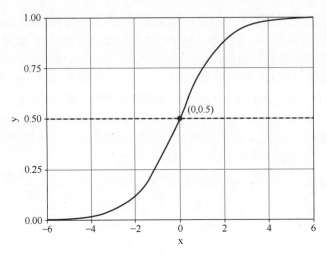

图 4-5　Logistic 函数

表 4-4　肾癌细胞样本

序号	x1	x2	x3	x4	x5	y	序号	x1	x2	x3	x4	x5	y
1	59	2	43.4	2	1	0	9	50	1	74	1	1	0
2	36	1	57.2	1	1	0	10	58	3	68.6	2	2	0
3	61	2	190	2	1	0	11	68	3	132.8	4	2	0
4	58	3	128	4	3	1	12	25	2	94.6	4	3	1
5	55	3	80	3	4	1	13	52	1	56	1	1	0
6	61	1	94.4	2	1	0	14	31	1	47.8	2	1	0
7	38	1	76	1	1	0	15	36	3	31.6	3	1	1
8	42	1	240	3	2	1	16	42	1	66.2	2	1	0

　　构建 Logistic 回归模型并求取测试样本的预测精度（利用柱状图比较数据归一化与未归一化情况下模型的精度）。

第 5 章　朴素贝叶斯

朴素贝叶斯算法利用贝叶斯定理与特征条件独立假设实现分类问题的求解，不但分类效率高、所需估计的参数较少，而且对缺失数据不太敏感，相对其他分类算法具有较小的误差率。

本章学习目标

- 理解朴素贝叶斯的基本原理。
- 掌握利用 scikit-learn 库构建不同类型朴素贝叶斯分类器的基本方法。

5.1　基本原理

朴素贝叶斯算法利用贝叶斯定理构建分类模型，同时通过特征相互独立（即朴素的基本含义）的假设降低模型求解的复杂度。

> ⚙知识拓展
>
> 贝叶斯原理相关概念如下。
>
> （1）先验概率：通过经验判断事件发生的概率（如 2018 年调查数据显示乳腺癌发病率为 24.2%且 52.9%发生在发展中国家）。
>
> （2）后验概率：事件发生后推测起因的概率（如在已知病人患有乳腺癌的情况下推断遗传因素、营养过剩等导致患乳腺癌的概率）。
>
> （3）条件概率：当前事件在另一事件已发生情况下的发生概率（如在已知存在遗传因素的情况下乳腺癌发病的概率）。若当前事件为指定样本或特征，而另一事件为已知类别，则条件概率通常也称为类条件概率。
>
> （4）似然函数：用于确定模型参数的函数。概率用于描述已知参数时变量的输出，似然则用于描述已知变量输出时未知参数的可能取值。

5.1.1　基本概念

设样本 $x = [x_1, x_2, \cdots, x_n]$ 由 n 个特征构成且假设特征相互独立，类别标记 $y = \{c_i\}_{i=1}^{m}$ 表示样本 x 预分的 m 个类别，朴素贝叶斯算法旨在将样本 x 分到具有最大后验概率的类别，即若样本 x 相对类别 c_k 的后验概率满足 $P(c_k|x) = \max_{c_i} P(c_i|x)$，则将样本 x 分至类别 c_k。

在实际中，为求解样本 x 相对类别 c_i 的后验概率，通常根据贝叶斯定理将其转换为先验概率与类条件概率，即：

$$P(c_i|x) = \frac{P(x|c_i)P(c_i)}{P(x)} \tag{5.1}$$

其中，$P(c_i)$ 为类别 c_i 的先验概率，$P(x|c_i)$ 为类别 c_i 已知时样本产生的条件概率，$P(x)$ 为与分类无关的样本 x 产生的概率。

根据式(5.1)，将后验概率 $P(c_i|x)$ 的计算问题转换为如何利用观测数据计算先验概率 $P(c_i)$ 与类条件概率 $P(x|c_i)$ 的问题。

根据大数定律，在样本足够多时，先验概率 $P(c_i)$ 可根据类别 c_i 对应的样本的频次（或类别 c_i 对应的样本所占全部样本的比例）进行估计，即：

$$P(c_i) = \frac{N_{c_i}}{N} \tag{5.2}$$

其中，N 与 N_{c_i} 分别表示样本总数与类别 c_i 对应的样本数。

根据朴素贝叶斯"特征相互独立"的假设，类条件概率 $P(x|c_i)$ 可转换为：

$$P(x|c_i) = P(x_1, x_2, \cdots, x_n|c_i) = \prod_{k=1}^{n} P(x_k|c_i) \tag{5.3}$$

式(5.3)中的条件概率 $P(x_k|c_i)$ 也可采用与先验概率 $P(c_i)$ 类似的方式求取，即：

$$P(x_k|c_i) = \frac{N_{c_i, x_k}}{N_{c_i}} \tag{5.4}$$

其中，N_{c_i, x_k} 为类别 c_i 中特征 x_k 出现的频次。

需要注意的是，朴素贝叶斯分类模型应当避免零概率问题。事实上，若特征 x_k 取值超出正常范围，则将导致条件概率 $P(x|c_i)$ 为 0（如 $P(x_1|c_i) = 0$ 导致 $P(x|c_i) = 0$），进而导致后验概率为 0。在实际中，此问题可通过以下方式进行修正：

$$P(c_i) = \frac{N_{c_i} + 1}{N + m} \tag{5.5}$$

$$P(x_k|c_i) = \frac{N_{c_i, x_k} + 1}{N_{c_i} + N_{x_k}} \tag{5.6}$$

其中，N_{x_k} 表示特征 x_k 可能取值的数量。

表 5-1 所示为学生作息与成绩关系数据，为进一步理解朴素贝叶斯算法的原理，此处以预测"出勤=早、休息=晚"学生成绩的好或差为例展开说明。

表5-1 学生作息与成绩关系数据

序号	出勤	休息	成绩
1	早	晚	好
2	早	早	好
3	早	晚	差
4	晚	早	差
5	晚	晚	好
6	早	晚	好
7	早	早	好
8	晚	早	差
9	晚	晚	差
10	早	晚	好

对于朴素贝叶斯算法，当前问题可转换为求解后验概率 $P($成绩 = 好|出勤 = 早、休息 = 晚$)$ 与 $P($成绩 = 差|出勤 = 早、休息 = 晚$)$，并比较两者大小以确定成绩好或差类别的问题。

根据朴素贝叶斯算法原理，忽略与分类无关的概率，要求的两个后验概率可转换为先验概率与类条件概率乘积的形式，即：

$$P(\text{成绩} = \text{好}|\text{出勤} = \text{早、休息} = \text{晚})$$

$$\propto P(\text{成绩} = \text{好}) \cdot P(\text{出勤} = \text{早}|\text{成绩} = \text{好}) \cdot P(\text{休息} = \text{晚}|\text{成绩} = \text{好})$$

$$P(\text{成绩} = \text{差}|\text{出勤} = \text{早、休息} = \text{晚})$$

$$\propto P(\text{成绩} = \text{差}) \cdot P(\text{出勤} = \text{早}|\text{成绩} = \text{差}) \cdot P(\text{休息} = \text{晚}|\text{成绩} = \text{差})$$

根据式(5.2)，先验概率分别为：

$$P(\text{成绩} = \text{好}) = \frac{6}{10} \quad P(\text{成绩} = \text{差}) = \frac{4}{10}$$

根据式(5.4)，类条件概率分别为：

$$P(\text{出勤} = \text{早}|\text{成绩} = \text{好}) = \frac{5}{6} \quad P(\text{出勤} = \text{晚}|\text{成绩} = \text{好}) = \frac{1}{6}$$

$$P(\text{休息} = \text{早}|\text{成绩} = \text{好}) = \frac{2}{6} \quad P(\text{休息} = \text{晚}|\text{成绩} = \text{好}) = \frac{4}{6}$$

$$P(\text{出勤} = \text{早}|\text{成绩} = \text{差}) = \frac{1}{4} \quad P(\text{出勤} = \text{晚}|\text{成绩} = \text{差}) = \frac{3}{4}$$

$$P(\text{休息} = \text{早}|\text{成绩} = \text{差}) = \frac{2}{4} \quad P(\text{休息} = \text{晚}|\text{成绩} = \text{差}) = \frac{2}{4}$$

最终可得两个后验概率为：

$$P(\text{成绩} = \text{好}|\text{出勤} = \text{早、休息} = \text{晚}) \propto \frac{6}{10} \cdot \frac{5}{6} \cdot \frac{4}{6} \approx 0.33$$

$$P(\text{成绩} = \text{差}|\text{出勤} = \text{早、休息} = \text{晚}) \propto \frac{4}{10} \cdot \frac{1}{4} \cdot \frac{2}{4} = 0.05$$

由于 $P($成绩 = 好|出勤 = 早、休息 = 晚$) > P($成绩 = 差|出勤 = 早、休息 = 晚$)$，因而可判定该学生成绩为好。

5.1.2　主要类型

在 scikit-learn 库中的 native_bayes 库中，根据特征的类条件概率可将朴素贝叶斯分类器分为高斯朴素贝叶斯（GaussianNB）、多项式朴素贝叶斯（MultinomialNB）、伯努利朴素贝叶斯（BernoulliNB）、补集朴素贝叶斯（ComplementNB）4 种类型。

（1）高斯朴素贝叶斯

高斯朴素贝叶斯假设特征的类条件概率服从正态分布（均值与方差根据训练样本估计）。

（2）多项式朴素贝叶斯

多项式朴素贝叶斯假设特征的类条件概率服从多项式分布，与适用于连续型特征取值的高斯朴素贝叶斯不同，其更适用于离散型特征情况下分类问题的求解。

💡**知识拓展**

二项分布为多次伯努利分布实验的概率分布。如在抛硬币时，每次抛硬币的结果是独立的且每次抛硬币正面朝上的概率是恒定的，所以单次抛硬币符合伯努利分布；若重复抛 n 次后，求取第 k 次正面朝上的概率分布就是二项分布问题。

多项式分布是二项分布的拓展，其目的在于克服二项分布仅针对两种事件发生情况的局限，可应用于多种事件发生情况的概率分布估计。如在掷骰子时，每次掷骰子会产生 6 种结果，进行 n 次试验后，6 种可能性分别出现次数的组合发生的概率即多项式分布。

（3）伯努利朴素贝叶斯

伯努利朴素贝叶斯假设特征的类条件概率服从伯努利分布，即数据包含多个特征，每个特征的取值仅有两种；因而，与多项式朴素贝叶斯不同，伯努利朴素贝叶斯更关注事件是否存在而非发生的次数。

> **知识拓展**
>
> 伯努利分布假设一个事件只有发生或不发生两种情况，而且这两种情况固定不变，即若发生的概率为 P，则不发生的概率为 $1-P$。

（4）补集朴素贝叶斯

补集朴素贝叶斯主要用于解决朴素贝叶斯中的"朴素"假设以及样本不均衡等因素产生的各种问题（在计算每个类别的分类概率时，传统的朴素贝叶斯分类器可能会倾向于预测样本数较多的类别）。具体而言，对于指定类别及其补集，补集朴素贝叶斯首先计算相应特征的类条件概率的乘积，然后利用二者之商作为指定类别最终的分类概率。

5.2 应用实例

本节主要通过实例介绍高斯朴素贝叶斯、多项式朴素贝叶斯、伯努利朴素贝叶斯与补集朴素贝叶斯的具体应用方法。

（1）高斯朴素贝叶斯

scikit-learn 库中的高斯朴素贝叶斯的导入方法如下。

```
from sklearn.naive_bayes import GaussianNB
```

函数原型如下。

```
GaussianNB()
```

高斯朴素贝叶斯没有参数，因此不需要调参。

表 5-2 与表 5-3 分别为高斯朴素贝叶斯的常用函数与常用属性。

表 5-2　常用函数

名称	说明
fit(X,Y)	利用训练样本（X 与 Y 分别为训练样本相应的特征与分类标记）训练模型
predict(X)	预测测试样本特征对应的分类标记
predict_proba(X)	预测测试样本特征所属类别的概率
score(X,Y)	利用指定测试样本（X 与 Y 分别为测试样本相应的特征与分类标记）评估模型的平均准确度

表 5-3　常用属性

名称	说明
class_count_	获取各类标记对应的训练样本数
class_prior_	每个类别的概率
theta_	获取各个类标记在各个特征中的均值
sigma_	获取各个类标记在各个特征中的方差

（2）多项式朴素贝叶斯

scikit-learn 库中的多项式朴素贝叶斯的导入方法如下。

```
from sklearn.naive_bayes import MultinomialNB
```

函数原型如下。

```
class sklearn.naive_bayes.MultinomialNB (alpha=1.0, fit_prior=True, class_prior=None)
```

表 5-4 与表 5-5 分别为多项式朴素贝叶斯的常用参数与常用函数。

表 5-4　常用参数

名称	说明
alpha	拉普拉斯平滑参数（默认值为 1.0）
fit_prior	是否考虑先验概率。设置为 False 时每个类别使用相同的先验概率，否则由 class_prior 参数指定先验概率
class_prior	类别的先验概率

表 5-5　常用函数

名称	说明
fit(X,Y)	利用训练样本（X 与 Y 分别为训练样本相应的特征与分类标记）训练模型
predict(X)	预测测试样本特征对应的分类标记
predict_proba(X)	预测测试样本特征所属类别的概率
score(X,Y)	利用指定测试样本（X 与 Y 分别为测试样本相应的特征与分类标记）评估模型的平均准确度

（3）伯努利朴素贝叶斯

scikit-learn 库中的伯努利朴素贝叶斯的导入方法如下。

```
from sklearn.naive_bayes import BernoulliNB
```

函数原型如下。

```
class sklearn.naive_bayes.BernoulliNB(alpha=1.0, binarize=0.0, fit_prior=True,
class_prior=None)
```

表 5-6 与表 5-7 所示为伯努利朴素贝叶斯的常用参数与常用函数。

表 5-6　常用参数

名称	说明
alpha	拉普拉斯平滑参数（默认值为 1.0）
binarize	用于将样本特征二值化的阈值（默认值为 0）
fit_prior	是否考虑先验概率。设置为 False 时每个类别使用相同的先验概率，否则由 class_prior 参数指定先验概率
class_prior	类别的先验概率

表 5-7　常用函数

名称	说明
fit(X,Y)	利用训练样本（X 与 Y 分别为训练样本相应的特征与分类标记）训练模型
predict(X)	预测测试样本特征对应的分类标记
predict_proba(X)	预测测试样本特征所属类别的概率
score(X,Y)	利用指定测试样本（X 与 Y 分别为测试样本相应的特征与分类标记）评估模型的平均准确度

（4）补集朴素贝叶斯

scikit-learn 库中的补集朴素贝叶斯的导入方法如下。

```
from sklearn.naive_bayes import ComplementNB
```

函数原型如下。

```
class sklearn.naive_bayes.ComplementNB (alpha=1.0, fit_prior=True, class_prior=None,
norm=False)
```

表 5-8 与表 5-9 所示为补集朴素贝叶斯的常用参数与常用函数。

表 5-8　常用参数

名称	说明
alpha	拉普拉斯平滑参数（默认值为 1.0）
norm	是否对权重进行归一化（默认值为 False）
fit_prior	是否考虑先验概率。设置为 False 时每个类别使用相同的先验概率，否则由 class_prior 参数指定先验概率
class_prior	类别的先验概率

表 5-9　常用函数

名称	说明
fit(X,Y)	利用训练样本（X 与 Y 分别为训练样本相应的特征与分类标记）训练模型
predict(X)	预测测试样本特征对应的分类标记
predict_proba(X)	预测测试样本特征所属类别的概率
score(X,Y)	利用指定测试样本（X 与 Y 分别为测试样本相应的特征与分类标记）评估模型的平均准确度

5.2.1　高斯朴素贝叶斯

高斯朴素贝叶斯分类器假定每个特征的类条件概率均服从高斯分布，进而可根据贝叶斯公式计算新样本属于各个类别的后验概率，最后通过最大化后验概率来确定样本的所属类别。在实际中，若特征分布形态未知或不易确定，通常可先采用高斯朴素贝叶斯分类器进行初始分类或预测，若相应的精度达不到指定标准，则可尝试其他类型的朴素贝叶斯分类器。

> **知识拓展**
>
> GaussianNB(priors=None) 中的 priors 对应各个类别的先验概率，默认值为空，即根据式(5.2)自动计算获取，否则以提供的 priors 进行分类。

❖　**实例 5-1：成绩预测。**

（1）问题描述

利用表 5-1 所示的学生作息与成绩关系数据构建高斯朴素贝叶斯分类器以实现新样本的预测。

（2）编程实现

根据本例问题的相关要求，相应的求解过程如下。

```
from sklearn.naive_bayes import GaussianNB    #导入高斯朴素贝叶斯
from sklearn.preprocessing import LabelEncoder, OneHotEncoder    #导入特征编码库
import matplotlib.pyplot as plt    #导入绘图库
# 初始数据
data = [['Early','Late','High'], ['Early','Early','High'], ['Early','Late', 'Low'],
['Late','Early', 'Low'], ['Late','Late', 'High'], ['Early','Late','High'], ['Early','Early',
'High'], ['Late','Early', 'Low'], ['Late','Late', 'Low'], ['Early','Late','High']]
# 分离特征与分类标记
x = [row[0:2] for row in data]
y = [row[2] for row in data]
# 分类标记转换（字符串转换为数值）
label_encoder = LabelEncoder()
y = label_encoder.fit_transform(y)
# 特征编码（字符串转换为数值）
onehot_encoder = OneHotEncoder(sparse=False)
x = onehot_encoder.fit_transform(x)
# 构建朴素贝叶斯分类器
NB = GaussianNB()
# 训练朴素贝叶斯分类器
NB.fit(x, y)
# 新样本预测
```

```
new_data = onehot_encoder.transform([['Early','Late']])
# 预测"出勤早休息晚成绩为好或差"的概率
prob = NB.predict_proba(new_data)
# 显示结果
print('成绩为好或差的概率:',prob)
# 预测"出勤早休息晚"相应成绩类别（0 与 1 分别表示成绩好与差）
label = NB.predict(new_data)
# 显示结果
print('成绩类别:',label)
# 显示整体精度
print('预测精度:',NB.score(x,y))
```

（3）结果分析

以上代码运行结果如下。

```
成绩为好或差的概率: [[0.9840678 0.0159322]]
成绩类别: [0]
预测精度: 0.8
```

在本例中，由于初始数据不能直接用于机器学习模型的构建，因而对其进行了特征编码处理以生成特征向量。对于高斯朴素贝叶斯分类器模型，此例整体精度一般。事实上，本例数据较少且相关特征分布形态并不一定服从高斯分布，在一定程度上会影响模型构建的可靠性与精度。

❖　**实例 5-2：红酒分类**。

（1）问题描述

利用高斯朴素贝叶斯分类器对 scikit-learn 库中的红酒数据进行分类，具体要求如下。

① 利用训练样本构建模型，然后利用测试样本测试模型的精度。

② 对分类结果进行可视化。

（2）编程实现

根据本例问题的相关要求，相应的求解过程如下。

```
import matplotlib.pyplot as plt    #导入绘图库
from sklearn.naive_bayes import GaussianNB    #导入高斯朴素贝叶斯
from sklearn.datasets import load_wine    #导入红酒数据集
from sklearn.model_selection import train_test_split    #导入数据划分库
#加载数据
wine=load_wine()
x=wine.data
y=wine.target
#划分训练样本与测试样本
x_train,x_test,y_train,y_test=train_test_split(x,y,test_size=0.3)
#构建模型
nb= GaussianNB()
#训练模型
nb.fit(x_train,y_train)
#输出预测精度
print("预测精度:",nb.score(x_test,y_test))
#将训练样本与测试样本分类结果可视化（方形为训练样本，圆形为测试样本）
plt.figure()
plt.scatter(x_train[:,0],x_train[:,1],c=y_train,cmap=plt.cm.cool,edgecolors='k')
plt.scatter(x_test[:,0],x_test[:,1],c=y_test,cmap=plt.cm.cool,marker='s',edgecolor='k')
# 添加横坐标标签和纵坐标标签
plt.xlabel(wine.feature_names[0]) # 假设第一个特征是横坐标标签
plt.ylabel(wine.feature_names[1]) # 假设第二个特征是纵坐标标签
plt.show()
```

（3）结果分析

以上代码运行结果如下。

预测精度：0.9814814814814815

从运行结果可以看出，模型的测试精度约为 0.98。如图 5-1 所示，训练样本与测试样本分类结果基本一致，表示高斯朴素贝叶斯分类器具有一定的可靠性。此外，相对于确定直线型分类边界的 Logistic 回归，高斯朴素贝叶斯可确定曲线型分类边界，因而在不同类别的数据存在交叠时也可获得较好的结果。

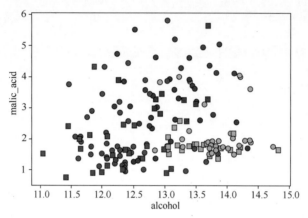

图 5-1　高斯朴素贝叶斯分类效果（方形为训练样本，圆形为测试样本）

5.2.2　多项式朴素贝叶斯

多项式朴素贝叶斯主要用于求解与离散型特征（如次数、频率、计数等）相关的分类问题。例如，在文本分类问题中判断一段文本是属于教育类别还是属于军事类别，此时仅需求取两者相应的概率 $P(教育|文本)$ 与 $P(军事|文本)$ 的大小（大者对应的类别即文本所属类别）；其中，由于文本本身由多个关键词构成，因而求取概率 $P(教育|文本)$ 与 $P(军事|文本)$ 可转换为求取 $P(教育|关键词1,关键词2,关键词3,\cdots)$ 与 $P(军事|关键词1,关键词2,关键词3,\cdots)$，进而可通过贝叶斯公式将概率求取问题转换为不同关键词出现的频率统计问题。

❖　**实例 5-3：特征离散化。**

（1）问题描述

首先构造包含两个特征的样本，然后完成以下实验。

① 对样本进行归一化处理。

② 将样本划分为训练样本与测试样本，然后利用训练样本构建多项式朴素贝叶斯分类器并利用测试样本测试其精度。

③ 查看相关先验概率与类条件概率。

④ 对原特征进行离散化处理并重新进行模型训练与测试。

（2）编程实现

根据本例问题的相关要求，相应的求解过程如下。

```python
import numpy as np    #导入科学计算库
from sklearn.preprocessing import MinMaxScaler    #导入归一化库
from sklearn.naive_bayes import MultinomialNB    #导入多项式朴素贝叶斯
from sklearn.model_selection import train_test_split    #导入数据划分库
from sklearn.datasets import make_blobs    #导入数据集
#构造包含两个类别的数据与相应的类别标记
X, y = make_blobs(n_samples=1000, centers=[[0.0, 0.1], [2.0, 3.0]], cluster_std=[0.4,0.5],
```

```
random_state=0)
    #数据归一化
    mms = MinMaxScaler().fit(X)
    X = mms.transform(X)
    #划分训练样本与测试样本
    Xtrain, Xtest, Ytrain, Ytest = train_test_split(X,y,test_size=0.3,random_state=100)
    #构建多项式朴素贝叶斯分类器
    mnb = MultinomialNB().fit(Xtrain, Ytrain)
    print('先验概率:', np.exp(mnb.class_log_prior_))     #查看先验概率
    print('类条件概率:',np.exp(mnb.feature_log_prob_))     #查看类条件概率
    #利用测试样本测试模型的精度
    print('预测精度:', mnb.score(Xtest,Ytest))
```

（3）结果分析

以上代码运行结果如下。

```
先验概率: [0.48285714 0.51714286]
类条件概率: [[0.50636528 0.49363472]
 [0.46606045 0.53393955]]
预测精度: 0.46
```

属性 class_log_prior_ 用于查看先验概率的对数，因而使用 exp() 函数对先验概率的对数进行了转换。从结果可知，两个类别对应的先验概率比较接近；此外，由于样本包含两个特征，相应的类条件概率为 2×2 矩阵（行列分别对应类别与特征），对于每个类别，相应的类条件概率也较为接近。需要注意的是，由于多项式朴素贝叶斯更适用于离散型特征，对于当前连续型特征，其模型分类精度较低（仅有 0.46）。为解决此问题，可采用 KBinsDiscretizer() 函数对特征进行离散化处理，即：

```
from sklearn.preprocessing import KBinsDiscretizer     #导入数据离散化库
#数据离散化
kbd = KBinsDiscretizer(n_bins=10, encode='onehot').fit(X)
Xtrain_new = kbd.transform(Xtrain)
Xtest_new = kbd.transform(Xtest)
#查看离散化数据基本结构
print('数据基本结构:', Xtrain_new.shape)
#构建多项式朴素贝叶斯分类器并利用离散化的训练样本进行训练
mnb = MultinomialNB().fit(Xtrain_new, Ytrain)
#利用离散化测试样本测试模型的精度
print('预测精度:',mnb.score(Xtest_new,Ytest))
```

以上代码运行结果如下。

```
数据基本结构: (700, 20)
预测精度: 1.0
```

从运行结果可知，每个特征值离散为 10 个独热编码值，两个特征相应的独热编码值共 20 个。以离散化后的特征值训练多项式朴素贝叶斯模型，其精度可提高到 1.0。

> 💡知识拓展
>
> 　　KBinsDiscretizer() 函数主要用于将连续型特征取值转换为离散型特征取值或将连续型数值转化为特定的类别标签（如将取值范围为[80,180]的血压转化为"低压""标准"和"高压"三类），其基本原理在于将连接型数值按顺序划分特定数量的等宽区间后，为每个区间分配相应的离散值或类别标签，通常采用独热编码形式将处理结果保存为稀疏矩阵。

❖　**实例 5-4：文本分类。**

（1）问题描述

首先下载 scikit-learn 库的 fetch_20newsgroups 数据（包含 18846 篇新闻文本及 20 个新闻类别），

然后统计文本中的词频并构建多项式朴素贝叶斯分类器对文本进行分类。

（2）编程实现

根据本例问题的相关要求，相应的求解过程如下。

```
from sklearn.datasets import fetch_20newsgroups    #导入数据
from sklearn.model_selection import train_test_split    #导入数据划分库
from sklearn.feature_extraction.text import TfidfVectorizer    #导入词频统计与向量化库
from sklearn.naive_bayes import MultinomialNB    #导入多项式朴素贝叶斯
news = fetch_20newsgroups(subset='all')    #下载数据（包括训练样本与测试样本）
x = news.data
y = news.target
#划分训练样本与测试样本
x_train, x_test, y_train, y_test = train_test_split(x,y,test_size=0.4)
#词频统计与向量化
tf = TfidfVectorizer()
x_train = tf.fit_transform(x_train)
x_test = tf.transform(x_test)
#print(tf.get_feature_names())
#构建多项式朴素贝叶斯分类器
MNB= MultinomialNB(alpha=1.0)
#训练多项式朴素贝叶斯分类器
MNB.fit(x_train,y_train)
#测试多项式朴素贝叶斯分类器
#输出测试精度
print('测试精度:', MNB.score(x_test,y_test))
```

（3）结果分析

以上代码运行结果如下。

```
测试精度: 0.82
```

本例首先对文本进行分词、词频统计与向量化处理，进而生成多项式朴素贝叶斯分类器构建相应的样本。由于分类器自身性能以及特征取值分布的影响，利用测试样本对多项式朴素贝叶斯分类器进行测试的精度为 0.82。

💡**知识拓展**

TF-IDF（Term Frequency-Inverse Document Frequency，词频-逆向文档频率）方法用于度量每个关键词对每篇文本的重要程度。若关键词在一篇文本中出现的频率较高而在其他文本中出现的频率较低，则此关键词具有较好的文本类别辨识度。scikit-learn 库中的 TfidfVectorizer() 函数可对文本进行关键词提取与向量化处理。

5.2.3　伯努利朴素贝叶斯

伯努利朴素贝叶斯与多项式朴素贝叶斯非常相似，但其与多项式朴素贝叶斯不同的是侧重解决"是否存在"问题而非次数或频率问题；例如，在文本分类中，伯努利朴素贝叶斯使用标识关键词"是否出现"的 0/1 值而非关键词出现的次数或频率构建样本。

（1）问题描述

scikit-learn 库手写数字数据集包含 1797 个手写数字样本，每个样本为 8×8 的二维数组（元素取值为 0～16 的整数），相应分类标记为 0～9 的整数。利用伯努利朴素贝叶斯分类器实现 scikit-learn 库手写数字样本的分类。

（2）编程实现

根据本例问题的相关要求，相应的求解过程如下。

```python
import numpy as np    #导入科学计算库
from sklearn.naive_bayes import BernoulliNB    #导入伯努利朴素贝叶斯
from sklearn.model_selection import train_test_split    #导入数据划分库
import matplotlib.pyplot as plt    #导入绘图库
from sklearn.datasets import load_digits    #导入手写数字数据集
from sklearn import preprocessing    #导入数据预处理库
import matplotlib.pyplot as plt    #导入绘图库
#加载数据
digits=load_digits()
x=digits.data
y=digits.target
# 归一化处理
transfer = preprocessing.MinMaxScaler()
x=transfer.fit_transform(x)
#显示手写数字样本示例
plt.figure()
for i in range(16):
        plt.subplot(4,4,i+1)
        plt.imshow(digits.images[i])
plt.show()
#显示数据维度
print(x.shape)   #(1797, 64)
print(y.shape)   #(1797,)
#划分训练样本和测试样本
x_train, x_test, y_train, y_test = train_test_split(x,y,test_size=0.25)
#构建伯努利朴素贝叶斯分类器
BNB=BernoulliNB()
#训练伯努利朴素贝叶斯分类器
BNB.fit(x_train,y_train)
#测试伯努利朴素贝叶斯分类器
print('测试精度: %.2f' % BNB.score(x_test, y_test))
#测试伯努利朴素贝叶斯分类器设置不同特征二值化阈值时的精度
min_x=min(np.min(x_train.ravel()),np.min(x_test.ravel()))
max_x=max(np.max(x_train.ravel()),np.max(x_test.ravel()))
bin_list=np.linspace(min_x,max_x,endpoint=True,num=50)
train_accuracy=[]
test_accuracy=[]
for b in bin_list:
     BNB=BernoulliNB(binarize=b)
     BNB.fit(x_train,y_train)
     train_accuracy.append(BNB.score(x_train,y_train))
   test_accuracy.append(BNB.score(x_test, y_test))
#显示结果
plt.figure()
plt.plot(bin_list,train_accuracy,label="Training_Accuracy")
plt.plot(bin_list,test_accuracy,label="Testing_Accuracy")
plt.xlabel('Binarization')
plt.ylabel('Accuracy')
plt.grid(True)
plt.legend(loc="best")
plt.show()
```

（3）结果分析

以上代码运行结果如下。

```
(1797, 64)
(1797,)
测试精度: 0.84
```

根据结果可知,在不设置特征二值化阈值时,伯努利朴素贝叶斯分类器效果不好;如图 5-2 所示,在设置不同的特征二值化阈值时,其精度在特征二值化阈值为 0.45 左右达到最高。事实上,较小或较大的特征二值化阈值均不利于突出手写数字样本的关键特征,进而不利于提高相应的精度。

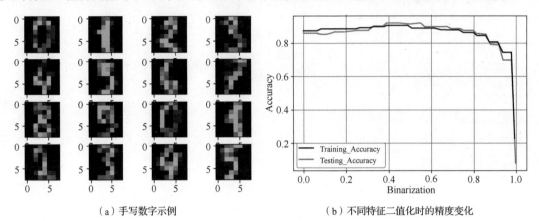

（a）手写数字示例　　　　　　　　　（b）不同特征二值化时的精度变化

图 5-2　伯努利朴素贝叶斯分类器

5.2.4　补集朴素贝叶斯

与传统的朴素贝叶斯相比,补集朴素贝叶斯通过考虑每个类别的补集解决类别不平衡的问题,在实际中能够更好地适应样本数较少的类别。然而,由于需要计算每个类别及其补集的概率,因此计算复杂度相对较高。

（1）问题描述

首先构造两类数量不均衡的样本并将其划分为训练样本与测试样本,然后利用训练样本构建高斯朴素贝叶斯、多项式朴素贝叶斯、伯努利朴素贝叶斯与补集朴素贝叶斯分类器并利用测试样本测试它们的性能〔求取并对比相应的精度、召回率与 AUC（Area Under Curve,曲线下面积）值〕。

> **知识拓展**
>
> 在分类问题的求解中,通常利用混淆矩阵定义准确率（Accuracy）、精确率（Precision）、召回率（Recall）、F1 分数、ROC 曲线（Receiver Operating Characteristic Curve,受试者工作特征曲线）与 AUC 值等评价指标。
>
> 如表 5-10 所示,混淆矩阵以矩阵的形式统计模型归错类与归对类相应样本的数量,其中,P（Positive）与 N（Negative）分别表示正例与反例,TP、FP、FN 与 TN 的含义如下。
>
> （1）TP（True Positive）:实际为正例被预测为正例的样本数量。
>
> （2）FP（False Positive）:实际为反例被预测为正例的样本数量。
>
> （3）FN（False Negative）:实际为正例被预测为反例的样本数量。
>
> （4）TN（True Negative）:实际为反例被预测为反例的样本数量。
>
> 表 5-10　混淆矩阵
>
> | 混淆矩阵 | | 真实值 | |
> |---|---|---|---|
> | | | P | N |
> | 预测值 | P | TP | FP |
> | | N | FN | TN |
>
> 此外,TP+FP 表示所有被预测为正例的样本数量,FN+TN 表示所有被预测为反例的样本数量,TP+FN 表示实际为正例的样本数量,FP+TN 表示实际为反例的样本数量。

一般情况下，TP 与 TN 越大而 FP 与 FN 越小，则模型准确性越高。

在混淆矩阵的基础上，常用评价指标的定义如下。

（1）准确率=（TP+TN）÷（TP+TN+FP+FN）：实际为正例或反例的样本被预测为正例或反例的样本占全部样本的比例。

（2）精确率=TP÷（TP+FP）：所有被预测为正例的样本中实际为正例的样本占的比例。

（3）召回率或真正率=TP÷（TP+FN）：实际为正例的样本中被预测为正例的样本占的比例（或正例分对的概率）。

（4）F1 分数=（2×精确率×召回率）÷（精确率+召回率）：精确率和召回率的综合或加权平均（精确率描述模型对反例的辨识能力，召回率描述模型对正例的辨识能力）。

（5）假正率=FP÷（FP+TN）：实际为反例的样本中被预测为正例的样本占的比例（或反例错分为正例的概率）。

（6）ROC 曲线与 AUC 值：ROC 曲线是以假正率与召回率分别为横坐标与纵坐标绘制的曲线，其与横坐标所围成的面积称为 AUC（如在 Logistic 回归通过设置阈值设置正例与反例，则 AUC 值可对所有可能的阈值相应效果进行综合衡量）。ROC 曲线越陡、AUC 值越大，模型的分类性能越好。AUC 值介于 0.5 至 1 之间，通常采用以下经验值判别模型的性能：0.5～0.7（性能较差）、0.7～0.85（性能一般）、0.85～0.95（性能很好）与 0.95～1（性能非常好，一般很难实现）。

（2）编程实现

根据本例问题的相关要求，相应的求解过程如下。

```
#导入高斯、多项式与伯努利朴素贝叶斯
from sklearn.naive_bayes import GaussianNB,MultinomialNB,BernoulliNB
from sklearn.naive_bayes import ComplementNB   #导入补集朴素贝叶斯
from sklearn.preprocessing import KBinsDiscretizer   #导入特征离散化库
from sklearn.model_selection import train_test_split   #导入数据划分库
from sklearn.metrics import recall_score, roc_auc_score   #导入评价指标库
from sklearn.datasets import make_blobs   #导入 make_blobs 数据集
#构造样本不均衡数据集
x, y = make_blobs(n_samples= [100000,500], centers=[[0.0, 0.1], [3.0, 5.0]],
cluster_std=[1.8,1.5], random_state=0)
#设置不同类型的朴素贝叶斯分类器
nb_names=["Gaussian","Multinomial","Bernoulli","Complement"]
nb_models=[GaussianNB(),MultinomialNB(),BernoulliNB(),ComplementNB()]
#求取4种朴素贝叶斯分类器相应的精度、召回率与 AUC 值
for nb,name in zip(nb_models,nb_names):
    x_train,x_test,y_train,y_test=train_test_split(x,y,test_size=0.3,random_state=10)
    #离散化特征值以用于多项式、伯努利与补集朴素贝叶斯
    if name!="Gaussian":
        kbs = KBinsDiscretizer(n_bins=10,encode="onehot").fit(x)
        x_train = kbs.transform(x_train)
        x_test = kbs.transform(x_test)
    nb.fit(x_train, y_train)
    #输出结果
    print(name)
    print("\tAccuracy:{:.3f}".format(nb.score(x_test,y_test)))
    print("\tRecall:{:.3f}".format(recall_score(y_test,nb.predict(x_test))))
    print("\tAUC:{:.3f}".format(roc_auc_score(y_test,nb.predict_proba(x_test)[:,1])))
```

（3）结果分析

以上代码运行结果如下。

```
Gaussian
  Accuracy:0.997
```

```
      Recall:0.463
      AUC:0.989
  Multinomial
      Accuracy:0.996
      Recall:0.000
      AUC:0.980
  Bernoulli
      Accuracy:0.989
      Recall:0.604
      AUC:0.979
  Complement
      Accuracy:0.933
      Recall:0.963
      AUC:0.980
```

从结果可知，高斯朴素贝叶斯与多项式朴素贝叶斯对不均衡数据较为敏感，召回率相对较低；相对而言，伯努利与补集朴素贝叶斯可较好地缓解数据不均衡问题，尤其是补集朴素贝叶斯，虽然其精度不高，但对不均衡数据的适应性较好。此外，在特征取值连续时，高斯朴素贝叶斯精度最高，在实际中也最为常用。

本章小结

朴素贝叶斯是一种基于贝叶斯定理的分类算法，有着坚实的数学基础；其通过假设特征之间相互独立，极大地降低了相关先验概率与类条件概率的计算复杂度。在实际应用中，虽然其所依赖的特征相互独立的假设在有些情况下并不成立，但由于原理与实现简单，且训练与预测效率较高，仍广泛应用于文档分类、垃圾邮件过滤与情感分析等诸多领域，而且在数据量较大时往往能表现出较好的性能。此外，由于其针对每个特征单独计算相关概率，因此也易于并行实现。

习题

1. 根据表 5-11 所示数据信息，用朴素贝叶斯算法分析天气和环境的好坏，预测会不会下雨。过去的 7 天中，有 5 天下雨，2 天没有下雨，用 0 代表没有下雨，1 代表下雨，用一个数组来表示：y=[1,1,0,0,1,1,1]。而在这 7 天当中，还有另外一些信息，包括刮北风、闷热、多云，以及天气预报给出的信息，如表 5-11 所示（其中 0 代表否，1 代表是）。

表 5-11 某地区连续 7 天天气情况表

日期	刮北风	闷热	多云	天气预报有雨	实际是否下雨
1	0	1	0	1	1
2	1	1	1	0	1
3	0	1	1	0	0
4	0	0	0	1	0
5	0	1	1	0	1
6	0	1	0	1	1
7	1	0	0	1	1

预测某一天刮北风、闷热、非多云以及天气预报有雨的条件下（x=[1,1,0,1]）是否会下雨。

2. 现有一对交往了一段时间的男女青年，男青年感觉女青年适合成为终身伴侣，于是欲向女青年求婚，但又担心被当面拒绝；根据男青年自身条件或特征，利用朴素贝叶斯算法判断女青年是否愿意嫁给他，以此帮助男青年解开困惑。不妨以普通女青年较为关注的男青年体重、身高与经济状况为特征构造婚姻预测模型所需的数据，然后根据训练样本构建朴素贝叶斯分类器并求取测试数据的预测精度。

第 6 章　K 近邻

　　K 近邻算法是最简单的机器学习算法之一，其基本思路与"近朱者赤，近墨者黑"类似，即当对新样本进行分类时，首先判断其与已分类样本之间的特征相似度，然后将其划分到大多数已分类样本所属类别之中。

本章学习目标
- 理解 K 近邻算法的基本原理。
- 掌握利用 scikit-learn 库构建 K 近邻分类器的基本流程。

6.1　基本原理

　　K 近邻算法是 1967 年由美国信息理论家托马斯·科弗（Thomas Cover）与计算机科学家彼得·哈特（Peter Hart）提出的一种基于模板匹配思想的分类方法，其基本原理可描述为：在特征空间中，若与新样本最相近的 K 个已分类样本中的大多数样本属于某一个类别，则新样本也属于该类别。一般情况下，K 通常设置为不大于 20 的奇数。

6.1.1　基本概念

　　已知训练样本中每个样本对应的类别，当对新样本进行分类时，首先计算新样本与训练样本中每个样本之间的距离或特征相似度，进而从训练样本中提取 K 个与新样本距离最近（即在特征空间中最邻近）或特征最相似的样本，然后统计此 K 个样本所属类别并将对应样本数最多的类别标记分配给新样本。如图 6-1 所示，白圆点为新样本，黑圆点与黑方点为已知类别的样本，当将 K 值设置为 3 时，实心圆中的 2 个黑圆点与 1 个黑方点作为白圆点最邻近的样本被提取，由于黑圆点多于黑方点，根据"少数服从多数"原则，将黑圆点所属类别标记分配给白圆点。

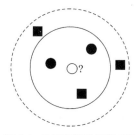

图 6-1　K 近邻算法分类原理

整体而言，K近邻算法的基本流程如下。

（1）计算新样本与所有已分类样本之间的特征距离（如欧氏距离、曼哈顿距离等）。

（2）按照递增次序对特征距离进行排序。

（3）选择K个特征距离最相近的已分类样本（K值一般设置为奇数）。

（4）确定K个已分类样本所属类别及相应样本的数量。

（5）将K个已分类样本所属类别相应样本数最多的类别作为新样本的类别。

6.1.2　KD树

在K近邻算法中，对于一个新样本，通过在特征空间计算所有已分类样本与新样本的距离确定K个距离最小的已分类样本。在样本较多时，必然导致计算复杂度较高。为解决此问题，在实际中通常采用KD（K-Dimensional）树对与新样本最相近的已分类样本进行检索。KD树是一种利用二叉树对K维空间中的样本点进行存储与快速检索的数据结构，每个非叶节点对应垂直于坐标轴的超平面，多级二叉树则构成K维超矩形空间或区域。

KD树在使用前应先根据已知数据对其进行构造。具体而言，若样本集包含K维特征，首先计算每个特征取值的方差并选择方差最大的特征作为KD树的根节点，然后以该特征取值的中位数作为阈值，对样本集中的样本进行划分以生成左子树与右子树（即若样本在该特征维度的取值小于阈值则将其分至左子树，否则分至右子树）。对于左子树与右子树，分别采用类似方式持续对相关样本进行划分，则可以以递归的方式生成KD树。

本节以二维样本{(3,1), (2,7),(8,5),(7,9),(5,3),(8,8)}为例进一步描述KD树的构建过程。

（1）根节点：计算X轴与Y轴相应特征取值的方差，其结果分别为5.6与7.9；由于Y轴相应特征的方差最大，因而依据Y轴相应特征构建KD树根节点。具体而言，由于Y轴相应特征取值（即1、3、5、7、8与9）中，6为中位数，故以Y=7为轴将二维空间划分为上、下两个区域并选择样本(2,7)作为KD树的根节点。

（2）左右子树：对于除根节点(2,7)之外的其他样本，将位于上、下两个区域的样本分别划分为左子树节点{(3,1), (5,3), (8,5)}（X轴与Y轴方差分别为4.2与2.7）及右子树节点{(8,8),(6,9)}（X轴与Y轴方差分别为2与0.5）。

（3）循环执行步骤（1）～（2）确定左右子树的根节点及其左右子树，直至左右子树无法再分割。

最终构建的KD树结构及其相应的二维空间的划分情况如图6-2所示。

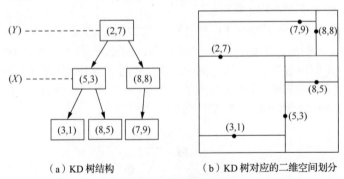

（a）KD树结构　　　　　（b）KD树对应的二维空间划分

图6-2　KD树的构造

KD树与二叉查找树之间的差别：KD树数据只存放在叶节点，而根节点和中间节点存放一些空间划分信息（例如划分维度、划分值），而二叉查找树中的数据存放在树中的每个节点（根节点、中间节点、叶节点）中；此外，KD树的平均时间复杂度为$O(\log_2 N)$，N为数据点的数量，因而，其特别适用于数据点数远大于空间维度的K近邻搜索。

当 KD 树生成以后，便可以检索新样本的近邻样本。

（1）在 KD 树里根据非叶节点对应特征取值与新样本相应特征取值之间的差异确定叶节点并确定新样本到叶节点的距离（叶节点不一定为新样本的最近邻样本）。

（2）回溯至叶节点的父节点并计算新样本到其的距离，然后以新样本为圆心、以新样本到叶节点及其父节点距离中的最小者为半径确定超球形区域，若超球形区域与父节点的另一个叶节点所在区域（X 轴划分左右区域、Y 轴划分上下区域）相交且该叶节点距离新样本更近，则更新超球形区域的半径并确定新样本的近邻点。

（3）回溯至父节点的上级并确定超球形区域是否与相应的区域相交以更新其半径与新样本的近邻点。当回溯至根节点时迭代结束并保存新样本的最新近邻点。

从以上步骤可知，KD 树可极大地减少新样本无效近邻点的搜索，因而整体效率较高。此外，若拟确定新样本的多个近邻点，则将已确定的近邻点设置为已选并采用以上步骤重复多次即可。

6.1.3　常见问题

虽然 K 近邻算法原理较为简单、易于理解，但在实际应用中也存在以下问题需解决。

（1）数据不平衡问题

当所属不同类别的样本数量偏差较大时（即样本不平衡），易导致 K 近邻算法失败。例如，一个类别的样本数量很大，而其他类别的样本数量很小，则新样本的 K 个近邻样本更可能属于样本数量较大的类别，因而会将其错分至样本数量较大的类别。如图 6-3（a）所示，在对黑方点所示新样本分类时，如果将 K 值设置为 3 且以已知类别的样本数量作为标准判别新样本的所属类别，则黑方点将被错分至白圆点所属类别（实际应分至距离其最近的黑圆点所属类别）。

为了解决此问题，在实际中通常在 K 个已分类样本的基础上附加相应的权重（如距离的倒数），如图 6-3（b）所示，已分类样本距离新样本越近，相应的权重越大，则新样本更可能分至距离其最近的已分类样本所属类别。

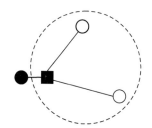
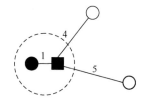

（a）将新样本错分至白圆点所属类别　　　　　（b）利用距离权重（黑为 1，白为 1/4+1/5=0.45）

将新样本分至黑圆点所属类别

图 6-3　K 近邻算法的距离问题

（2）距离类型

在特征空间中，两个样本之间的距离表示两个样本相应特征之间的相似度，其度量方式可采用曼哈顿距离、欧氏距离、马氏距离等；由于不同类型距离的适用场合存在差异（如欧氏距离适用于样本之间的绝对距离度量，马氏距离则适用于考虑特征之间依存关系时样本之间的距离度量），因而可能导致相应的邻近样本不同及后续分类结果的不同。

（3）特征取值的差异

特征取值的差异也可能导致样本之间距离计算的不可靠，例如，包含体重与身高特征的特征向量 $X_1 = (80, 1.70)$ 与 $X_2 = (60, 1.65)$，当利用曼哈顿距离（或欧氏距离）计算两者之间的相似度时，身高特征所占的比重几乎可以忽略不计（即 $D(X_1, X_2) = |80 - 60| + |1.70 - 1.65| = 20.05 \approx 20$），因而不能

真实地反映身高特征对样本分类的影响，导致样本分类错误。

此问题的解决方法是将不同特征的取值变换至同一数量级或尺度下（如采用数据标准化或归一化方法对特征取值进行预处理），消除其差异以提高模型训练或参数求取的可靠性。

（4）K 值的选择

在 K 近邻算法中，K 值的选择会对 K 近邻算法的可靠性产生较大的影响。如图 6-1 所示，当 K 值设置为 5 时，黑方点所属类别标记将分配给白圆点，这与 K 值设置为 3 时的分类结果不同。事实上，如果 K 值较小，相当于用较小邻域内的已知类别样本预测新样本所属类别，因而对近邻的样本非常敏感，一旦出现噪点，结果即会出错。另一方面，如果 K 值较大，虽然可减小噪声的影响，相当于用较大邻域内的已知类别样本进行预测，此时距离新样本较远的已知类别样本也会对预测结果产生影响，进而导致预测结果错误。

在实际应用中，K 值一般选择较小的数值或采用交叉验证的方式选择最优的 K 值。

> **知识拓展**
>
> 交叉验证的基本思想是将样本分为训练样本与验证样本，首先采用训练样本对分类器进行训练，然后利用验证样本测试训练得到的模型，以此作为评价分类器的性能指标。例如 10 折交叉验证是将样本分成 10 份，轮流将其中 9 份作为训练样本，1 份作为验证样本，10 次结果的均值作为对算法精度或模型可靠性的估计。

除以上问题外，K 近邻算法还存在计算量大（如对每个新样本分类时需计算其到其他样本的距离）、内存开销大等不足，然而，K 近邻算法由于原理简单、易于实现、无须参数估计等优势，在许多应用中仍能表现出较好的整体性能。

> **知识拓展**
>
> 在机器学习模型的构建中，距离通常用于度量特征向量之间的差异。已知 $\boldsymbol{x} = (x_1, x_2, \cdots, x_n)$、$\boldsymbol{y} = (y_1, y_2, \cdots, y_n)$，常用距离度量如下。
>
> （1）曼哈顿距离：用以标明在欧几里得空间的固定直角坐标系上两点所形成的线段在坐标轴上产生的投影距离总和，定义为
>
> $$D(\boldsymbol{x}, \boldsymbol{y}) = \sum_{i=1}^{n} |x_i - y_i|$$
>
> （2）欧氏距离：欧几里得空间中两点间的直线距离，定义为
>
> $$D(\boldsymbol{x}, \boldsymbol{y}) = \sqrt{\sum_{i=1}^{n} (x_i - y_i)^2}$$
>
> （3）切比雪夫距离：各坐标数值差的最大值，即
>
> $$d(\boldsymbol{x}, \boldsymbol{y}) = \max_i (|x_i - y_i|)$$
>
> （4）闵可夫斯基距离：一组距离的定义，即
>
> $$D(\boldsymbol{x}, \boldsymbol{y}) = \sqrt[p]{\sum_{i=1}^{n} |x_i - y_i|^p}$$
>
> 其中，$P=1$ 表示曼哈顿距离，$P=2$ 表示欧氏距离，$P \rightarrow \infty$ 表示切比雪夫距离。
>
> （5）马氏距离：修正了欧氏距离尺度不一致问题且考虑到各特征之间的相关性（如身高与体重之间的关联）。已知特征向量 $\boldsymbol{x}$ 相应的均值为 $\boldsymbol{\mu} = (\mu_1, \mu_2, \mu_3, \cdots, \mu_n)^{\mathrm{T}}$，协方差矩阵为 $\boldsymbol{\Sigma}$，则马氏距离为：
>
> $$d(\boldsymbol{x}) = \sqrt{(\boldsymbol{x} - \boldsymbol{\mu})^{\mathrm{T}} \boldsymbol{\Sigma}^{-1} (\boldsymbol{x} - \boldsymbol{\mu})}$$

对于两个服从同一分布的特征向量 $\boldsymbol{x}$ 与 $\boldsymbol{y}$，其马氏距离为

$$D(\boldsymbol{x},\boldsymbol{y})=\sqrt{(\boldsymbol{x}-\boldsymbol{y})^{\mathrm{T}}\boldsymbol{\Sigma}^{-1}(\boldsymbol{x}-\boldsymbol{y})}$$

（6）汉明距离：两个等长字符串之间的汉明距离是其对应位置不同字符的个数（如 1011101 与 1001001 之间的汉明距离是 2，2143896 与 2233796 之间的汉明距离是 3）。

（7）余弦距离：通过测量两个向量的夹角的余弦值度量其相似性（即根据两个向量之间角度的余弦值确定两个向量是否大致指向相同的方向）；两个向量有相同的指向时，余弦相似度的值为 1；两个向量夹角为 90°时，余弦相似度的值为 0；两个向量指向完全相反的方向时，余弦相似度的值为-1。已知两个向量 $\boldsymbol{A}$ 和 $\boldsymbol{B}$，其余弦距离（相似度越高距离越小）定义为：

$$D(\boldsymbol{A},\boldsymbol{B})=1-\frac{\boldsymbol{A}\cdot\boldsymbol{B}}{\|\boldsymbol{A}\|\|\boldsymbol{B}\|}=1-\frac{\displaystyle\sum_{i=1}^{n}A_i\times B_i}{\sqrt{\displaystyle\sum_{i=1}^{n}(A_i)^2}\times\sqrt{\displaystyle\sum_{i=1}^{n}(B_i)^2}}$$

（8）杰卡德距离：用于度量两个集合之间的差异，已知两集合 A 和 B，其定义为

$$D(A,B)=1-\frac{|A\cap B|}{|A\cup B|}$$

（9）皮尔逊相关系数：用于度量两个变量线性相关程度的统计量，定义为

$$r=\frac{\displaystyle\sum_{i=1}^{n}(x_i-\overline{x})(y_i-\overline{y})}{\sqrt{\displaystyle\sum_{i=1}^{n}(x_i-\overline{x})^2}\times\sqrt{\displaystyle\sum_{i=1}^{n}(y_i-\overline{y})^2}}$$

其中，$\overline{x}$ 与 $\overline{y}$ 分别为变量 x 与 y 的均值。

（10）K-L 散度（相对熵）：用于衡量两个分布 P 与 Q 之间的差异（值越小越相似），即

$$D(P,Q)=\sum_{i=1}^{n}P(x_i)\log\frac{P(x_i)}{Q(x_i)}$$

6.2　应用实例

scikit-learn 库包含 KNeighborsClassifier（利用距离新样本最近的 K 个已知类别样本对新样本分类）与 RadiusNeighborsClassifier（利用在以新样本为圆心的指定半径内的已知类别样本对新样本进行分类）两种不同类型的 K 近邻分类库，本节以 KNeighborsClassifier 为例描述其应用方法。

scikit-learn 库中的 K 近邻分类库的导入方法如下。

```
from sklearn.neighbors import KNeighborsClassifier
```

函数原型如下。

```
KNeighborsClassifier(n_neighbors=5,weights='uniform',algorithm='auto',leaf_size=30,p=2,metric='minkowski',metric_params=None,n_jobs=1,**kwargs)
```

表 6-1 与表 6-2 所示分别为 K 近邻分类库常用参数与常用函数。

表 6–1　常用参数

名称	说明
n_neighbors	指定近邻数量（默认值为 5）
weights	近邻权重（默认值为'uniform'），包括'uniform'（两近邻点权重相同）与'distance'（权重为距离的倒数）
p	设置距离类型（默认值为 2）；设置为 1 时采用曼哈顿距离，设置为 2 时采用欧氏距离

表 6-2　常用函数

名称	说明
fit(X,Y)	利用训练样本（X 与 Y 分别为训练样本相应的特征与分类标记）训练模型
predict(X)	预测测试样本特征对应的分类标记
predict_proba(X)	预测测试样本特征所属类别的概率
score(X,Y)	利用指定测试样本（X 与 Y 分别为测试样本相应的特征与分类标记）评估模型的平均准确度

6.2.1　参数分析

在特征空间中，相邻样本之间的特征相似度越高，其越可能属于同一类别；其中，以样本之间距离的倒数作为样本分类权重，可在一定程度上解决样本不均衡问题以提高 K 近邻分类的精度。

（1）问题描述

构造仿真数据并利用 K 近邻算法对其进行分类，具体要求如下。

① 以可视化的方式描述不同加权方式对精度的影响。

② 绘制不同类别之间的分类边界。

（2）编程实现

根据本例问题的相关要求，相应的求解过程如下。

```
import numpy as np    #导入科学计算库
#导入绘图库
import matplotlib.pyplot as plt
import matplotlib as mpl
from sklearn.neighbors import KNeighborsClassifier    #导入 K 近邻分类库
#构造训练样本
x_train = np.array([[4, 5], [6, 7], [4.8, 7], [5.5, 8], [7, 8], [10, 11], [9, 14]])
y_train = ['A', 'A', 'A', 'A', 'B', 'B', 'B']
#测试样本
x_test = np.array([[3.5, 7], [9, 13], [8.7, 10], [5, 6], [7.5, 8], [9.5, 12], [1.5, 10], [8.5, 9]])
plt.figure(1)
plt.xlabel('X'); plt.ylabel('Y')
plt.plot(x_train[0:4,0], x_train[0:4,1], color='red', marker='o', label='One Class (A)', linestyle='')
plt.plot(x_train[4:7,0], x_train[4:7,1], color='blue', marker='s', label='Two Class (B)', linestyle='')
plt.plot(x_test[:,0], x_test[:,1], color='green', marker='^', label='Sample', linestyle='')
for i in range(len(x_test)):
    plt.text(x_test[i,0]-0.3,x_test[i,1]+0.3, str(i) + '->?')
plt.legend(loc='upper left')
plt.grid(True)
plt.show()
#构建 K 近邻分类器并利用训练样本进行训练
#采用距离倒数权重时设置 weights='distance'
knn = KNeighborsClassifier(n_neighbors=3,weights='uniform')
knn.fit(x_train, y_train)
#利用测试样本对模型进行测试
y_predict = knn.predict(x_test)
print(y_predict)
#分类结果可视化
x_min, x_max = min(x_train[:,0].min(),x_test[:,0].min())-1,
max(x_train[:,0].max(),x_test[:,0].max())+1  #求第 1 个特征的最小值与最大值
y_min, y_max = min(x_train[:,1].min(),x_test[:,1].min())-1,
max(x_train[:,1].max(),x_test[:,1].max())+1  #求第 2 个特征的最小值与最大值
    #生成网格采样点
xx,yy = np.meshgrid(np.linspace(x_min, x_max, 200),np.linspace(y_min, y_max, 200))
grid_test = np.stack((xx.flat, yy.flat), axis=1)    #测试点
z = knn.predict(grid_test)
```

```
z = np.array([0 if x=='A' else 1 for x in z])
#生成前景与背景颜色
cm_pt = mpl.colors.ListedColormap(['w', 'k'])     #样本点颜色
cm_bg = mpl.colors.ListedColormap(['c', 'y'])     #背景颜色
plt.figure(2)
plt.xlim(x_min, x_max)
plt.ylim(y_min, y_max)
plt.pcolormesh(xx, yy, z.reshape(xx.shape), cmap=cm_bg)     #绘制网格背景
#显示训练样本
plt.plot(x_train[0:4,0], x_train[0:4,1], color='black', marker='o', label='One Class (A)',
linestyle='')
plt.plot(x_train[4:7,0], x_train[4:7,1], color='black', marker='s', label='Two Class (B)',
linestyle='')
#显示测试样本与分类结果
for i in range(len(x_test)):
    if y_predict[i] == 'A':
        plt.plot(x_test[i,0], x_test[i,1], color='black', marker='o')
        plt.text(x_test[i,0]-0.3, x_test[i,1]+0.3, str(i) + '->A')
    else:
        plt.plot(x_test[i,0], x_test[i,1], color='black', marker='s')
        plt.text(x_test[i,0]-0.3, x_test[i,1]+0.3, str(i) + '->B')
plt.legend(loc='upper left')
plt.grid(True)
plt.xlabel('X')
plt.ylabel('Y')
plt.show()
```

（3）结果分析

以上代码运行结果如下，图 6-4 为相应的分类可视化结果。

```
['A' 'B' 'B' 'A' 'B' 'B' 'A' 'B']
```

为对比不同加权方式对 K 近邻分类器精度的影响，将 K 近邻分类参数修改为如下形式。

```
knn = KNeighborsClassifier(n_neighbors=3,weights='uniform')     #相同权重
```

其运行结果为：

```
['A' 'B' 'B' 'A' 'A' 'B' 'A' 'B']
```

在此例中，训练样本集前 4 个样本与后 3 个样本分别标记为 A 类（圆形点）与 B 类（方形点）；在利用 K 近邻分类器对 8 个测试样本（三角形点）进行分类后，测试样本将显示为圆形点（A 类）或方形点（B 类）。根据 K 近邻分类器采用不同权重时的对应结果可知，序号为 4 的测试样本距离 B 类样本最近，因而应分至 B 类，但采用"相同"权重时却被错分为 A 类，采用"距离倒数"权重时则获得正确的结果。整体上，采用"距离倒数"权重时的精度相对较高。

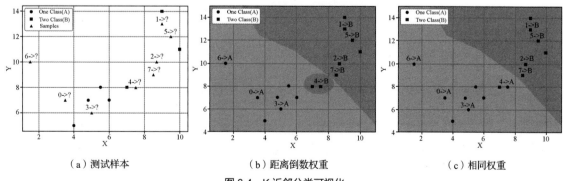

（a）测试样本　　　　　　（b）距离倒数权重　　　　　　（c）相同权重

图 6-4　K 近邻分类可视化

6.2.2　学生就业安置预测

学生就业安置预测是高校学生管理工作的重要构成部分，根据学生学习表现、个人技能等信息

对其就业安置情况进行分析，对提高高校学生管理工作的质量具有重要作用。表 6-3 所示为学生的累计平均绩点与简历分值（F1，累计平均绩点；F2，简历分值）相关数据，利用 K 近邻分类器对其就业安置情况（0，未安置；1，安置）进行预测。

表 6-3 学生就业安置数据

序号	F1	F2	就业安置情况	序号	F1	F2	就业安置情况	序号	F1	F2	就业安置情况
1	5.8	8.06	0	21	8.25	5.32	1	41	5.87	6.64	0
2	6.53	7.64	0	22	8.68	5.15	1	42	6.89	7.96	1
3	6.16	5.77	0	23	6.9	6.91	1	43	5.75	8.43	0
4	6.05	7.13	0	24	8.21	7.95	1	44	8.65	7.58	1
5	8.22	6.18	1	25	5.47	5.92	0	45	7.93	8.09	1
6	7.76	5.68	1	26	8.1	5.44	1	46	6.04	8.75	0
7	6.27	6.47	0	27	5.83	5.21	0	47	8.35	8.02	1
8	5.51	6.15	0	28	7.05	8.14	1	48	6.59	6.81	1
9	7.46	7.67	1	29	5.54	6.57	0	49	6.01	7.49	0
10	6.19	7.3	0	30	5.46	6.73	0	50	8.06	9.06	1
11	7.36	7.15	1	31	8.22	6.74	1	51	7.12	7.41	1
12	5.92	7.02	0	32	6.54	7.39	0	52	7.34	8.22	1
13	5.87	7.96	0	33	5.9	7.5	0	53	7.63	7.98	1
14	8.43	7.73	1	34	6	7.16	0	54	5.76	6.48	0
15	8.87	7.19	1	35	5.92	7.18	0	55	5.54	7.36	0
16	8.07	7.48	1	36	6.94	6.87	1	56	6.34	7.94	1
17	8.16	7.56	1	37	6.13	6.43	0	57	9.4	5.5	1
18	9.05	8.21	1	38	6.34	7.21	0	58	5.88	6.92	0
19	6	8.72	0	39	6.47	7.37	0	59	5.79	5.66	0
20	7.5	6.19	1	40	5.95	7.57	0	60	5.27	7.28	0

（1）问题描述

加载表 6-3 所示数据以构建并测试 K 近邻分类器，具体要求如下。

① 利用交叉验证的方式确定最优 K 值并构建与测试相应的 K 近邻分类器。

② 分析不同特征之间的相关性。

③ 对 K 近邻分类器预测的不同类别之间的边界进行可视化。

（2）编程实现

根据本例问题的相关要求，相应的求解过程如下。

```
#导入科学计算相关库
import pandas as pd
import numpy as np
#导入绘图库
import matplotlib.pyplot as plt
import matplotlib as mpl
from sklearn.model_selection import cross_val_score    #导入交叉验证库
from sklearn.neighbors import KNeighborsClassifier    #导入 K 近邻分类库
from sklearn import preprocessing    #导入数据预处理库
from sklearn.model_selection import train_test_split    #导入数据划分库
#加载数据
data = pd.read_csv('.\\data\\placement.csv',encoding=u'gbk')
x = data.drop('placement',axis=1)
y = data['placement']
print('样本数与特征数',x.shape)
#归一化
min_max_scaler = preprocessing.MinMaxScaler()
x = min_max_scaler.fit_transform(x)
x_train,x_test,y_train,y_test=train_test_split(x, y,test_size=0.4)    #划分训练样本与测试样本
#设置 K 列表
K = range(1,10)
K_Acc = []
#求取不同 K 值交叉验证平均精度
```

```
for k in K:
        KNN = KNeighborsClassifier(n_neighbors=k,weights='distance')
        Acc = cross_val_score(KNN, x, y, cv=3, scoring='accuracy')
        K_Acc.append(Acc.mean())
#显示不同K值交叉验证精度
plt.figure(1)
plt.plot(K, K_Acc,'r-',marker='o')
plt.xlabel('K')
plt.ylabel('Accuracy')
plt.grid(True)
plt.show()
#求取最优K值
k_opt = np.argmax(K_Acc)+1
#构建K近邻分类器
KNN = KNeighborsClassifier(n_neighbors=k_opt)
#训练K近邻分类器
KNN.fit(x_train, y_train)
#输出预测精度
print('预测精度:',format(KNN.score(x_test,y_test),'.2f'))
# 特征相关性分析
# 计算皮尔逊相关系数
F_1_2 = np.corrcoef(x[:,0], x[:,1])[0, 1]
print('F1 与 F2 之间的相关性:',F_1_2)
#分类结果可视化
x_min, x_max = x[:,0].min()-0.1, x[:,0].max()+0.1  #求第1个特征的最小值与最大值
y_min, y_max = x[:,1].min()-0.1, x[:,1].max()+0.1  #求第2个特征的最小值与最大值
#生成网格采样点并预测相应的类别
xx,yy = np.meshgrid(np.linspace(x_min, x_max, 200),np.linspace(y_min, y_max, 200))
grid_test = np.stack((xx.flat, yy.flat), axis=1)
z = KNN.predict(grid_test)
#设置前景与背景颜色
cm_pt = mpl.colors.ListedColormap(['w', 'r'])    #样本点颜色
cm_bg = mpl.colors.ListedColormap(['y','g'])      #背景颜色
#显示分类结果
plt.figure(2)
plt.xlim(x_min, x_max)
plt.ylim(y_min, y_max)
#显示分类预测类别之间的边界
plt.pcolormesh(xx, yy, z.reshape(xx.shape), cmap=cm_bg)
#显示测试样本真实类别
plt.scatter(x_test[:,0], x_test[:,1], c=y_test, cmap=cm_pt, marker='o',edgecolors='k')
plt.xlabel('F1')
plt.ylabel('F2')
plt.show()
```

（3）结果分析

以上代码运行结果如下。

```
样本数与特征数 (60, 2)
预测精度: 0.92
F1 与 F2 之间的相关性: -0.0091240811189324557
```

在利用 K 近邻算法对样本进行分类时，过小的 K 值易导致分类器对噪声较为敏感，而过大的 K 值则易导致分类器辨识能力较低，均不利于生成较好的结果。在本例中，如图 6-5（a）所示，当 K 值设置为 3～5 时生成相同的精度，而设置为此区间之外的值则精度相对较低。此外，数据的分布形态对 K 近邻算法的精度也会产生一定的影响，如图 6-5（b）所示，尤其是分类边界附近的样本，其分错的概率通常较高。

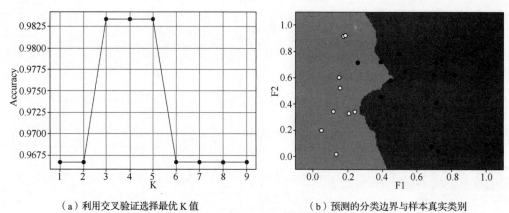

（a）利用交叉验证选择最优 K 值　　　　　（b）预测的分类边界与样本真实类别

图 6-5　K 值的选择与模型测试

6.2.3　KD 树应用

KD 树是一种用于对 *K* 维空间中的数据进行划分与组织的二叉树形数据结构，其中每个节点代表一个 *K* 维空间中的一个点，而节点的左子树与右子树分别代表其左边和右边的子空间。在数据量较大及维度较高时，相对于 K 近邻分类器，KD 树通常具有更高的效率。

scikit-learn 库包含 KDTree 库，其导入方法如下。

```
from sklearn.neighbors import KDTree
```

函数原型如下。

```
class sklearn.neighbors.KDTree(X, leaf_size=40, metric='minkowski', **kwargs)
```

表 6-4 与表 6-5 所示为 KD 树的常用参数与常用函数。

表 6-4　常用参数

名称	说明
X	结构为(n_samples, n_features)形式的数据点，其中，n_samples 与 n_features 分别为数据点数量与空间维数（或特征数）
leaf_size	用于指定叶节点的大小。其值越小，KD 树的高度越高，近邻点搜索时间越长；反之，其值越大，KD 树的高度越低，近邻点的搜索时间越短。一般而言，需要根据数据集的大小与维度确定 leaf_size 的取值（范围通常为 30～50），当数据集较小或维度较低时，可以选择较小的值，而当数据集较大或维度较高时，则可以选择较大的值
metric	设置距离类型（默认值为 2）；设置为 1 时采用曼哈顿距离，设置为 2 时采用欧氏距离（具体参见"知识拓展"中"闵可夫斯基距离"的相关解释）

表 6-5　常用函数

名称	说明
query(X[, k, return_distance, dualtree, …])	查询 KD 树中最近的 k 个近邻点
query_radius(X, r[, return_distance, …])	查询 KD 树中半径为 r 的圆内的近邻点

（1）问题描述

利用 make_blobs 数据集构建 KD 树并查询指定数据点的近邻点，具体要求如下。

① 根据指定近邻点数量查询近邻点。

② 根据指定半径查询相应范围内的近邻点。

③ 比较 KD 树生成的近邻点与 K 近邻分类器生成的近邻点之间的差异。

④ 对指定数据点及其近邻点进行可视化。

（2）编程实现

根据本例问题的相关要求，相应的求解过程如下。

```
#导入绘图库
from matplotlib import pyplot as plt
```

```
from matplotlib.patches import Circle
from sklearn.neighbors import KDTree    #导入 KD 树库
from sklearn.neighbors import KNeighborsClassifier  #导入 KNeighborsClassifier 库
from sklearn.datasets import make_blobs  #导入 make_blobs 数据集
# 加载数据
x, y = make_blobs(n_samples = 50, centers=4, cluster_std=[2.6,1.2,1.5,3], random_state=1)
# 构造 KD 树
tree = KDTree(x, leaf_size = 20, metric='euclidean')
# 指定样本点
point = [x[20]]
# 查找指定样本点的近邻点（数量）
dis_, ix_ = tree.query(point, k=5, return_distance=True)
print('近邻点序号(KD树-数量):',ix_)
print('指定样本点与其近邻点之间的距离(KD树-距离):',dis_)
# 查找指定样本点的近邻点（半径）
ix, dis = tree.query_radius(point, r=1.5, return_distance=True)
print('近邻点序号(KD树-半径):',ix)
print('指定样本点与其近邻点之间的距离(KD树-半径):',dis)
# 近邻点可视化
plt.figure(2)
plt.xlabel('X')
plt.ylabel('Y')
plt.scatter(x[:, 0], x[:, 1], c=y, s=100, cmap='gist_rainbow', marker = 'o',linewidths=1,
edgecolors='k')
cir = Circle(point[0], 1.5, color='r', fill=False)
for i in ix_[0]:
    plt.plot([point[0][0], x[i][0]], [point[0][1], x[i][1]], 'k-.', linewidth=1.5)
plt.gca().add_patch(cir)
plt.show()
# 利用 K 近邻分类器生成近邻点
# 构建 K 近邻分类器
KNN = KNeighborsClassifier(n_neighbors=5)    #指定近邻数
# 训练 K 近邻分类器
KNN.fit(x, y)
# 指定样本点
point = [x[20]]
# 指定样本点的近邻点
dis_, ix_ = KNN.kneighbors(point, return_distance=True)
# 显示近邻点的基本信息
print('近邻点序号(KNN-数量):',ix_)
print('指定样本点与其近邻点之间的距离(KNN-距离):',dis_)
```

（3）结果分析

以上代码运行结果如下。

```
近邻点序号(KD树-数量): [[20 13 16 27 21]]
指定样本点与其近邻点之间的距离(KD树-距离): [[0. 0.97334388 1.14187411 1.40179885 1.57143472]]
近邻点序号(KD树-半径): [array([16, 27, 20, 13], dtype=int64)]
指定样本点与其近邻点之间的距离(KD树-半径): [array([1.14187411, 1.40179885, 0., 0.97334388])]
近邻点序号(KNN-数量): [[20 13 16 27 21]]
指定样本点与其近邻点之间的距离(KNN-距离): [[0. 0.97334388 1.14187411 1.40179885 1.57143472]]
```

根据以上结果可知，对于指定样本点及其近邻点数量的情况，KD 树与常规 K 近邻分类器生成的近邻点相同，而在指定半径的情况下，相应范围的近邻点数量可能与期望近邻点数量有偏差。图6-6直观地展现了指定样本点与近邻点的位置关系；需要注意的是，指定样本点包含于生成的近邻点集合之内。

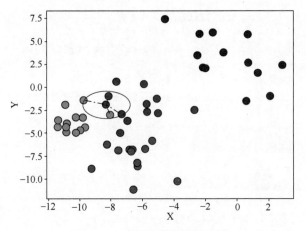

图 6-6　KD 树生成近邻点的可视化

本章小结

　　K 近邻算法是一种无参估计的分类算法，其原理简单且易于实现，在很多情况下具有较好的性能。然而，此算法对 K 值的选择与样本的不平衡较为敏感，通常需要通过交叉验证获取较好的 K 值或采用距离加权的方式提高分类可靠性；此外，由于每一个新样本都要计算其与全体已知类别样本的距离以获取 K 个最近邻的样本，因而整体效率偏低。

习题

1. 描述 K 近邻算法的基本原理与优缺点。
2. 描述 K 近邻算法距离倒数权重与相同权重的区别。
3. 利用 scikit-learn 库生成 make_moons 数据集并划分为训练样本与测试样本两个部分。

```
from sklearn.datasets import make_moons
x, y = make_moons(100, noise = 0.5)    #产生数据
from sklearn.model_selection import train_test_split
#划分训练样本与测试样本
x_train,x_test,y_train,y_test=train_test_split(x, y, test_size=0.4)
```

完成以下实验。

（1）K 值对 K 近邻算法的影响。

设距离为欧氏距离，将 K 值设置为 1～50，求测试数据的预测精度并画出相应的变化曲线。

（2）距离类型对 K 近邻算法的影响。

设 K=[5,10,20]，然后分别利用欧氏距离与曼哈顿距离训练模型，然后测试利用这两种距离训练的模型的预测精度，并画出相应的柱状图以进行对比。

07 第 7 章　决策树

　　决策树采用树形结构对样本进行分类，其非叶节点表示利用指定特征定义的样本分类函数或条件，而叶节点表示根据该函数或条件确定的样本类别。利用决策树对样本进行分类的过程即从根节点开始，根据不同层级非叶节点上定义的基于不同特征的样本分类函数，不断对样本所属类别进行判别的过程，最终所至的叶节点对应的类别即最终样本所属的类别。

本章学习目标
- 理解决策树的基本原理及不同类别决策树算法的区别。
- 掌握运用 scikit-learn 库实现决策树算法的基本流程与方法。

7.1　基本原理

　　决策树可视为一棵用非叶节点表示特征的判别函数、用叶节点表示分类结果的倒置树，其对新样本的分类过程即根据不同层级非叶节点对应判别函数的输出，不断明确其所属类别的过程。因而，利用决策树对新样本进行分类的关键在于提前利用训练样本构建决策树，而构建决策树的关键在于最优特征的选择，即将特征安置在哪个非叶节点用于相关判别函数的定义最合适。事实上，决策树的构建过程就是利用定义于特征的判别函数，将样本集不断分类为类别不确定性较小的样本子集的过程。例如，若某特征对样本分类时的精度越高（样本所属类别不确定性越小），则该特征对提高分类精度的作用越大，因而应将其用于根节点判别函数的定义。在实际中，类别不确定性为零的情况并不常见，因而通过对比样本分类后每类样本的类别不确定性之和与样本分类前每类样本的类别不确定性之和的大小确定当前特征的优劣。

　　从原特征集中选择最优特征对构建的决策树的可靠性影响很大，如图 7-1 所示，对于狗兔分类问题，如果先利用"尾巴比例特征"（尾巴的长度与身体的长度的比例）〔见图 7-1（a）〕对样本进行分类，则兔类与狗类样本的类别不确定性均较小（兔尾巴比狗尾巴短是共识），若先利用"体型大小"〔见图 7-1（b）〕对样本进行分类却不易获得较好的效果（兔与狗均可能为较小的体型），此时需要再利用"耳朵比例特征"（耳朵的长度与身体的长度的比例）进一步对样本进行分类。

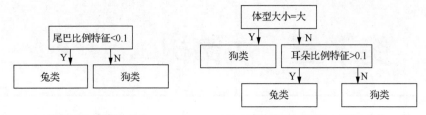

（a）根据尾巴比例特征分类　　　　　（b）根据体型大小与耳朵比例特征分类

图 7-1　决策树示例

如何从原特征集中确定最优特征？在 1975 年，罗斯·昆兰（Ross Quinlan）提出了利用信息熵构建决策树的算法（即 ID3），其中，利用信息熵对样本分类结果的影响进行度量，可取得较好的效果。在此基础上，陆续涌现出许多改进算法，如 C4.5、C5.0 与 CART（Classification and Regression Tree，分类与回归树）等，以进一步提高决策树构建的性能，相关特征选择准则包括信息增益、信息增益比、基尼系数等几种，后文会进行描述。

📖价值引领

　　决策树基本算法遵循的策略是简单而直观的"分而治之"，即将一个问题分解成两个或多个相同或相关类型的子问题，直到这些问题变得能够直接解决。在学习、生活中亦是如此，我们在遇到困难时，不应轻易退缩和放弃，而应根据现有的能力将问题不断分解，从自己会做的开始，不断优化求解的方式实现问题求解，养成不言放弃、精益、专注的优秀品质。

7.1.1　ID3 算法

指定特征为样本分类提供的信息越多，说明该特征越重要，相应的信息增益也就越大。信息增益是量化样本分类过程中减少类别不确定性的重要指标。利用信息增益作为特征选择指标以生成决策树的算法称为 ID3 算法。具体而言，设样本集 D 及预定的 n 个类别 $C = \{C_i\}_{i=1}^{n}$，特征 T 相应的信息增益可定义为：

$$\text{IG}(T) = H(C) - H(C \mid T) \tag{7.1}$$

其中，$H(C)$ 为未采用任何特征时样本分类对应的信息熵，即：

$$H(C) = -\sum_{i=1}^{n} P(C_i) \cdot \log_2 P(C_i) \tag{7.2}$$

其中，$P(C_i)$ 为样本分至类别 C_i 的先验概率。

在式(7.1)中，$H(C \mid T)$ 为采用特征 T 时样本分类对应的信息熵。事实上，特征 T 通常具有不同的取值或不同的被选状态（选用或不选用），为进一步度量其对样本分类的影响，不妨以 t 与 $\bar{t}$ 分别表示两种取值并以 $P(t)$ 与 $P(\bar{t})$ 分别表示相应的概率，则 $H(C \mid T)$ 可转换为以下形式：

$$H(C \mid T) = P(t) \cdot H(C \mid t) + P(\bar{t}) \cdot H(C \mid \bar{t}) \tag{7.3}$$

其中，$H(C \mid t)$ 与 $H(C \mid \bar{t})$ 为：

$$H(C \mid t) = -\sum_{i=1}^{n} P(C_i \mid t) \cdot \log_2 P(C_i \mid t) \tag{7.4}$$

$$H(C \mid \bar{t}) = -\sum_{i=1}^{n} P(C_i \mid \bar{t}) \cdot \log_2 P(C_i \mid \bar{t}) \tag{7.5}$$

将式(7.2)～(7.5)代入式(7.1)可得：

$$\mathrm{IG}(T)=-\sum_{i=1}^{n}P(C_i)\cdot\log_2 P(C_i)+P(t)\cdot\sum_{i=1}^{n}P(C_i\,|\,t)\cdot\log_2 P(C_i\,|\,t)+P(\bar{t})\cdot\sum_{i=1}^{n}P(C_i\,|\,\bar{t})\cdot\log_2 P(C_i\,|\,\bar{t}) \quad (7.6)$$

其中，各个概率可通过统计样本出现频次的方式求取，即：

$$P(C_i)=\frac{|D(C_i)|}{|D|} \quad (7.7)$$

$$P(C_i\,|\,t)=\frac{|D_t(C_i)|}{|D_t|} \quad (7.8)$$

$$P(C_i\,|\,\bar{t})=\frac{|D_{\bar{t}}(C_i)|}{|D_{\bar{t}}|} \quad (7.9)$$

其中，$|D|$ 与 $|D(C_i)|$ 分别表示样本总数与类别 C_i 对应的样本数；D_t 与 $D_t(C_i)$ 分别表示特征取值为 t 时的样本数与特征取值为 t 时的样本中类别 C_i 对应的样本数（$D_{\bar{t}}$ 与 $D_{\bar{t}}(C_i)$ 与此类似）。

为帮助读者理解上述原理，此处以狗兔分类问题描述信息增益的求解过程。

已知表 7-1 所示狗兔分类数据，求取"耳朵比例特征"与"尾巴比例特征"相应的信息增益。

表 7-1　狗兔分类数据

耳朵比例特征	尾巴比例特征	狗/兔
大	小	兔
大	小	兔
大	大	狗
小	大	狗
大	小	兔
大	小	狗
大	小	兔
小	大	狗
小	小	兔
大	大	狗

（1）未采用特征时的信息熵

狗类与兔类分别有 5 个（共 10 个）样本，根据式(7.7)，先验概率 $P(C_1)$ 与 $P(C_2)$ 均为 1/2，故相应的信息熵 $H(C)$ 为：

$$H(C)=-\frac{1}{2}\log_2\frac{1}{2}-\frac{1}{2}\log_2\frac{1}{2}=-\log_2\frac{1}{2}=1$$

此结果表明，在未采用任何特征时，样本分类结果由随机猜测产生，类别不确定性很大。

（2）利用不同特征时的信息熵

利用"耳朵比例特征"或"尾巴比例特征"时，相应的信息增益如下。

① "耳朵比例特征"的信息增益

此特征共有 7 个值为"大"（即 $t=$大），其中，狗类样本 3 个、兔类样本 4 个；共有 3 个值为"小"（即 $\bar{t}=$小），其中，狗类样本 2 个、兔类样本 1 个。则：

$$P(t)=\frac{7}{10}=0.7$$

$$P(\bar{t})=\frac{3}{10}=0.3$$

$$P(C_1\,|\,t)=\frac{3}{7}$$

$$P(C_2 \mid t) = \frac{4}{7}$$

$$P(C_1 \mid \bar{t}) = \frac{2}{3}$$

$$P(C_2 \mid \bar{t}) = \frac{1}{3}$$

$$H(C \mid t) = -\frac{3}{7}\log_2\frac{3}{7} - \frac{4}{7}\log_2\frac{4}{7} \approx 0.9852$$

$$H(C \mid \bar{t}) = -\frac{2}{3}\log_2\frac{2}{3} - \frac{1}{3}\log_2\frac{1}{3} \approx 0.9183$$

进而可知 $H(C \mid T)$ 为：

$$H(C \mid T) = 0.7 \times 0.9852 + 0.3 \times 0.9183 \approx 0.9651$$

根据 $H(C)$ 与 $H(C \mid T)$ 可知 "耳朵比例特征" 信息增益为：

$$\mathrm{IG}(T) = 1 - 0.9651 = 0.0349$$

② "尾巴比例特征" 的信息增益

此特征共有 4 个值为 "大"（t=大），其中，狗类样本 4 个、兔类样本 0 个；共有 6 个值为 "小"，其中，狗类样本 1 个、兔类样本 5 个。则：

$$P(t) = \frac{4}{10} = 0.4$$

$$P(\bar{t}) = \frac{6}{10} = 0.6$$

$$P(C_1 \mid t) = 1$$

$$P(C_2 \mid t) = 0$$

$$P(C_1 \mid \bar{t}) = \frac{1}{6}$$

$$P(C_2 \mid \bar{t}) = \frac{5}{6}$$

$$H(C \mid t) = -\frac{4}{4}\log_2\frac{4}{4} - 0 = 0$$

$$H(C \mid \bar{t}) = -\frac{1}{6}\log_2\frac{1}{6} - \frac{5}{6}\log_2\frac{5}{6} \approx 0.6500$$

进而可知 $H(C \mid T)$ 为：

$$H(C \mid T) = 0.4 \times 0 + 0.6 \times 0.6500 = 0.3900$$

根据 $H(C)$ 与 $H(C \mid T)$ 可知 "尾巴比例特征" 的信息增益为：

$$\mathrm{IG}(T) = 1 - 0.3900 = 0.6100$$

根据计算结果可知，"尾巴比例特征" 的信息增益更大，因而其对样本分类的影响更大（即不采用任何特征时类别不确定性最大，而采用 "尾巴比例特征" 特征时类别不确定性减小），应先选择 "尾巴比例特征" 作为决策树的上层非叶节点，而后选择 "耳朵比例特征" 作为下层非叶节点。事实上，此过程类似于梯度下降法沿负梯度方向搜索最小值，构建决策树时总希望能最快地将样本分为类别不确定性最小的样本子集，因此总是选择信息增益最大的特征构建上层非叶节点。整体而言，ID3 算法的基本步骤如下。

步骤 1：将初始样本集作为根节点的待分类样本并从特征集中利用信息增益准则选择最优特征对初始样本集进行分类，进而生成多个样本子集。

步骤 2：对于每个样本子集，将其作为非叶节点的待分类样本并利用信息增益准则从未选特征中选择最优特征对其进行分类，进而生成更多样本子集。

步骤 3：重复步骤 2 以持续对不同层的样本子集进行分类直至满足指定终止条件（如决策树深度）。

7.1.2　C4.5 算法

在实际中，ID3 算法更偏向于选择取值较多的特征（其信息增益更大）而对取值较少的特征关注度不高。事实上，有些取值较少的特征对样本分类影响较大，而过于偏向取值较多的特征易导致过拟合问题。对此，基于 ID3 算法改进的 C4.5 算法采用信息增益比构建决策树，其在信息增益的基础上通过设置权重或惩罚因子的方式进行定义，即：

$$IG_r(T) = \frac{IG(T)}{H(T)} \tag{7.10}$$

其中，$H(T)$ 为特征取不同值时的信息熵，即：

$$H(T) = -\sum_{t \in \text{Value}(T)} \frac{|D_t|}{|D|} \log_2 \frac{|D_t|}{|D|} \tag{7.11}$$

其中，$\text{Value}(T)$ 表示特征 T 所有可能的取值，$|D|$ 与 $|D_t|$ 分别表示样本总数与特征取值为 t 时的样本数。

根据式(7.11)，当特征取值较多时，$H(T)$ 值偏大，以其倒数作为权重可在一定程度上降低信息增益 $IG(T)$ 对特征 T 的偏向度。然而，当特征取值较少时，$H(T)$ 值偏小，相应的权重较大，则反而会导致信息增益对该特征产生较高的偏向度。为了解决此问题，实际并不直接选择信息增益比最大的特征，而是在候选特征中先选出信息增益高于均值的特征，再从选出的特征中进一步选择信息增益比最大的特征。

7.1.3　CART 算法

除了将信息增益作为决策树构建的标准之外，Gini（基尼）系数也是用于构建决策树的常用准则。Gini 系数表示从样本集中随机选中的样本被错分的概率，具体定义为：

$$G(P) = \sum_{i=1}^{n} P_i(1 - P_i) = 1 - \sum_{i=1}^{n} P_i^2 \tag{7.12}$$

其中，P_i 表示当前选中的样本属于第 i 个类别的概率，而此样本被错分或不属于第 i 个类别的概率则为 $1 - P_i$。

根据式(7.12)可知，Gini 系数越小，样本对应的类别不确定性越小或被正确分类的概率越高。Gini 系数最为经典的应用是构建具有二叉结构的决策树，即 CART，其在式(7.12)的基础上进行变换：

$$G(D) = 1 - \sum_{i=1}^{n} \left(\frac{|D(C_i)|}{|D|} \right)^2 \tag{7.13}$$

由于 CART 决策树是一个二叉树，因而利用指定特征 T 对样本集 D 中的样本分类后会产生两个样本子集 D_1 与 D_2，而样本子集 D_1 与 D_2 对应的 Gini 系数为：

$$G(D, T) = \frac{|D_1|}{|D|} G(D_1) + \frac{|D_2|}{|D|} G(D_2) \tag{7.14}$$

当有多个特征时，需要求取每个特征对应的 Gini 系数，然后从中选择 Gini 系数最小者对应的特征优先构建决策树的上层非叶节点。

表 7-2 所示为 ID3、C4.5 与 CART 等 3 个算法在支持模型、树结构、特征选择、连续值处理、缺失值处理以及剪枝等方面的对比分析。

表 7-2　ID3、C4.5 与 CART 算法对比分析

算法	支持模型	树结构	特征选择	连续值处理	缺失值处理	剪枝
ID3	分类	多叉树	信息增益	不支持	不支持	不支持
C4.5	分类	多叉树	信息增益比	支持	支持	支持
CART	分类、回归	二叉树	Gini 系数	支持	支持	支持

7.2　应用实例

scikit-learn 库包含 DecisionTreeClassifier 与 DecisionTreeRegressor 两种分别用于分类与回归的决策树库，其导入方法如下。

```
from sklearn.tree import DecisionTreeClassifier
from sklearn.tree import DecisionTreeRegressor
```

函数原型如下。

```
DecisionTreeClassifier(criterion='gini', splitter='best', max_depth=None,
min_samples_split=2, min_samples_leaf=1, min_weight_fraction_leaf=0.0, max_features=None,
random_state=None, max_leaf_nodes=None, min_impurity_decrease=0.0, min_impurity_split=None,
class_weight=None, presort=False)
    DecisionTreeRegressor(criterion='squared_error', splitter='best', max_depth=None,
min_samples_split=2, min_samples_leaf=1, min_weight_fraction_leaf=0.0, max_features=None,
random_state=None, max_leaf_nodes=None, min_impurity_decrease=0.0, ccp_alpha=0.0)
```

表 7-3 与表 7-4 分别为决策树算法的常用参数与常用函数。

表 7-3　常用参数

名称	说明
criterion	构造决策树的标准（'entropy'表示采用信息熵标准，'gini'表示采用 Gini 系数）
splitter	特征划分点选择标准，包括'best'（在特征的所有划分点中找出最优的划分点）与'random'（随机地在部分划分点中找出局部最优的划分点）两种
max_depth	决策树的最大深度
min_samples_split	内部节点再划分时所需的最少样本数，如果节点的样本数少于设定值（默认值是 2），则不会再选择最优特征来进行划分
min_samples_leaf	叶节点最少样本数
max_features	构造决策树时考虑的特征数，整数表示特征绝对数，浮点数表示特征数比例

表 7-4　常用函数

名称	说明
fit(X,Y)	利用训练样本（X 与 Y 分别为训练样本相应的特征与分类标记）训练模型
predict(X)	预测测试样本特征对应的分类标记
predict_proba(X)	预测测试样本特征所属类别的概率
score(X,Y)	利用指定测试样本（X 与 Y 分别为测试样本相应的特征与分类标记）评估模型的平均准确度

7.2.1 红酒分类

scikit-learn 库中的红酒数据集包含 178 个样本、13 个特征（即酒精、苹果酸、类黄酮等）与 3 种类别，利用决策树构建红酒分类模型以对红酒进行分类。

（1）问题描述

红酒的不同构成元素对红酒分类具有重要的影响，利用决策树算法对红酒数据进行分析。

① 对比不同深度条件下决策树的精度变化。

② 分析决策树构建时各特征的重要性。

③ 对决策树结构进行可视化展示。

（2）编程实现

根据本例问题的相关要求，相应的求解过程如下。

```python
#导入科学计算库
import numpy as np
#导入绘图库
import matplotlib.pyplot as plt
#导入决策树库
from sklearn import tree
from sklearn.tree import DecisionTreeClassifier
#导入红酒数据集
from sklearn.datasets import load_wine
#导入数据划分库
from sklearn.model_selection import train_test_split
#导入数据标准化库
from sklearn.preprocessing import StandardScaler
#加载红酒数据
wine = load_wine()
print('数据基本信息:',wine.data.shape)
print('特征名称：',wine.feature_names)
# 分离特征与类别标记
x = wine.data
y = wine.target
#数据标准化
scaler = StandardScaler()
x_ = scaler.fit_transform(x)
#划分训练样本与测试样本
x_train,x_test,y_train,y_test = train_test_split(x_,y,test_size=0.3, random_state=10)
# 构建决策树模型（不同深度）
depth_list = np.arange(2,10,1)
Acc_Train = []
Acc_Test = []
for i in depth_list:
    DT = DecisionTreeClassifier(max_depth=i, random_state=10)
    DT.fit(x_train,y_train)
    Acc_Train.append(DT.score(x_train,y_train))
    Acc_Test.append(DT.score(x_test,y_test))
# 显示精度变化
plt.figure(1)
plt.plot(depth_list, Acc_Train, color='r', marker='s', label='Training Data', linewidth=2)
plt.plot(depth_list, Acc_Test, color='g', marker='o', label='Testing Data', linewidth=2)
plt.xlabel('Depth')
plt.ylabel('Accuracy')
plt.legend(loc='best')
```

```
plt.grid(True)
plt.show()
# 显示特征的重要性
DT = DecisionTreeClassifier(max_depth=4, random_state=10)
DT.fit(x_train,y_train)
feature_importance = DT.feature_importances_
sorted_idx = np.argsort(feature_importance)
pos = np.arange(sorted_idx.shape[0]) + 0.5
plt.figure(2)
plt.barh(pos, feature_importance[sorted_idx], align='center')
plt.yticks(pos, np.array(wine.feature_names)[sorted_idx])
plt.xlabel('Feature importance')
plt.ylabel('Feature')
plt.grid(True)
plt.show()
#plt.title('Feature Importance')
#绘制决策树
tree.plot_tree(DT)
```

（3）结果分析

以上代码运行结果如下，可视化结果如图 7-2 所示。

数据基本信息: (178, 13)
特征名称: ['alcohol', 'malic_acid', 'ash', 'alcalinity_of_ash', 'magnesium', 'total_phenols', 'flavanoids', 'nonflavanoid_phenols', 'proanthocyanins', 'color_intensity', 'hue', 'od280/od315_of_diluted_wines', 'proline']

根据运行结果可知，在最大深度设置为 2 时，决策树在训练样本与测试样本上的精度均较低，明显出现欠拟合问题；在最大深度大于 4 时，决策树在训练样本与测试样本上的精度均较高且不再变化，如图 7-2（a）所示，此现象通常是由数据分布形态所致，其实际的泛化能力并不一定理想（属于过拟合问题）。事实上，在构建相应决策树时，仅用到 4 个较为重要的特征，如图 7-2（b）所示，因而采用较大的深度并不一定有助于提高精度，反而易导致过拟合问题发生。需要注意的是，最大深度的设置有助于避免构造结构过于复杂的决策树，进而可在一定程度上避免过拟合问题的发生。

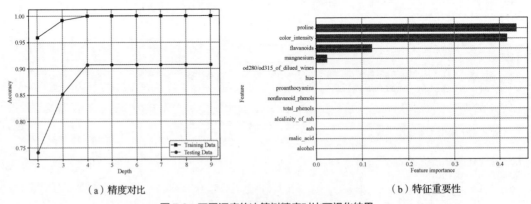

（a）精度对比　　　　　　　　　　　　　　（b）特征重要性

图 7-2　不同深度的决策树精度对比可视化结果

对于决策树结构的可视化，可利用 scikit-learn 库中的 tree 库的 plot_tree()函数实现。在此例中，相对于其他特征，proline 特征对样本分类的影响更大或利用 proline 特征更易于区分样本所属类别。因而，如图 7-3 所示，在构建决策树时，proline 特征用于构造根节点判别函数，而其他特征则根据相应的重要性用于构造其他非叶节点的判别函数。需要注意的是，从根节点至非叶节点再到叶节点，信息熵或类别的不确定性在不断降低（如根节点的 gini 值 0.664，其左右非叶节点相应的 gini 值分别为 0.506 和 0.192），表明样本分类过程在不断优化与收敛。此外，samples 与 value 分别表示当前节点的样本总数及每类对应的样本数，在叶节点，相应样本应属于同一类别。

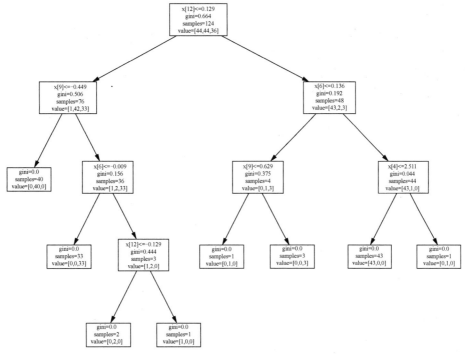

图 7-3 决策树可视化

7.2.2 薪水预测

对企业员工的薪水高低进行预测以及相关因素进行分析有利于提高求职成功率及企业人事管理的效率。一般情况下，企业员工的薪水（Y:Salary）通常与年龄（F1:Age）、性别（F2:Gender）、文化程度（F3:Education Level）、工作经验（F4:Years of Experience）等因素相关，如表 7-5 所示。因而，在已知输入 $X(F1,F2,F3,F4)$ 与输出 Y 相关数据的基础上，可利用决策树求解相应的回归问题以实现对企业员工薪水的预测。

表 7-5 薪水数据

ID	F1	F2	F3	F4	Y	ID	F1	F2	F3	F4	Y
1	32	Male	Bachelor	5	90000	21	34	Female	Master	5	80000
2	28	Female	Master	3	65000	22	47	Male	Master	19	190000
3	45	Male	PhD	15	150000	23	30	Male	Bachelor	2	50000
4	36	Female	Bachelor	7	60000	24	36	Female	Bachelor	9	60000
5	52	Male	Master	20	200000	25	41	Male	Master	13	140000
6	29	Male	Bachelor	2	55000	26	28	Female	Bachelor	3	45000
7	42	Female	Master	12	120000	27	37	Female	Master	11	110000
8	31	Male	Bachelor	4	80000	28	24	Male	Bachelor	1	40000
9	26	Female	Bachelor	1	45000	29	43	Female	PhD	15	140000
10	38	Male	PhD	10	110000	30	33	Male	Master	6	90000
11	29	Male	Master	3	75000	31	50	Male	Bachelor	25	250000
12	48	Female	Bachelor	18	140000	32	31	Female	Bachelor	4	55000
13	35	Male	Bachelor	6	65000	33	29	Male	Master	3	75000
14	40	Female	Master	14	130000	34	39	Female	Bachelor	10	65000
15	27	Male	Bachelor	2	40000	35	46	Male	PhD	20	170000
16	44	Male	Bachelor	16	125000	36	27	Male	Bachelor	2	45000
17	33	Female	Master	7	90000	37	35	Female	Bachelor	7	60000
18	39	Male	PhD	12	115000	38	42	Male	Master	14	115000
19	25	Female	Bachelor	0	35000	39	26	Female	Bachelor	1	40000
20	51	Male	Bachelor	22	180000	40	49	Male	Bachelor	21	160000

（1）问题描述

利用表 7-5 所示数据构建决策树回归模型以实现对企业员工薪水的预测，具体要求如下。

① 对不同特征之间的相关性进行可视化分析。

② 分析决策树在不同最大深度时的拟合优度以确定最优最大深度。

③ 对不同特征的重要性进行可视化。

（2）编程实现

根据本例问题的相关要求，相应的求解过程如下。

```python
#导入数据分析库和科学计算库
import pandas as pd
import numpy as np
#导入绘图库
from matplotlib import pyplot as plt
import seaborn as sns
#导入决策树库
from sklearn.tree import DecisionTreeRegressor
#导入数据划分库
from sklearn.model_selection import train_test_split
#导入数据标准化库
from sklearn.preprocessing import StandardScaler
#导入 R2 分数库
from sklearn.metrics import r2_score
#加载数据
data = pd.read_csv('.//data//Salary_Data.csv')
#数据编码
EC = {
    'Gender' : {
        'Male': 1 ,
        'Female': 0
    },
    'Education Level' : {
        'Bachelor' : 0,
        'Master' : 1,
        'PhD' : 2
    },
}
for column in data:
    if column in EC.keys():
        try:
            data[column] = data[column].apply( lambda x : EC[column][x] )
        except:
            print(f"Skipped {column}")
print('数据基本信息:',data.shape)    #显示数据基本信息（样本数与特征数）
x = data.drop('Salary' , axis= 1)
y = data['Salary']
# 特征相关性分析
corr = x[x.columns[0:]].corr()
plt.figure(figsize=(10,8))
ax = sns.heatmap(
    corr,
    vmin=-1, vmax=1, center=0,
    cmap=sns.diverging_palette(20, 220, n=200),
    square=False, annot=True,fmt='.1f')
ax.set_xticklabels(
    ax.get_xticklabels(),    #获取 x 轴刻度标签文本
```

```
        rotation=30,
        horizontalalignment='right'
)
#数据标准化
scaler = StandardScaler()
x_ = scaler.fit_transform(x)
#划分训练样本与测试样本
x_train, x_test, y_train, y_test = train_test_split(x_,y,test_size=0.3)
# 构建决策树模型（不同深度）
depth_list = np.arange(2,10,1)
R2_Train = []    #保存训练样本拟合优度
R2_Test = []     #保存测试样本拟合优度
for i in depth_list:
        DT = DecisionTreeRegressor(max_depth=i)
        DT.fit(x_train,y_train)
        R2_Train.append(r2_score(y_train,DT.predict(x_train)))
        R2_Test.append(r2_score(y_test,DT.predict(x_test)))
# 显示拟合优度
plt.figure(2)
plt.plot(depth_list, R2_Train, color='r', marker='s', label='Training Data', linewidth=2)
plt.plot(depth_list, R2_Test, color='g', marker='o', label='Testing Data', linewidth=2)
plt.xlabel('Depth')
plt.ylabel('R2')
plt.legend(loc='best')
plt.grid(True)
plt.show()
# 特征重要性
DT = DecisionTreeRegressor(max_depth=3)
DT.fit(x_train,y_train)
# 特征数
n_features = data.shape[1]
plt.figure(3)
plt.bar(np.arange(1,n_features,1),np.array(DT.feature_importances_),align='center')
plt.xticks(np.arange(1,n_features,1),data.columns[:-1],fontsize=8)
plt.xlabel('Features')
plt.ylabel('Feature importance')
plt.grid(True)
plt.show()
```

（3）结果分析

以上代码运行结果如下。

```
数据基本信息: (40, 5)
[Text(0.5, 0, 'Age'),
 Text(1.5, 0, 'Gender'),
 Text(2.5, 0, 'Education Level'),
 Text(3.5, 0, 'Years of Experience')]
```

运行结果如图 7-4 所示。

从图 7-4（a）所示的结果可知，员工年龄与工作经验相关度较高，年龄越大，工作经历越多、经验越丰富；其他特征之间的相关性相对较弱。在构建薪水预测模型时，如图 7-4（b）所示，拟合优度在训练样本上先增长而后趋于稳定，而在测试样本上则先增长而后在最大深度值为 3 时开始降低，表明决策树模型复杂度在最大深度设置为 3 时较优。此外，对于特征重要性，如图 7-4（c）所示，工作经验对薪水预测精度的影响最大，年龄也是影响薪水预测精度的重要因素。

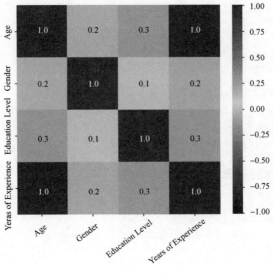

（a）特征相关性

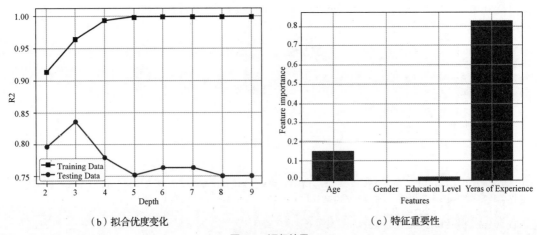

（b）拟合优度变化　　　　　　　　　　（c）特征重要性

图 7-4　运行结果

本章小结

　　决策树通过直观的树形结构对样本进行分类，既可用于离散型数据也可用于连续型数据，而且数据基本不需要预处理，对异常值容错能力较好；此外，决策树在逻辑上具有良好的可解释性（如可对其结构进行可视化），因而易于理解与分析。然而，决策树也存在易出现过拟合问题、泛化能力不强、难以确定最优结构、稳定性较低（如较小的样本变化可能导致生成不同的决策树）等缺点，在实际中需要根据具体数据与要解决的问题特点进行应用。

习题

1. 简述信息增益的基本原理。
2. 简述不同类型决策树的区别。
3. 简述如何利用决策树对鸢尾花数据集进行分类并比较采用信息增益与 Gini 系数时的精度。

4. 打网球是小明的运动爱好，请根据小明近几天打网球的情况与天气之间的关系数据，对小明明天是否打网球做出预测。影响小明外出打网球的因素主要有"天气""温度""风"等，根据表 7-6 所示数据构建决策树模型并求取测试样本的预测精度。

表 7-6 天气与运动之间的关系

序号	天气	温度	风	是否打球	序号	天气	温度	风	是否打球
1	晴天	热	无风	否	9	晴天	冷	无风	是
2	晴天	热	有风	否	10	雨天	温和	无风	是
3	阴天	热	无风	是	11	雨天	温和	有风	否
4	雨天	温和	无风	是	12	晴天	冷	无风	是
5	雨天	冷	无风	是	13	雨天	冷	有风	否
6	雨天	冷	有风	否	14	阴天	温和	无风	是
7	阴天	冷	有风	是	15	阴天	冷	无风	是
8	晴天	温和	无风	否	16	晴天	热	有风	否

5. 利用 scikit-learn 库的鸢尾花数据集（3 个类别），并将样本划分为训练样本与测试样本两个部分。

```
from sklearn import datasets
iris = datasets.load_iris()
X = iris.data[:, [0,2]]
Y = iris.target
from sklearn.model_selection import train_test_split
#划分训练样本与测试样本
x_train,x_test,y_train,y_test=train_test_split(x, y, test_size=0.4)
```

完成以下实验。

（1）分析决策树深度对预测精度的影响。

将决策树深度设置为 2、6、10、15、20，求测试样本的预测精度并画出相应的柱状图。

（2）画出决策树在训练样本上的分类效果图。

08 第8章 支持向量机

支持向量机（Support Vector Machine，SVM）由弗拉基米尔·瓦普尼克（Vladimir Vapnik）提出，其基本思想在于根据最大化样本分类间隔准则对两类样本进行线性分类，同时可利用特征空间变换、两类分类器组合等方式较好地解决样本非线性可分、多类分类等问题，具有较强的泛化能力。此外，支持向量机在样本较少的情况下仍然可以表现出较好的性能，在许多场合中可较好地弥补以数据驱动为特点的深度学习方法的不足。支持向量机不仅可以用于求解分类问题，还可以用于求解回归问题，具有泛化性能好、适合小样本和高维特征等特点，支持向量机是深度学习技术出现之前最好的分类算法，在过去的 20 多年里被广泛应用于数据分析和模式识别的各个领域。

本章学习目标
- 理解支持向量机的基本原理。
- 掌握利用 scikit-learn 库实现支持向量机分类的基本方法。

8.1 基本原理

感知机（Perceptron）算法由弗兰克·罗森布拉特（Frank Rosenblatt）在 1957 年提出，具有简单且易于实现的优点，是神经网络与支持向量机的基础，其前提是样本线性可分。感知机是根据输入实例的特征向量 x 对其进行两类分类的线性分类模型，其目标是求得一个能够将训练样本正实例点和负实例点完全正确分开的边界，称为分离超平面。其输入特征为 $X = R^n$，R^n 指 n 维实数集，即 $X = \{x_0, x_1, \cdots, x_n\}$，每个实数对应一个特征向量，$W = \{w_0, w_1, \cdots, w_n\}$ 为 n 维实数集对应的 n 维特征向量集，根据激活函数 $f(x)$，其输出 Y 的取值为 $\{-1, +1\}$，则：

$$y(x) = f\left(w_0 x_0 + w_1 x_1 + w_2 x_2 + \cdots + w_n x_n\right) = f\left(\sum_{i=0}^{n} w_i x_i\right) = f\left(W^{\mathrm{T}} X\right) \quad (8.1)$$

找出分离超平面的过程即确定感知机模型参数 w 的过程，感知机学习的策略是最小化损失函数，因此感知机学习问题即转换为损失函数的最优化问题，损失函数对应于误分类点到分离超平面的总距离，即定义（经验）损失函数并将损失函数最小化。其采用的最优化算法是随机梯度下降法，感知机学习算法分为原始形式和对偶形式，算法不仅简单且易于实现，其思想是先任意选取一个超平面，然后通过梯度下降法不断最小化目标或代价函数。每次随机选取一个误分类点使其梯度下降。

在二维特征空间中，对于两类样本的分类问题，通常有许多条分类界线（实线）可将两类样本分开，如图 8-1（a）所示，然而，哪一条分类界线最优（如具有更强的泛化能力或稳健性）？图 8-1（b）与图 8-1（c）所示为两条不同的直线 A 与 B，从中不难发现，直线 A 与 B 位于两类样本的边界线（虚线）中心，而直线 A 对应的两类样本的边界线之间的距离更大，当两个类别相应的样本存在变化时，样本被错分的概率更低，因而其具有更高的样本分类可靠性。

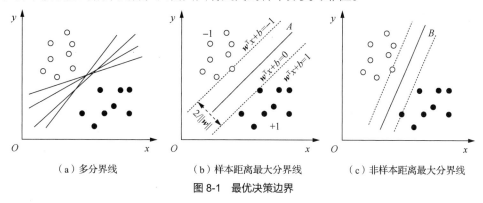

（a）多分界线　　　　　　（b）样本距离最大分界线　　　　　（c）非样本距离最大分界线

图 8-1　最优决策边界

8.1.1　数学模型

支持向量机旨在确定一条最优直线以最大化样本边界线之间的距离（即分类间隔），从而将两类样本正确分开（即两类样本的边界线距离样本分类界线尽可能远），其中，每类样本中位于相应边界线上的样本或距离样本分类界线最近的样本称为"支持向量"，其用于确定两类样本之间的距离及最优样本分类界线。

为方便问题的描述与求解，通常将不同维度特征空间中的样本分类界线统称为超平面，其数学形式与线性回归模型相同，即

$$f(x) = \boldsymbol{w}^{\mathrm{T}} x + b \tag{8.2}$$

其中，$\boldsymbol{w}$ 与 b 为待求参数与常数项。

设样本集 $X = \{x_i\}_{i=1}^{n}$ 中的样本线性可分以 $\{-1, +1\}$ 表示相应的类别标记，则两类样本与相应的超平面满足以下条件：

$$\begin{cases} \boldsymbol{w}^{\mathrm{T}} x_i + b \geqslant 0 & y_i = +1 \\ \boldsymbol{w}^{\mathrm{T}} x_i + b < 0 & y_i = -1 \end{cases} \tag{8.3}$$

由式(8.2)可知，若样本 x 满足 $\boldsymbol{w}^{\mathrm{T}} x + b \geqslant 0$，则其在超平面对应类别标记为+1 的一侧，否则在超平面对应类别标记为-1 的一侧，此时的超平面方程为：

$$\boldsymbol{w}^{\mathrm{T}} x + b = 0 \tag{8.4}$$

为确定两类样本之间的距离，如图 8-1（b）所示，不妨设两类样本中支持向量所在的边界分别为 L_1 与 L_2，即 $\boldsymbol{w}^{\mathrm{T}} x + b = 1$ 与 $\boldsymbol{w}^{\mathrm{T}} x + b = -1$；由于 L_1 与 L_2 平行，因而两者之间的距离为 $2/\|\boldsymbol{w}\|$。此外，为保证两类样本被可靠地分开，类别标记为+1（即 $y_i = +1$）的样本应在远离超平面与边界 L_1 的一侧（即 $\boldsymbol{w}^{\mathrm{T}} x_i + b > 1$），而类别标记为-1（即 $y_i = -1$）的样本应在远离超平面与边界 L_2 的一侧（即 $\boldsymbol{w}^{\mathrm{T}} x + b < -1$），两种情况可合并表示为 $y_i(\boldsymbol{w}^{\mathrm{T}} x_i + b) \geqslant 1$。

根据最大化分类间隔的原则，当边界 L_1 与 L_2 之间的距离最大时相应的超平面最优，此问题进而可转换为求解以下目标函数的最大值及相关参数：

$$\max \frac{2}{\|\boldsymbol{w}\|} \text{s.t.} \quad y_i(\boldsymbol{w}^{\mathrm{T}} x_i + b) \geqslant 1 (i = 1, 2, \cdots, n) \tag{8.5}$$

为了方便求导，通常将上式进一步转换为：

$$\min \frac{1}{2}\|\boldsymbol{w}\|^2 \text{ s.t. } y_i\left(\boldsymbol{w}^{\mathrm{T}}\boldsymbol{x}_i+b\right) \geqslant 1 \left(i=1,2,\cdots,n\right) \tag{8.6}$$

在实际中，严格将两类样本完全分开的约束（即硬间隔）易导致过拟合问题，因而，为提高支持向量机的泛化能力，往往容许少量样本被错分（即允许少量样本位于超平面与其所属类别对应的边界之间），此时需要在约束条件中引入松弛因子（即软间隔），即：

$$y_i\left(\boldsymbol{w}^{\mathrm{T}}\boldsymbol{x}_i+b\right) \geqslant 1-\varepsilon_i, \quad \varepsilon_i \geqslant 0 \left(i=1,2,\cdots,n\right) \tag{8.7}$$

此外，为避免过多样本被错分或避免松弛因子过大引起的不稳定因素，通常需要通过惩罚因子控制松弛因子的整体作用大小，即将式(8.6)更改为：

$$\min \frac{1}{2}\|\boldsymbol{w}\|^2 + C\sum_{i=1}^m \varepsilon_i \text{ s.t. } y_i\left(\boldsymbol{w}^{\mathrm{T}}\boldsymbol{x}_i+b\right) \geqslant 1-\varepsilon_i, \quad \varepsilon_i \geqslant 0 \left(i=1,2,\cdots,n\right) \tag{8.8}$$

事实上，松弛因子决定了样本离群的幅度，其值越大，样本越靠近超平面，而惩罚因子决定了对离群样本引起的损失的重视度，其值越大，则在目标函数最小化的前提下松弛因子越小，越不允许样本被错分，而其值越小，则在目标函数最小化的前提下松弛因子越大，将允许较多样本被错分。

式(8.7)所示目标函数可采用拉格朗日乘子法进行求解，此处不赘述。

8.1.2 核函数

在实际的应用中，如果样本线性可分，则必定存在唯一的超平面将样本完全分开并满足间隔最大化，此时的分类器便是线性可分支持向量机。然而，在实际应用中，还有很多样本并不是线性可分的，实际上并不存在一个超平面将其完全分开。在此种情况下，如果只有少量样本导致线性不可分，则可将样本近似为线性可分，实际上会存在无穷超平面对其进行划分，此时应选取间隔尽量大且误分类样本数尽量少的超平面（基于软间隔最大化的线性支持向量机）。

支持向量机通过最大化分类间隔的原则提高两类线性可分样本的分类可靠性，对于线性不可分样本，则通过将其映射为高维特征空间线性可分的形式进行分类，相关样本分类超平面仍可采用式(8.7)确定。如图 8-2 所示，二维特征空间中相互交叠的两类样本无法采用直线（虚线）进行精确分类，而通过低维特征空间向高维特征空间的非线性映射，高维特征空间点的样本呈线性可分形态，进而可确定相应的超平面对其进行可靠的分类。在数据形式上，此映射可表示为：

$$z = \phi\left(x\right) \tag{8.9}$$

其中，x 与 z 分别为低维与高维特征空间样本，$\phi(\cdot)$ 为映射函数。

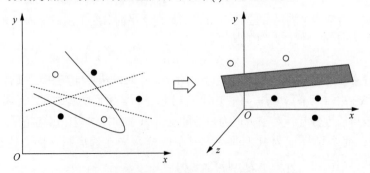

图 8-2 低维特征空间向高维特征空间的非线性映射

在实际中，有效的映射函数不但不易确定，而且高维特征空间中样本之间关系度量的可靠性往往也不易得到保证。对此，通常采用低维特征空间特定的函数（称为核函数）隐式地近似度量高维特征空间中样本之间的关系（如内积），即：

$$K\left(\boldsymbol{x}_1, \boldsymbol{x}_2\right) = \phi\left(\boldsymbol{x}_1\right)^{\mathrm{T}} \phi\left(\boldsymbol{x}_2\right) \tag{8.10}$$

上式等价于先对向量做核映射，再做核内积，这样能有效简化运算。在实际中，将低维特征空间线性不可分的问题转换为高维特征空间线性可分的问题（确定高维特征空间的决策分界面）进行求解往往是有效的，但也并不是绝对的。此外，由于特征空间的好坏（如二维特征空间线性不可分、三维特征空间线性可分等）对支持向量机的性能至关重要，在不知道特征映射函数的具体形式时，相应的核函数一般也难以确定，而核函数也仅是隐式定义了这个特征空间。在此种情况下，核函数的选择成为支持向量机求解线性不可分问题的关键。以下为常用的核函数。

（1）线性核函数

线性核函数仅用于样本线性可分的情况，在原特征空间度量样本之间的关系。特征空间到输入空间的维度是一样的，其参数少、速度快，对于线性可分数据，分类效果较为理想。当不知样本是否为线性可分时，可首先尝试应用线性核函数以观察其分类效果，若效果不理想再改用其他核函数。线性核函数的形式为：

$$K\left(\boldsymbol{x}_i, \boldsymbol{x}_j\right) = \boldsymbol{x}_i^{\mathrm{T}} \boldsymbol{x}_j \tag{8.11}$$

（2）高斯核函数

高斯核函数也叫径向基核函数，可用于样本线性不可分的情况。在不知样本分布形态或核函数形式时，一般优先使用高斯核函数，其可以将一个样本映射到一个更高维的空间，应用广泛，无论是对大样本还是对小样本都有比较好的性能。此外，高斯核函数参数较少，通常通过交叉验证的方式确定。高斯核函数的形式为：

$$K\left(\boldsymbol{x}_i, \boldsymbol{x}_j\right) = \exp\left(-\left\|\boldsymbol{x} - \boldsymbol{x}'\right\|^2 / 2\sigma^2\right) \tag{8.12}$$

其中，γ 为核函数的参数。

（3）多项式核函数

多项式核函数可以实现将低维的输入空间映射到高维的特征空间，可用于样本线性不可分的情况。当其阶数较大时，核矩阵的元素值将趋于无穷大或者无穷小，计算复杂度可能较高。多项式核函数的形式为：

$$K\left(\boldsymbol{x}_i, \boldsymbol{x}_j\right) = \left(\gamma \boldsymbol{x}_i^{\mathrm{T}} \boldsymbol{x}_j + c\right)^d \tag{8.13}$$

其中，d 为多项式阶数。

（4）Sigmoid 核函数

Sigmoid 核函数可用于样本线性不可分的情况。此时，支持向量机等同于多层感知机神经网络。Sigmoid 核函数的形式为：

$$K\left(\boldsymbol{x}_i, \boldsymbol{x}_j\right) = \tanh\left(\alpha \boldsymbol{x}_i^{\mathrm{T}} \boldsymbol{x}_j + \beta\right) \tag{8.14}$$

其中，$\tanh(\cdot)$ 为双曲正切函数，α、β 为相应的参数。

在选取核函数时，通常采用的方法如下。

① 针对问题特点利用专家知识选择核函数。

② 采用交叉验证的方式测试不同核函数的精度以确定最优者。

③ 通过组合不同核函数的方式提高支持向量机的性能。

8.2　应用实例

scikit-learn 库包含 SVC、NuSVC 与 LinearSVC 等分类库（SVC 与 NuSVC 基本类似，其主要区别在于损失度量方式不同，而 LinearSVC 仅用于线性可分样本）和 SVR、NuSVR 与 LinearSVR 等回归库

（其区别与 SVC、NuSVC 与 LinearSVC 的类似），导入方式如下（以 SVC 和 SVR 为例）。

```
from sklearn.svm import SVC
from sklearn.svm import SVR
```

函数原型如下。

```
SVC(C=1.0, kernel='rbf', degree=3, gamma='auto', coef0=0.0, shrinking=True,
probability=False, tol=0.001, cache_size=200, class_weight=None, verbose=False, max_iter=-1,
decision_function_shape='ovr', random_state=None)
SVR(kernel='rbf', degree=3, gamma='auto_deprecated', coef0=0.0, tol=0.001, C=1.0,
epsilon=0.1, shrinking=True, cache_size=200, verbose=False, max_iter=-1)
```

表 8-1、表 8-2 与表 8-3 所示为支持向量机的常用参数、常用函数与常用属性。

表 8–1　常用参数

名称	说明
C	错误项的惩罚因子，其值越大即对分错样本的惩罚程度越高，否则惩罚程度越低
kernel	核函数类型，具体包括 linear（线性核函数）、poly（多项式核函数）、rbf（高斯核函数）、sigmoid（Sigmoid 核函数）与 precomputed（核矩阵）
gamma	核函数系数，只对高斯核函数、多项式核函数与 Sigmoid 核函数有效。如果 gamma 为 auto，代表其值为样本特征数的倒数，即 1/n_features
class_weight	给每个类别分别设置不同的权重

表 8–2　常用函数

名称	说明
fit(X,Y)	利用训练样本（X 与 Y 分别为训练样本相应的特征与分类标记）训练决策树模型
predict(X)	预测测试样本特征对应的分类标记
predict_proba(X)	预测测试样本特征所属类别的概率
score(X,Y)	利用指定测试样本（X 与 Y 分别为训练样本相应的特征与分类标记）评估模型的平均准确度

表 8–3　常用属性

名称	说明
support_	所有支持向量的索引
support_vectors_	所有支持向量
n_support_	每个类别的支持向量个数
intercept_	决策函数中的常数（截距）

8.2.1　参数分析

在利用支持向量机解决具体分类或回归问题时，需要根据相关数据的分布形态选择合理的 kernal、C 与 gamma 等参数值并对相关结果进行可视化，进而提高分类或回归问题求解的可靠性与精度。

（1）问题描述

首先构造两类样本，然后利用支持向量机对其进行分类与可视化，具体要求如下。

① 绘制不同 kernal、C 与 gamma 值的分类界线。

② 显示样本分类结果及相应的支持向量。

（2）编程实现

根据本例问题的相关要求，相应的求解过程如下。

```
import numpy as np    #导入科学计算库
#导入绘图库
import matplotlib.pyplot as plt
from sklearn.svm import SVC    #导入 SVC 库
from sklearn.datasets import make_blobs    #导入 make_blobs 数据集
#构造两类线性可分样本
```

```
    x, y = make_blobs(n_samples=50, centers=[[1,1],[2,2]],cluster_std=[0.3,0.2],
random_state=10)
    #构建支持向量机分类器模型
    model= SVC(C=10.0, kernel='linear')
    #训练支持向量机分类器模型
    model.fit(x,y)
    #显示分类结果与分界线
    plt.figure()
    plt.scatter(x[y==0,0], x[y==0,1], s=50, c='r',linewidths=1,edgecolors='k', label='Class
one')
    plt.scatter(x[y==1,0], x[y==1,1], s=50, c='g',linewidths=1,edgecolors='k', label='Class
two')
    x_ = np.linspace(np.min(x[:,0]), np.max(x[:,0]), 50)
    y_ = np.linspace(np.min(x[:,1]), np.max(x[:,1]), 50)
    yy, xx = np.meshgrid(y_, x_)
    xy = np.vstack([xx.ravel(), yy.ravel()]).T
    DF = model.decision_function(xy).reshape(xx.shape)
    plt.contour(xx, yy, DF, colors='k',levels=[-1, 0, 1], alpha=0.4,linestyles=['--', '-',
'--'])
    # 显示支持向量
    plt.scatter(model.support_vectors_[:, 0],model.support_vectors_[:, 1], s=100,
linewidth=1, facecolors='b');
    plt.legend(loc='best')
    plt.grid(True)
    plt.xlabel('x1')
    plt.ylabel('x2')
    plt.show()
```

（3）结果分析

以上代码运行结果如图 8-3 所示。

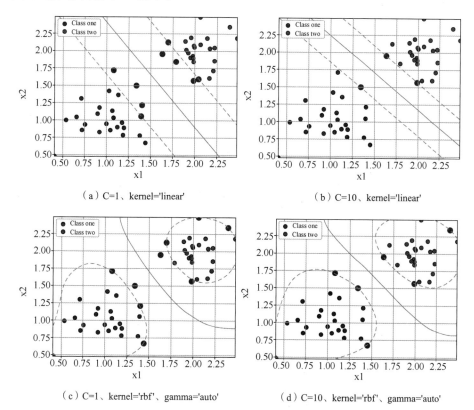

（a）C=1、kernel='linear'   （b）C=10、kernel='linear'

（c）C=1、kernel='rbf'、gamma='auto'   （d）C=10、kernel='rbf'、gamma='auto'

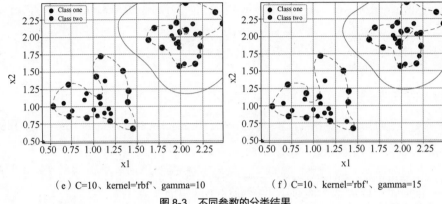

（e）C=10、kernel='rbf'、gamma=10　　　（f）C=10、kernel='rbf'、gamma=15

图8-3　不同参数的分类结果

对于核函数的设置，线性核函数更适用于样本线性可分的情况，相应的分类边界线为一条直线；而高斯核函数则更适用于线性不可分的情况，相应的分类边界线为曲线。在未知样本分布形态的情况下，通常可首先尝试采用线性核函数进行分类，若精度较低，则可采用高斯核函数。

在相同核函数情况下，C值越大，错分样本数越少，分类间隔越大；否则，错分样本数越多，分类间隔越小。在实际中，较大的C值易导致过拟合问题的发生（在训练样本中精度较高，但模型泛化能力较差）。

此外，gamma值主要在kernal设置为rbf时使用，根据核函数的形式$\exp\left(-\|\boldsymbol{x}-\boldsymbol{x}'\|^2/2\sigma^2\right)$可知，gamma相当于$1/2\sigma^2$；因而，gamma值越大，$\sigma$越小，通过核函数将低维空间的样本映射至高维空间的样本越集中，越易于分类；然而，gamma值过大时，集中分布的样本的可辨识性较低（极端情况下，多个低维空间的样本映射到高维空间中的同一个样本），导致越多的样本用于确定分类边界，因而支持向量较多、模型复杂度过高，出现过拟合问题。相反，gamma值较小时，通过核函数将低维空间的样本映射至高维空间的样本越分散，越不易于分类；gamma值过小时，导致较少的支持向量用于确定分类边界，在实际模型复杂度较高时易出现欠拟合问题。

💡**知识拓展**

支持向量机通过以下方法组合多个两类分类器解决样本多类分类问题。

（1）一对多：依次将指定类别的样本归为一类，其余类别的样本归为另一类，进而形成由k个支持向量机构成的多类分类器。在对新样本分类时，利用k个支持向量机对其分别进行分类并最终将其分至具有最大分类可靠性的支持向量机相应的类别。

（2）一对一：在任意两类样本之间构造支持向量机，进而形成由$k(k-1)/2$个支持向量机构成的多类分类器。在对新样本分类时，针对所有支持向量机的输出结果，采用投票方式确定其最终所属类别。

（3）层次分类：首先将所有类别分成两个子类，然后将每个子类进一步划分成两个次级子类，如此循环直至产生的子类为单独的类别为止。

8.2.2　在线教学分析

在线教学是一种通过互联网进行远程教学的方式，允许学生通过在线平台与教师进行互动学习，具有空间与时间灵活、教学方式多样等优势。在实际中，由于学生参与在线教学的条件不同，其对在线教学的适应程度也存在一定的差异；对此，利用在线教学相关数据构建相关模型，以对学生对在线教学的适应度进行预测，具有一定的应用价值。

（1）问题描述

已知影响学生在线教学适应度（Y: Adaptivity Level）的相关因素包括性别（F1: Gender）、教育水平（F2：Education Level）、是否 IT 专业学生（F3: IT Student）、互联网类型（F4: Internet Type）、网络类型（F5: Network Type）与上网设备（F6: Device），利用表 8-4 所示数据构建学生在线教学适应度分析模型，以对学生在线教学适应度进行预测（Y 取值为 High、Moderate 与 Low 分别表示高、中与低 3 种类别的适应度），具体要求如下。

① 构建训练样本（70%）与测试样本（30%）以进行支持向量机模型的训练与测试。

② 利用交叉验证方式确定支持向量机最优参数并求取最优参数相应的预测精度。

③ 利用主成分分析方法对数据进行降维处理并重复步骤②以观察两种情况下模型预测精度的变化。

表 8-4 学生在线学习基本信息

ID	F1	F2	F3	F4	F5	F6	Y	ID	F1	F2	F3	F4	F5	F6	Y
1	Boy	University	No	Wifi	4G	Tab	Moderate	21	Girl	College	No	Wifi	4G	Mobile	Moderate
2	Girl	University	No	Mobile	4G	Mobile	Moderate	22	Girl	School	No	Wifi	4G	Mobile	High
3	Girl	College	No	Wifi	4G	Mobile	Moderate	23	Girl	College	No	Mobile	3G	Mobile	Low
4	Girl	School	No	Mobile	4G	Mobile	Moderate	24	Girl	School	No	Mobile	3G	Mobile	Moderate
5	Girl	School	No	Mobile	3G	Mobile	Low	25	Boy	College	No	Wifi	4G	Mobile	Moderate
6	Boy	School	No	Mobile	3G	Mobile	Low	26	Boy	School	No	Mobile	4G	Mobile	Moderate
7	Boy	School	No	Wifi	4G	Mobile	Low	27	Girl	School	No	Mobile	4G	Mobile	Moderate
8	Boy	School	No	Wifi	4G	Mobile	Moderate	28	Boy	University	Yes	Wifi	4G	Computer	Moderate
9	Boy	College	No	Wifi	4G	Mobile	Low	29	Girl	School	No	Mobile	4G	Mobile	Moderate
10	Boy	School	No	Mobile	3G	Mobile	Moderate	30	Girl	College	No	Wifi	4G	Mobile	Moderate
11	Girl	University	No	Mobile	2G	Mobile	Low	31	Girl	School	No	Mobile	3G	Mobile	Moderate
12	Girl	University	No	Wifi	4G	Mobile	Low	32	Girl	College	No	Mobile	4G	Mobile	Low
13	Boy	University	No	Mobile	4G	Mobile	High	33	Boy	University	Yes	Mobile	4G	Mobile	Moderate
14	Girl	College	No	Wifi	4G	Mobile	Low	34	Girl	College	No	Wifi	4G	Mobile	Moderate
15	Boy	School	Yes	Mobile	3G	Mobile	Moderate	35	Boy	School	No	Mobile	3G	Mobile	Low
16	Girl	College	No	Wifi	4G	Mobile	Low	36	Girl	University	Yes	Wifi	3G	Mobile	Moderate
17	Girl	School	No	Mobile	3G	Mobile	Moderate	37	Girl	College	Yes	Mobile	4G	Mobile	Moderate
18	Girl	University	Yes	Mobile	4G	Computer	Low	38	Girl	School	No	Mobile	3G	Mobile	High
19	Girl	University	No	Wifi	4G	Mobile	Low	39	Girl	University	No	Mobile	4G	Mobile	Low
20	Girl	College	No	Wifi	4G	Mobile	Low	40	Girl	School	No	Wifi	3G	Mobile	Low

（2）编码实现

根据本例问题的相关要求，相应的求解过程如下。

```python
import pandas as pd    #导入数据分析库
import numpy as np    #导入科学计算库
from sklearn.svm import SVC    #导入 SVC 库
from sklearn.model_selection import train_test_split    #导入数据划分库
from sklearn.model_selection import GridSearchCV    #导入网格式参数调优库
from sklearn.preprocessing import StandardScaler    #导入数据标准化库
from sklearn.decomposition import PCA    #导入主成分分析库
#加载数据
data = pd.read_csv('./data/students_adaptability.csv',encoding=u'gbk')
#数据编码
edu_encoding = {
    'Gender' : {
        'Boy': 1 ,
        'Girl': 0
    },
    'Education Level' : {
        'University' : 2,
```

```
                        'College'    : 1,
                        'School'     : 0
            },
        'IT Student' : {
                'No'  : 0,
                'Yes' : 1
            },
        'Internet Type'   :{
                'Wifi':        1,
                'Mobile': 0
            },
        'Network Type' : {
                '4G' : 2,
                '3G' : 1,
                '2G' : 0
            },
        'Device' : {
                'Tab': 1,
                'Mobile' : 0,
                'Computer': 2
            },
        'Adaptivity Level' : {
                'Low'      : 0,
                'Moderate' : 1,
                'High'     : 2
            }
        }
}
for column in data:
        if column in edu_encoding.keys():
                try:
                        data[column] = data[column].apply( lambda x : edu_encoding[column][x] )
                except:
                        print(f"Skipped {column}")
#显示数据基本信息（样本数与特征数）
print('数据基本信息:(Sample:',data.shape[0],'Feature:',data.shape[1],')')
x = data.drop('Adaptivity Level' , axis= 1)
y = data['Adaptivity Level']
#数据标准化
scaler = StandardScaler()
x_ = scaler.fit_transform(x)
#划分训练样本与测试样本
x_train, x_test, y_train, y_test = train_test_split(x_,y,test_size=0.3)
# 最优参数组合列表
param_grid = [
        {'kernel': ['linear'], 'C': [1, 5, 10, 20, 30, 50, 100]},
        {'kernel': ['poly'], 'C': [1], 'degree': [2, 3, 4]},
        {'kernel': ['rbf'], 'C': [1, 5, 10, 20, 30, 50, 100], 'gamma':[1, 0.1, 0.01, 0.001]}
        ]
#构建支持向量机分类器
model = SVC()
#通过交叉验证确定最优参数
grid_search = GridSearchCV(model,param_grid,cv=3)
grid_search.fit(x_train, y_train)
#显示参数优化结果
print('最优模型:',grid_search.best_estimator_)
print('最优参数:',grid_search.best_params_)
print('最高分值:',grid_search.best_score_)
#最优支持向量机分类器
opt_model = model.set_params(**grid_search.best_params_)
```

```
#或者opt_model = grid_search.best_estimator_
#训练支持向量机分类器
opt_model.fit(x_train,y_train)
#输出预测精度
print('预测精度:',opt_model.score(x_test,y_test))
# 主成分分析
pca = PCA(n_components=0.95, whiten=True).fit(x_train)
x_train_pca = pca.transform(x_train)
x_test_pca = pca.transform(x_test)
#构建支持向量机分类器
model = SVC()
#通过交叉验证确定最优C值
grid_search = GridSearchCV(model,param_grid,cv=5)
grid_search.fit(x_train_pca, y_train)
#显示参数优化结果
print('最优模型(PCA):',grid_search.best_estimator_)
print('最优参数(PCA):',grid_search.best_params_)
print('最高分值(PCA):',grid_search.best_score_)
# 采用最优参数进行模型训练与测试
opt_model = grid_search.best_estimator_
opt_model.fit(x_train_pca,y_train)
# 输出测试精度
print("预测精度(PCA):", opt_model.score(x_test_pca,y_test))
```

（3）结果分析

以上代码运行结果如下。

```
数据基本信息:(Sample: 40 Feature: 7 )
最优模型: SVC(C=1, gamma=1)
最优参数: {'C': 1, 'gamma': 1, 'kernel': 'rbf'}
最高分值: 0.5703703703703703
预测精度: 0.5
最优模型(PCA): SVC(C=1, gamma=0.01)
最优参数(PCA): {'C': 1, 'gamma': 0.01, 'kernel': 'rbf'}
最高分值(PCA): 0.5
预测精度(PCA): 0.5833333333333334
```

核函数、惩罚因子以及与核函数相关的标准差、维度等参数对支持向量机模型的精度与可靠性影响较大，在未知数据分布形态的情况下，通常采用网格化交叉验证的方式确定最优参数。此外，对数据进行标准化处理与主成分分析也是提高支持向量机模型精度与可靠性的重要手段。在本例中，不同特征的取值致使支持向量机模型的最优核函数选择多项式核函数，而惩罚因子由于过大或过小可能导致支持向量机模型泛化能力较弱或可靠性较差，最终综合多项式核函数的维度选为 1。此外，由于不同特征之间相关性不高且对模型的构建均具有一定的影响，未采用主成分分析与采用主成分分析（95%成分）时的模型参数相差不大，相应的精度基本不变。

8.2.3　幸福指数预测

支持向量机回归库包括 SVR、NuSVR 和 LinearSVR 等，其中，SVR 和 NuSVR 的区别仅在于对损失的度量方式不同；LinearSVR 是线性回归，只能使用线性核函数。

以下以 SVR 为例说明各类支持向量机分类库的使用方法。SVR 主要函数形式如下。

```
SVR(kernel='rbf', degree=3, gamma='auto_deprecated', coef0=0.0, tol=0.001, C=1.0,
epsilon=0.1, shrinking=True, cache_size=200, verbose=False, max_iter=-1)
```

其中，除参数 epsilon（默认值为 0.1）用于度量距离误差之外，其他参数的设置基本与 SVC 的类似。

本例通过幸福指数实例介绍支持向量机回归库的基本使用方法。

（1）问题描述

已知影响人们幸福指数（Y: happyScore）的相关因素包括平均收入（F1: avg_income）、收入中位数（F2: median_income）、收入不平衡度（F3: income_inequality），利用表 8-5 所示数据构建幸福指数预测模型以对人们的幸福指数进行预测，具体要求如下。

① 对不同特征之间以及特征与输出之间的相关性进行分析。

② 构建幸福指数预测模型并对比不同 C 值的拟合优度。

表 8-5　幸福指数数据

ID	F1	F2	F3	Y	ID	F1	F2	F3	Y
1	2096.76	1731.51	31.45	4.35	21	1490.52	1030.08	42.82	4.25
2	1448.88	1044.24	42.72	4.03	22	2673.64	2108.13	37.58	5.14
3	7101.12	5109.40	45.48	6.57	23	4618.06	2618.67	54.82	6.48
4	19457.04	16879.62	30.30	7.20	24	6901.47	4373.52	49.02	7.23
5	19917.00	15846.06	35.29	7.28	25	10493.96	8624.30	31.84	5.69
6	3381.60	2931.48	24.22	5.21	26	9430.91	8363.37	26.41	6.51
7	1265.34	994.14	32.67	4.69	27	19285.96	16291.26	31.54	6.75
8	17168.51	15166.46	28.75	6.94	28	1875.24	1348.74	44.63	4.37
9	870.84	630.24	39.76	3.59	29	17496.51	15630.89	28.16	7.53
10	5354.82	4523.57	34.16	4.22	30	4430.76	2836.45	48.42	4.89
11	572.88	436.92	33.36	2.91	31	3835.65	2435.27	50.10	5.98
12	989.04	657.00	43.44	3.34	32	7906.73	6540.14	32.53	5.43
13	3985.71	2584.47	51.61	5.89	33	13842.99	11782.40	34.63	6.33
14	5567.24	3294.18	54.33	6.98	34	1050.72	857.16	33.17	4.51
15	3484.68	1632.60	60.46	4.33	35	17310.20	14962.56	27.72	7.41
16	5453.93	4814.45	27.75	5.81	36	18096.79	14971.25	32.26	6.58
17	20190.78	16829.10	33.79	7.43	37	2520.96	1791.48	42.18	3.90
18	23400.04	19442.92	32.93	7.59	38	17099.55	14172.74	34.43	6.87
19	7557.99	4448.01	51.27	6.67	39	1957.27	1483.77	40.89	4.30
20	2096.76	1731.51	31.45	4.35	40	1577.04	1148.28	42.77	4.63

（2）编程实现

根据本例问题的相关要求，相应的求解过程如下。

```
import pandas as pd    #导入数据分析库
#导入绘图库
from matplotlib import pyplot as plt
import seaborn as sns
from sklearn.model_selection import train_test_split    #导入数据划分库
from sklearn.svm import SVR    #导入 SVR 库
from sklearn.metrics import r2_score    #导入 R2 分数库
from sklearn.preprocessing import StandardScaler    #导入数据标准化库
#加载数据
data = pd.read_csv('.//data//happyscore_income.csv',encoding=u'gbk')
#显示数据基本信息（样本数与特征数）
print('数据基本信息:(Sample:',data.shape[0],'Feature:',data.shape[1],')')
# 特征相关性分析
corr = data[data.columns[0:]].corr()
plt.figure(figsize=(10,8))
ax = sns.heatmap(
    corr,
```

```
        vmin=-1, vmax=1, center=0,
        cmap=sns.diverging_palette(20, 220, n=200),
        square=False, annot=True,fmt='.1f')
ax.set_xticklabels(
        ax.get_xticklabels(),
        rotation=30,
        horizontalalignment='right'
)
#plt.title("特征相关性", fontsize=20)
plt.show()
# 幸福指数与平均收入之间的相关性
plt.figure(2)
sns.regplot(x=data['avg_income'],y=data['happyScore'])
# 幸福指数与收入中位数之间的相关性
plt.figure(3)
sns.regplot(x=data['median_income'],y=data['happyScore'])
# 幸福指数与收入不平衡度之间的相关性
plt.figure(4)
sns.regplot(x=data['income_inequality'],y=data['happyScore'])
# 构建幸福指数预测模型
x = data[['avg_income','median_income']]
y = data['happyScore']
# 数据标准化处理
scaler = StandardScaler()
x_ = scaler.fit_transform(x)
# 划分训练样本与测试样本
x_train, x_test, y_train, y_test = train_test_split(x_,y,test_size=0.5)
# 构建支持向量机回归模型（C=1）
SV = SVR(kernel='rbf',C=2, gamma=1)
# 训练支持向量机回归模型
SV = SV.fit(x_train,y_train)
# 评估支持向量机回归模型
print('训练样本拟合优度(C=2):',r2_score(y_train,SV.predict(x_train)))
print('测试样本拟合优度(C=2):',r2_score(y_test,SV.predict(x_test)))
# 构建支持向量机回归模型（C=0.1）
SV = SVR(kernel='rbf',C=0.1, gamma=1)
# 训练支持向量机回归模型
SV = SV.fit(x_train,y_train)
# 评估支持向量机回归模型
print('训练样本拟合优度(C=0.1):',r2_score(y_train,SV.predict(x_train)))
print('测试样本拟合优度(C=0.1):',r2_score(y_test,SV.predict(x_test)))
```

（3）结果分析

以上代码运行结果如图 8-4 所示。

```
数据基本信息: (Sample: 40, Feature: 4)
训练样本拟合优度(C=2): 0.7470970729083541
测试样本拟合优度(C=2): 0.6851824002125987
训练样本拟合优度(C=0.1): 0.3126250113807275
测试样本拟合优度(C=0.1): 0.10389958750813955
```

根据实验结果可知，平均收入与收入中位数、幸福指数具有正相关关系且相关性较高，而与收入不平衡度具有负相关关系且相关性相对较低；收入中位数与幸福指数具有正相关关系且相关性较高，而与收入不平衡度具有负相关关系且相关性相对较低。在幸福指数预测模型的构建中，在相同核函数与 gamma 值的情况下，较大的 C 值在训练样本与测试样本上均可生成较好的结果；相反，较小的 C 值由于惩罚力度问题有较大的拟合误差。

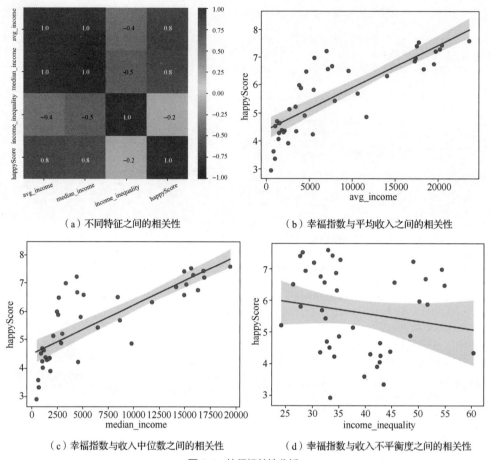

（a）不同特征之间的相关性　　　　　（b）幸福指数与平均收入之间的相关性

（c）幸福指数与收入中位数之间的相关性　　　（d）幸福指数与收入不平衡度之间的相关性

图 8-4　特征相关性分析

本章小结

　　支持向量机的核心思想在于利用核函数将线性不可分问题转换为线性可分问题进行求解并利用最大化分类间隔原则确定线性可分问题相应的最优分类界线，而最优分类界线由少数支持向量决定，使得在小样本情况下仍有较大可能获得较好的效果。此外，支持向量机通过组合多个两类分类器的方式对多类样本进行分类，不但结构上易于理解，而且易于实现，整体上具有较高的性能。

　　支持向量机的主要缺点：其借助二次规划求解支持向量，而二次规划（目标函数是变量的二次函数，约束条件是变量的线性不等式）问题的求解可能涉及高阶矩阵的计算，因而可能导致相应矩阵的存储和计算耗费大量的内存与时间，尤其对于大规模的数据，此问题更为突出。此外，对于多类分类问题，虽然可能通过组合多个两类分类器进行解决，但可能导致较高的计算复杂度，而且在特殊情况下（如较多的类别与复杂的数据分布形态）的有效性或可解释性可能并不高。

习题

1. 简述支持向量机松弛因子与惩罚因子的作用。
2. 简述核函数的作用及不同类型核函数的特点。
3. 利用支持向量机对 scikit-learn 库中的 fetch_lfw_people 人脸数据集进行分类。

第 9 章　K 均值聚类

K 均值聚类（K-Means）是麦奎因（J. B. MacQueen）在 1967 年提出的，是无监督样本分类算法，其基本思想与"物以类聚，人以群分"类似，即根据预先指定的 K 个聚类中心，通过不断迭代每类样本更新（根据样本之间的相似度）与聚类中心更新（每类样本的均值）两个步骤直至每类样本或聚类中心不再变化为止，最终可获取"同类样本相似度较高而异类样本相似度较低"的 K 个类别。

本章学习目标

- 了解 K 均值聚类的基本原理。
- 掌握利用 scikit-learn 库进行 K 均值聚类的基本方法。

9.1　基本原理

聚类是指以"同类样本相似度高而异类样本相似度低"为基本准则将样本自动分成若干个类别的过程，属于无监督学习（即无类别标记）。如图 9-1 所示（x1 和 x2 分别表示样本的两个特征），相似度较高或在特征空间距离较近的样本通常聚集成簇，因而，通过判别样本之间的相似度可将其分成指定数量的类别。类内样本相似度越大、类间样本相似度越低，则聚类效果越好。

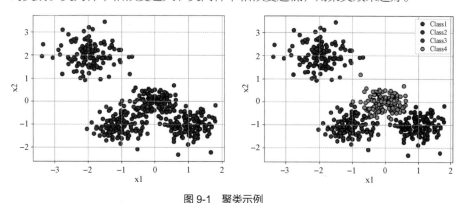

图 9-1　聚类示例

9.1.1　基本概念

在数学形式上，聚类的目的在于将样本集 $X = \{x_i\}_{i=1}^{n}$ 自动分成为 K 个互不相交的子集，这些子集的并集是整个样本集，即

$$X_1 \cup X_2 \cup \cdots X_K = X \tag{9.1}$$

其中，K 值需要预先指定，而相应的初始聚类中心通常为随机选定的 K 个样本。

在对样本进行聚类时，样本与聚类中心之间的相似度是决定样本是否分至当前类别的关键，而当样本分至当前类别之后，相应的聚类中心则由于更新为所有样本的均值而发生变化，因而，聚类是一种不断迭代更新每类样本与聚类中心的过程，而判断此过程是否收敛的依据通常是最小化以下代价函数。

在包含 n 个样本的数据集 X 中，设指定拟分的类别数与每个类别的聚类中心分别为 K 与 u_k，K 均值聚类的目标在于使以下代价函数值最小：

$$J = \sum_{k=1}^{K} \sum_{i=1}^{n} \| x_i - u_k \| \tag{9.2}$$

其中，u_k 是第 k 个类别的中心，$\|\cdot\|$ 为距离度量（如欧氏距离）。

从式(9.2)可知，样本 x_i 与聚类中心 u_k 之间的距离越小，则样本 x_i 与类别 k 中样本之间的相似度越高，则样本 x_i 应分至类别 k。通过多次迭代，代价函数值将不断降低直到每类样本与聚类中心不再变化。需要注意的是，代价函数并不需要求取任何参数，因而无法采用最小二乘法、梯度下降法等求取其最小值；此外，也存在以下问题可能影响采用迭代方式求取其最小值的可靠性。

（1）预先指定的类别数 K 应小于样本总数，否则会将每个样本记为一类而无法进行迭代。

（2）初始聚类中心为随机选取的 K 个样本，不同的初始聚类中心可能产生不同的聚类结果。

（3）K 值需要预先指定且不同的 K 值将导致不同的聚类结果。在实际中，通常无法确定 K 的确切值，但可以使用肘部法则对 K 值进行估计，其步骤如下。

① 以指定 K 值序列中的每个值作为聚类数对样本进行聚类并计算相应的代价函数值。

② 以 K 值序列中的每个值作为横坐标、对应的代价函数值作为纵坐标绘制变化曲线。

③ 以变化曲线中的肘部点相应的 K 值作为最终估计的 K 值。

（4）不同的距离度量（如曼哈顿距离、欧氏距离等）可导致不同的聚类结果与效率。

整体而言，K 均值聚类的基本步骤如下。

步骤 1：随机选择 K 个样本作为初始聚类中心。

步骤 2：计算每个样本到 K 个聚类中心的距离，选择距离其最近的聚类中心所属类别作为当前样本的类别直至所有样本点分类完毕。

步骤 3：根据 K 个类别中的样本计算相应均值并将计算得到的均值作为新的聚类中心。

步骤 4：重复步骤 2~3 直至每类的聚类中心或样本不再变化。

此处以"将 5 个样本分为两类"为例进一步描述 K 均值聚类的过程。

① 随机选择 2 个样本作为聚类中心，如图 9-2（a）所示。

② 将距离聚类中心最近的样本分至相应的类别，如图 9-2（b）所示。

③ 计算每类样本的均值以作为新的聚类中心并更新每类样本，如图 9-2（c）所示。

④ 重复步骤③时发现无样本变化，因而聚类结束，如图 9-2（d）所示。

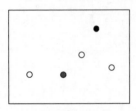 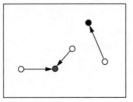 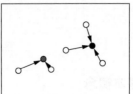 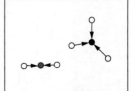

（a）选取聚类中心　　　　（b）划分类别　　　　（c）计算均值　　　（d）重复计算均值直至无样本变化

图 9-2　聚类过程（白色圆点表示样本，灰色与黑色圆点表示两个聚类中心）

9.1.2　评价标准

由于 K 均值聚类属于无监督学习，因而没有分类标记用于计算相关分类精度。在具体应用中，通常采用以下几种方式评估 K 均值聚类的效果。

（1）类内样本聚合度

样本到距离其最近的聚类中心之间的距离之和越小，表明类内样本越聚集，因而分类效果越好。在 scikit-learn 库中，此指标可通过 K 均值聚类对象的 inertia_ 属性获取。

（2）轮廓系数

融合类内样本聚合度（即同类样本之间相似度较高）与类间样本相异度（异类样本之间的相似度较低）的聚类效果评估指标，定义为：

$$s(k) = \frac{b-a}{\max(a,b)} \tag{9.3}$$

其中，a 表示指定类别内样本之间的平均距离，b 表示异类样本之间平均距离的最小值。

由式(9.3)可知，轮廓系数取值范围为[-1,1]，其值越大，聚类效果越好。

（3）Calinski-Harabasz 值

Calinski-Harabasz 值利用类内与类间协方差矩阵度量聚类的优劣，其定义为：

$$s(k) = \frac{\operatorname{tr}(\boldsymbol{B}_k)}{\operatorname{tr}(\boldsymbol{W}_k)} \frac{m-k}{k-1} \tag{9.4}$$

其中，m 与 k 分别为样本数与类别数，$\boldsymbol{B}_k$ 与 $\boldsymbol{W}_k$ 分别为类间与类内样本协方差矩阵，$\operatorname{tr}(\cdot)$ 为矩阵的迹。

由式(9.4)可知，类内样本越相似且类间样本差异越大，则 Calinski-Harabasz 值越大，聚类效果越好。

9.1.3　扩展类型

（1）DBSCAN

基于密度的带噪声应用空间聚类（Density-Based Spatial Clustering of Applications with Noise，DBSCAN）是一种基于密度的聚类算法。其思想是将簇定义为密度相连的点的最大集合，能够将具有足够高密度的区域划分为簇，并可在噪声的空间数据集中发现任意形状的聚类。

DBSCAN 算法描述如下。

输入：数据集、邻域半径 Eps、邻域中数据对象数目阈值 MinPts。

输出：密度联通簇。

① 从数据集中抽出一个未处理的点。

② 如果对于参数 Eps 和 MinPts，抽出的点是核心点，则找出所有与该点密度相连的对象，形成一个簇。

③ 若抽出的点是边缘点（非核心对象），则寻找另一个点。

④ 重复步骤②和③，直到所有的点都被处理。

DBSCAN 算法可以对任意形状的稠密数据集进行聚类，并在聚类的同时发现异常点，对数据集中异常点不敏感，聚类结果没有偏倚，但当样本集的密度不均匀、聚类间距相差很大时聚类效果较差，算法收敛时间也较长，不同的参数组合对聚类效果影响较大。

（2）层次聚类

层次聚类（Hierarchical Clustering）是一种基于原型的聚类算法，通过特定相似性度量标准计算节点之间的相似性，并按相应的结果由高到低排序，逐步重新连接各个节点。

层次聚类算法描述如下。

① 移除网络中的所有边，得到 n 个孤立节点。

② 计算网络中每对节点的相似度。

③ 根据相似度从高到低连接相应节点对，形成树状图。

④ 根据实际需求横切树状图，获得分割图像。

层次聚类不需要预先指定聚类数，距离和规则的相似度容易定义，可发现类之间的层次关系，但计算复杂度太高，奇异值也会产生很大影响，算法可能会聚类成链状。

（3）Mini-Batch K 均值

Mini-Batch K 均值使用了小批量处理（Mini Batch）的方法对数据点之间的距离进行计算，是 K 均值聚类的改良版本，计算过程中使用小批量数据样本而不必使用所有的数据样本对集群质心进行更新，提高了大数据集的更新速度，并且可以有效提高训练过程的稳定性。

Mini-Batch K 均值算法描述如下。

① 从数据集中随机抽取一些数据形成小批量数据样本，把它们分配给最近的质心。

② 更新质心。

Mini-Batch K 均值算法迭代次数少、更新速度快，有更快的收敛速度，适合大数据集，但降低了聚类的效果。

9.2 应用实例

scikit-learn 库中的 K 均值聚类库的导入方法如下。

```
from sklearn.cluster import KMeans
```

函数原型如下。

```
KMeans(n_clusters=8, init='k-means++', n_init=10, max_iter=300, tol=0.0001,
precompute_distances='auto', verbose=0, random_state=None, copy_x=True, n_jobs=1,
algorithm='auto' )
```

表 9-1 所示为 K 均值聚类的常用参数。

表 9–1　常用参数

名称	说明
n_clusters	聚类的类别数
max_iter	最大迭代次数
algorithm	K 均值聚类的实现算法，有 auto、full 与 elkan 3 种。full 为传统的 K 均值聚类算法，elkan 为 elkan K 均值聚类算法，默认值为 auto（根据样本是否稀疏而决定是选择 full 还是选择 elkan；样本稠密选择 elkan，否则选择 full）

9.2.1　参数分析

K 均值聚类算法最重要的参数为 K 值，本例利用肘部法则确定最优 K 值并用不同度量标准对模型的性能进行分析。

（1）问题描述

利用 K 均值聚类算法对 make_blobs 数据集进行聚类，具体要求如下。

① 利用肘部法则确定最优 K 值。

② 采用 3 种聚类度量标准比较最优 K 值与非最优 K 值的聚类效果。

③ 绘制最优 K 值的聚类效果。

（2）编程实现

根据本例问题的相关要求，相应的求解过程如下。

```python
import numpy as np    #导入科学计算库
import matplotlib.pyplot as plt    #导入绘图库
from sklearn.datasets import make_blobs    #导入 make_blobs 数据集
from sklearn.cluster import KMeans    #导入 K 均值聚类库
from sklearn import metrics    #导入度量库
from scipy.spatial.distance import cdist    #导入距离计算库
#构造 make_blobs 数据集样本
x, y=make_blobs(n_samples=500, n_features=2, centers=[[-1,-1], [0,0], [1,-1], [2,2]],
cluster_std=[0.4, 0.3, 0.4, 0.5])
#利用肘部法则确定最优 K 值
K = range(1,10)    #设置 K 值序列
m_cost = []    #保存代价值
#求不同 K 值的代价值
for i in K:
        km = KMeans(n_clusters=i)
        km.fit(x)
        m_cost.append(sum(np.min(cdist(x,km.cluster_centers_,'euclidean'),axis=1))/x.shape[0])
#显示代价值随 K 值变化的曲线
plt.figure()
plt.plot(K,m_cost,'ro-')
plt.xlabel('K')
plt.ylabel('Cost')
plt.grid(True)
plt.show()
#利用非最优 K 值进行聚类
km = KMeans(n_clusters=3)
km.fit(X)
#查看相关度量值
y_pred = km.predict(x)
print('聚合度(K=3):',km.inertia_)    #类内样本聚合度
silhouette = metrics.silhouette_score(x, y_pred, metric='euclidean')    #轮廓系数
print('轮廓系数(K=3):',silhouette)
calinski_harabasz = metrics.calinski_harabasz_score(x,y_pred)    #Calinski-Harabasz 值
print('Calinski-Harabasz 值(K=3):',calinski_harabasz)
#利用最优 K 值进行聚类
km = KMeans(n_clusters=4)
km.fit(x)
#查看相关度量值
y_pred = km.predict(x)
print('聚合度(K=4):',km.inertia_)    #类内样本聚合度
silhouette = metrics.silhouette_score(x, y_pred, metric='euclidean')    #轮廓系数
print('轮廓系数(K=4):',silhouette)
calinski_harabasz = metrics.calinski_harabasz_score(x,y_pred)    #Calinski-Harabasz 值
print('Calinski-Harabasz 值(K=4):',calinski_harabasz)
#绘制最优 K 值的聚类效果图
centroids=km.cluster_centers_
plt.figure()
plt.scatter(x[y_pred==0,0], x[y_pred==0,1], s=50, c='r',linewidths=1,edgecolors='k',
label='Class1')
plt.scatter(x[y_pred==1,0], x[y_pred==1,1], s=50, c='m',linewidths=1,edgecolors='k',
label='Class2')
plt.scatter(x[y_pred==2,0], x[y_pred==2,1], s=50, c='g',linewidths=1,edgecolors='k',
label='Class3')
plt.scatter(x[y_pred==3,0], x[y_pred==3,1], s=50, c='y',linewidths=1,edgecolors='k',
label='Class4')
plt.scatter(centroids[:,0],centroids[:,1],marker='s',s=50,c='black')    #聚类中心
```

```
plt.legend(loc='best')
plt.grid(True)
plt.xlabel('x1')
plt.ylabel('x2')
plt.show()
```

（3）结果分析

以上代码运行结果如下，聚类效果如图 9-3 所示。

```
聚合度(K=3)：289.74195356655457
轮廓系数(K=3)：0.5125181126784802
Calinski-Harabasz 值(K=3)：1137.4367095595887
聚合度(K=4)：163.00113236688418
轮廓系数(K=4)：0.5890790696165604
Calinski-Harabasz 值(K=4)：1544.875532884558
```

在聚类数未知的情况下，如图 9-3（a）所示，通过观察不同 K 值的代价值可以发现，K=4 时代价值出现明显变化，故以 4 作为最优 K 值。此外，从最优 K 值与非最优 K 值对应的类内样本聚合度、轮廓系数与 Calinski-Harabasz 值可知，最优 K 值具有更好的聚类效果，聚类效果如图 9-3（b）所示。

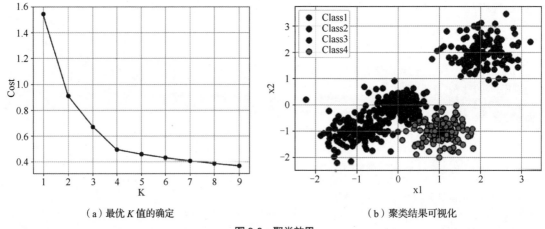

（a）最优 K 值的确定　　　　　　　　　　　（b）聚类结果可视化

图 9-3　聚类效果

9.2.2　文本聚类

文本聚类是指在不需要预先指定类别的情况下将相似的文本归为同一类别，可以从海量的文本数据中提取有价值的信息，在信息检索、新闻推荐等自然语言处理领域中具有很高的应用价值。

> **知识拓展**
>
> 　　处理文本数据时，TF-IDF 是一种常用的特征提取方法，用于评估一个词对于一个文档集合中的某个文档的重要性。
> 　　TF（词频）表示一个词在文档中出现的频率，计算方法通常为该词在文档中出现的次数除以文档中所有词的总数。TF 越高，表示该词在文档中越重要。
> 　　IDF（逆文档频率）表示一个词在整个文档集合中的重要性，计算方法为总文档数除以包含该词的文档数的对数。IDF 越高，表示该词在整个文档集合中越不常见，越能体现其重要性。
> 　　TF-IDF 的计算方法是将一个词的 TF 与 IDF 相乘，得到一个词的 TF-IDF 值。这个值越大，表示该词在文档中越重要。

（1）问题描述

已知句子集合，利用 K 均值聚类算法对句子进行聚类，具体要求如下。

① 统计不同的单词及出现的次数（生成词频矩阵）。

② 将词频矩阵转换为 TF-IDF 值构成的样本。

③ 利用主成分分析方法对样本进行降维处理。

④ 对样本进行聚类并输出相应的聚类结果。

（2）编程实现

根据本例问题的相关要求，相应的求解过程如下。

```python
import numpy as np  #导入科学计算库
from sklearn.feature_extraction.text import TfidfTransformer  #导入 TF-IDF 特征处理库
from sklearn.cluster import KMeans  #导入 K 均值聚类库
from sklearn.feature_extraction.text import CountVectorizer  #导入文本向量化库
from sklearn.decomposition import PCA  # 导入主成分分析库
#文本数据
wordlist = [
    'Got it!',
    'What are you going to do?',
    'An idle youth,a needy age.',
    'He has a large income.',
    'How blue the sky is!',
    'What is on the schedule for today?',
    'You look beautiful tonight.',
    'I promise.',
    'How great you are!',
    'I got sick and tired of hotels.',
    'I am sorry I took so long to reply.',
    'I hope everything is all right.',
    'When are you free?',
    'What are you in the mood for?']
#文本向量化
matrix = CountVectorizer()
#计算词出现的次数
count = matrix.fit_transform(wordlist)
#统计单词
word = matrix.get_feature_names_out()
print('所有单词:',word)
#将词频矩阵转换为 TF-IDF 值构成的样本
transformer = TfidfTransformer()
idf = transformer.fit_transform(count)
#查看 TF-IDF
x = idf.toarray()
print('样本基本信息:',x.shape)
#主成分分析
x_pca = PCA(n_components=0.98).fit_transform(x)
print('样本基本信息(PCA):',x_pca.shape)
#利用 K 均值聚类算法进行聚类
km = KMeans(n_clusters=3, random_state=0).fit(x_pca)
#输出聚类结果
print ('聚类结果:',km.labels_)
#输出每类对应的文本
max_centroid = 0
max_cluster_id = 0
cluster_list = []
for i in range(3):
    members_list = []
    for j in range(0, len(labels)):
        if labels[j] == i:
```

```
                    members_list.append(j)
        cluster_list.append(members_list)
for i in range(0,len(cluster_list)):
        print ('第' + str(i+1) + '类:')
        for j in range(0,len(cluster_list[i])):
            ix = cluster_list[i][j]
            print (wordlist[ix])
```

（3）结果分析

以上代码运行结果如下。

```
所有单词: ['age' 'all' 'am' 'an' 'and' 'are' 'beautiful' 'blue' 'do' 'everything' 'for'
'free' 'going' 'got' 'great' 'has' 'he' 'hope' 'hotels' 'how' 'idle' 'in' 'income' 'is' 'it'
'large' 'long' 'look' 'mood' 'needy' 'of' 'on' 'promise' 'reply' 'right' 'schedule' 'sick'
'sky' 'so' 'sorry' 'the' 'tired' 'to' 'today' 'tonight' 'took' 'what' 'when' 'you' 'youth']
样本基本信息: (14, 50)
样本基本信息(PCA): (14, 13)
聚类结果: [2 1 2 2 0 0 1 2 1 2 1 0 1 1]
第1类:
An idle youth,a needy age.
He has a large income.
How blue the sky is!
What is on the schedule for today?
I promise.
I hope everything is all right.
第2类:
What are you going to do?
You look beautiful tonight.
How great you are!
I am sorry I took so long to reply.
When are you free?
What are you in the mood for?
第3类:
Got it!
I got sick and tired of hotels.
```

根据实验结果可知，所有句子共包含 50 个不同的单词，因而通过词频统计与 TF-IDF 值处理后生成 14 行 50 列的样本集。在此基础上，通过主成分分析后生成 14 行 13 列的样本集并以此构建句子分类模型以实现句子的分类。整体而言，由于 K 均值聚类算法的精度受 K 值的影响较大，不同的 K 值将导致不同的聚类结果；此外，对于文本分类问题，仅利用词频特征进行求解，通常并不易获得较高的精度，在精度要求较高的场合中往往需要进一步融合文本语义、词语相关性等特征。

9.2.3 睡眠障碍预测

随着人们生活节奏的加快及生活压力的增加，睡眠时长不定、体重偏胖、心率不稳定、运动量较少等因素往往易导致睡眠障碍。利用相关数据预测睡眠障碍发生的可能性有助于人们提前做好防范，提高健康水平与生活质量。

（1）问题描述

已知影响睡眠障碍（Y: Sleep Disorder）的相关因素包括睡眠时长（F1: Sleep Duration）、BMI 类别（F2: BMI Category）、心率（F3: Heart Rate）与每天行走步数（F4: Daily Steps），利用表 9-2 所示数据构建睡眠障碍预测模型，以对人们是否存在睡眠障碍进行预测（Y 取值 None、Sleep Apnea 与 Insomnia 分别表示无病、睡眠呼吸暂停与失眠），具体要求如下。

① 分析不同特征与睡眠障碍之间的关系。

② 对不同特征之间的相关性进行可视化与分析。

③ 确定最优聚类数并构建睡眠障碍分类模型。

④ 测试原特征与主成分分析生成的新特征相应的睡眠障碍分类模型的精度。

表 9-2 睡眠障碍数据

ID	F1	F2	F3	F4	Y	ID	F1	F2	F3	F4	Y
1	6.1	Overweight	77	4200	None	21	7.7	Normal	70	8000	Sleep Apnea
2	6.2	Normal	75	10000	None	22	7.5	Normal	70	8000	None
3	6.2	Normal	75	10000	None	23	6.2	Normal	72	5000	None
4	5.9	Obese	85	3000	Sleep Apnea	24	7.2	Normal	68	7000	None
5	5.9	Obese	85	3000	Sleep Apnea	25	6	Normal	72	5000	Insomnia
6	5.9	Obese	85	3000	Insomnia	26	6.2	Overweight	76	5500	None
7	6.3	Obese	82	3500	Insomnia	27	6.2	Overweight	76	5500	None
8	7.8	Normal	70	8000	None	28	6.1	Normal	72	5000	None
9	6.5	Normal	80	4000	Sleep Apnea	29	5.8	Overweight	81	5200	Sleep Apnea
10	6	Normal	70	8000	Sleep Apnea	30	5.8	Overweight	81	5200	Sleep Apnea
11	6.5	Normal	80	4000	Insomnia	31	6.7	Overweight	70	5600	None
12	7.6	Normal	70	8000	None	32	6.7	Overweight	70	5600	None
13	7.9	Normal	70	8000	None	33	7.5	Normal	70	8000	None
14	6.4	Normal	78	4100	Sleep Apnea	34	7.2	Normal	68	7000	None
15	6.4	Normal	78	4100	Insomnia	35	7.2	Normal	65	5000	None
16	7.9	Normal	69	6800	None	36	7.5	Normal	70	8000	None
17	6.1	Normal	72	5000	None	37	7.4	Obese	84	3300	Sleep Apnea
18	7.7	Normal	70	8000	None	38	7.2	Normal	68	7000	Insomnia
19	7.7	Normal	70	8000	None	39	7.1	Normal	68	7000	None
20	6.1	Overweight	77	4200	None	40	7.2	Normal	68	7000	None

（2）编程实现

根据本例问题的相关要求，相应的求解过程如下。

```
# 导入绘图库
import matplotlib.pyplot as plt
import seaborn as sns
# 导入科学计算库与数据分析库
import numpy as np
import pandas as pd
# 导入 K 均值聚类库
from sklearn.cluster import KMeans
# 导入度量库
from sklearn.metrics import accuracy_score
#导入数据标准化库
from sklearn.preprocessing import StandardScaler
# 导入主成分分析库
from sklearn.decomposition import PCA
#加载数据
data = pd.read_csv('.\\data\\Sleep_health_and_lifestyle_dataset.csv')
data['BMI Category'].replace({'Normal':0,'Normal Weight':0,'Overweight':1,'Obese':2},
inplace = True)
data['Sleep Disorder'].replace({'None':0,'Sleep Apnea':1,'Insomnia':2},inplace = True)
# 特征与目标之间的相关性
plt.figure(figsize=(10,5))
sns.barplot(x='Heart Rate',y='Sleep Disorder',data = data, orient='h',palette = 'rocket')
plt.figure(figsize=(10,5))
sns.barplot(x='Daily Steps',y='Sleep Disorder',data = data, orient='h',palette =
'rocket')
plt.figure(figsize=(15,10))
ax = sns.barplot(x='BMI Category',y ='Sleep Duration',data = data[data['Sleep
Disorder']!='None'],hue = 'Sleep Disorder')
plt.show()
```

```
# 分离特征与类别标记
x = data.drop('Sleep Disorder', axis= 1)
y = data['Sleep Disorder']
# 特征相关性分析
corr = x[x.columns[0:]].corr()
plt.figure(figsize=(10,8))
ax = sns.heatmap(
    corr,
    vmin=-1, vmax=1, center=0,
    cmap=sns.diverging_palette(20, 220, n=200),
    square=False, annot=True,fmt='.1f')
ax.set_xticklabels(
    ax.get_xticklabels(),
    rotation=30,
    horizontalalignment='right'
)
#数据标准化
scaler = StandardScaler()
x = scaler.fit_transform(x)
#绘制肘点图（肘点图是一种用于确定聚类分析中最佳聚类数的图形）
K = np.arange(1,10)
Loss = []
for i in K:
    KM = KMeans(n_clusters=i, max_iter=100).fit(x)
    Loss.append(KM.inertia_ / x.shape[0])
plt.figure()
plt.plot(range(1, 10), Loss, c='r', marker="o" )
plt.xlabel('K')
plt.ylabel('Loss')
plt.plot(K,Loss,color='r',ls='--',marker='o')
plt.grid(True)
plt.show()
# 利用最优K值进行聚类
KM = KMeans(n_clusters=3)
KM.fit(x)
y_pred = KM.predict(x)
print('预测精度:',accuracy_score(y,y_pred))
#降维并对降维数据聚类、绘制可视化图像
x_pca = PCA(n_components=2).fit_transform(x)
KM = KMeans(n_clusters=3)
KM.fit(x_pca)
y_pred = KM.predict(x_pca)
print('预测精度（PCA）:',accuracy_score(y,y_pred))
```

（3）结果分析

以上代码运行结果如下。

```
预测精度: 0.575
预测精度（PCA）: 0.55
```

睡眠障碍分为无病（None）、睡眠呼吸暂停（Sleep Apnea）与失眠（Insomnia），分别以 0、1 与 2 表示；BMI 类别包括正常（Normal）、偏重（Obese）与肥胖（Overweight），也分别以 0、1 与 2 表示。根据图 9-4（a）～（c）所示结果可知，心率较高或每日行走步数较少，睡眠呼吸暂停与失眠发生的概率更大。正常体重相应的睡眠时长较长（无睡眠障碍时睡眠时长相对更长），而偏重与肥胖相应的睡眠时长较短（存在睡眠呼吸暂停时睡眠时长相对更短）。特征之间的相关性如图 9-4（d）所示，BMI 类型与心率之间以及每日行走步数与睡眠时长之间相对具有较高的正相关性（如每日行走步数越多，睡眠时长越长）。在构建睡眠障碍分类模型时，如图 9-4（e）所示，根据肘部法则，样本分成

3 类时最合适；最终，原特征相应的精度及主成分分析后生成的新特征相应的精度分别为 0.575 与 0.55。事实上，K 均值聚类算法针对球形分布数据的聚类效果较好，而对于非球形分布的数据，其聚类效果通常并不理想。

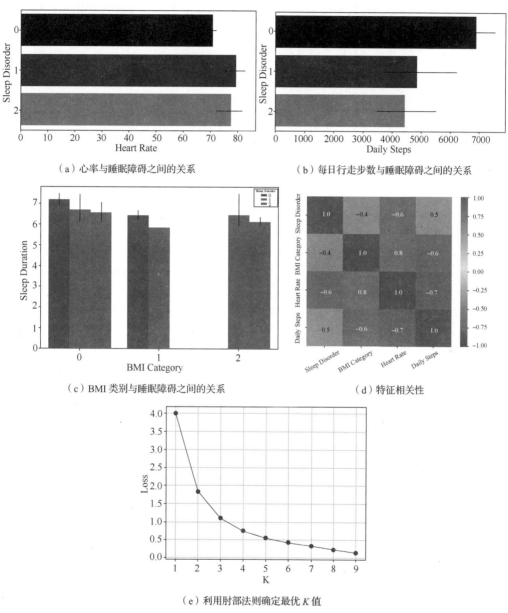

（a）心率与睡眠障碍之间的关系　　　　　（b）每日行走步数与睡眠障碍之间的关系

（c）BMI 类别与睡眠障碍之间的关系　　　　　（d）特征相关性

（e）利用肘部法则确定最优 K 值

图 9-4　睡眠障碍相关因素分析与预测模型构建

9.2.4　图像颜色聚类

图像颜色聚类旨在将图像中像素对应的颜色划分为指定的类别，进而可以较少的颜色信息表达图像主体内容；在效果上，同一类别的颜色可能对应图像中的多个区域。图像颜色聚类与计算机视觉领域中的图像分割较为相似，但后者同时考虑图像中像素的颜色与位置信息，最终将图像中具有相近颜色与位置特征的像素划分为一个超像素或图像区域，不同超像素或图像区域具有不同的颜色与位置特征。

（1）问题描述

对指定图像中像素的颜色进行聚类，具体要求如下。

① 将图像中全部像素的颜色划分为 8 类并生成新图像，比较新图像与原图像之间的差异。

② 随机从图像中抽取指定数量像素的颜色并划分为 8 类，然后生成新图像以比较其与原图像之间的差异。

③ 比较以下两种图像聚类方法所用时间的差异。

（2）编程实现

根据本例问题的相关要求，相应的求解过程如下。

```
import matplotlib.pyplot as plt
from sklearn.cluster import KMeans
from sklearn.datasets import load_sample_image
from sklearn.utils import shuffle
from time import time
# 加载图像
china = load_sample_image("china.jpg")
china = np.array(china, dtype=np.float64) / 255
plt.figure(1)
plt.axis("off")
plt.imshow(china)
# 生成样本
x = china.reshape(-1,china.shape[2])
# 设置颜色聚类数为2
n_colors = 2
# 颜色聚类
t0 = time()
KM = KMeans(n_clusters=n_colors).fit(x)
print(f'Time(all_samples): {time() - t0:0.2f}s.')
# 颜色分类
labels = KM.predict(x)
# 生成新图像
china_new_1 = KM.cluster_centers_[labels].reshape(china.shape[0],china.shape[1],-1)
# 显示新图像
plt.figure(2)
plt.axis("off")
plt.imshow(china_new_1)
# 将颜色聚类数设置为5并随机抽取指定样本点进行聚类
n_colors = 5
x_sample = shuffle(x, n_samples=500)
t0 = time()
KM = KMeans(n_clusters=n_colors).fit(x_sample)
print(f'Time (subset_samples): {time() - t0:0.2f}s.')
# 颜色分类
labels = KM.predict(x)
# 生成新图像
china_new_2 = KM.cluster_centers_[labels].reshape(china.shape[0],china.shape[1],-1)
# 显示新图像
plt.figure(3)
plt.axis("off")
plt.imshow(china_new_2)
```

（3）结果分析

以上代码运行结果如下。

```
Time(all_samples): 0.99s.
Time (subset_samples): 0.54s.
```

根据实验结果可知，如图 9-5 所示，原图像由于包含较丰富的颜色信息，因而在视觉效果上较为生动，而颜色聚类后生成的图像则由多个对应不同类别颜色的图像区域构成，由于颜色信息较少，因而在视觉效果上显得较为陈旧。此外，所有像素对应颜色聚类与采样像素对应颜色聚类两种方式生成的图像基本相似，但后者用时较少，速度更快。需要注意的是，颜色聚类后的图像由不同的图像区域构成，因而可对同一区域内的所有像素进行统一处理，在特殊情况下可提高相应视觉任务（如物体检测中物体边界的确定）的精度或效率。

（a）原图像

（b）所有像素聚类结果

（c）采样像素聚类结果

图 9-5　图像颜色聚类结果

本章小结

　　K 均值聚类作为无监督学习算法，不但原理简单（可解释性较强）、易于实现，而且在已知数据分布形态的情况下可获得较好的效果，因而广泛用于特定分类问题（如未知分类标记）的求解。然而，由于其存在 K 值需预先指定、对噪声和异常点较敏感、聚类结果对初始聚类中心的选择较敏感等缺点，其精度并不高或仅可获得局部最优解，因而一般用在其他算法预处理环节。

习题

1. 简述 K 均值聚类的基本思想及评价指标。
2. 利用 K 均值聚类算法对 make_moons 数据集进行聚类并观察数据分布对聚类结果的影响。

10 第 10 章 高斯混合模型

高斯混合模型（Gaussian Mixture Model，GMM）通过采用若干具有不同参数的高斯模型以无限小的误差共同描述数据的分布形态或事物的变化规律，不但在理论上具有较高的可解释性，在实际中往往也表现出较高的性能。此外，高斯混合模型作为一种生成式模型，不但可根据已知数据确定其多维高斯模型混合表达的形式以生成新的数据，而且在对已知数据进行聚类时可有效解决 K 均值聚类算法存在的"数据点硬分配"方式可靠性较低、对非球形分布数据性能较差等缺点。

本章学习目标：
- 理解高斯混合模型的基本原理。
- 掌握利用 scikit-learn 库中的 GMM 模块进行聚类与数据生成的基本方法。

10.1 基本原理

针对无类别标记的已知数据，对其进行可靠聚类在实际中具有较高的应用价值（可靠类别标记的生成通常需要较多的人力资源或较长的时间）。K 均值聚类算法虽然原理简单且在理想情况下可获得较好的结果，但在实际中往往也存在以下问题导致其应用较为受限。

（1）要求数据分布形态必须为球形（数据集中任意两个数据点连线上的点均在数据集内部）。K 均值聚类假设每类数据点均分布于以聚类中心为圆心、以最远数据点与聚类中心之间的距离为半径的圆（高维空间称为超球体）内，而当数据分布形态为椭球形或更复杂的形状时（实际中更为常见），其聚类误差将很大。

（2）在特征相近原则的基础上采用将数据点"硬分配"为相应类别的方式。K 均值聚类在判断当前数据点是否属于指定类别时仅采用"属于"与"不属于"两种状态，而并非通过计算当前数据点属于指定类别的概率对其进行分类（即"软分配"），此方式往往也会导致较大的误差。

针对以上问题，高斯混合模型通过融合多个具有不同参数的单高斯模型拟合数据的分布形态，不但可突破数据分布形态为球形的假设，而且可计算出每个数据点属于不同类别的概率，因而在具体问题的求解中表现出更高的可靠性与精度。

10.1.1　基本概念

高斯混合模型由多个不同参数的单高斯模型通过不同的权重融合生成。对于已知数据,在未知其分布形态的情况下,通常采用单高斯模型进行拟合;若精度较高,则可考虑采用高斯混合模型进行拟合。

在数学形式上,一维数据相应的单高斯模型表示为:

$$P(x \mid \mu, \sigma) = \frac{1}{\sqrt{2\pi\sigma^2}} \exp\left(-\frac{(x-\mu)^2}{2\sigma^2}\right) \tag{10.1}$$

其中,μ 与 σ 分别表示数据均值(期望)与标准差。

相应地,多维数据相应的单高斯模型表示为:

$$P(x \mid \mu, \Sigma) = \frac{1}{(2\pi)^{\frac{D}{2}} |\Sigma|^{\frac{1}{2}}} \exp\left(-\frac{(x-\mu)^{\mathrm{T}} \Sigma^{-1} (x-\mu)}{2}\right) \tag{10.2}$$

其中,μ 与 Σ 分别为数据均值(期望)与协方差,D 表示数据的维度。

单高斯模型相关曲线形如草帽,均值与标准差用于决定其主要形态。以下代码绘制了不同均值与标准差的单高斯模型相应的曲线,结果如图 10-1 所示。

```python
#导入科学计算库
import numpy as np
from scipy.stats import norm
import matplotlib.pyplot as plt    #导入绘图库
# 设置不同单高斯模型的参数
n_samples = 100
mu1, sigma1 = -6, 1.5
mu2, sigma2 = 5, 2
mu3, sigma3 = 0, 5
# 构建单高斯模型
x1 = np.random.normal(loc = mu1, scale = np.sqrt(sigma1), size = n_samples)
x2 = np.random.normal(loc = mu2, scale = np.sqrt(sigma2), size = n_samples)
x3 = np.random.normal(loc = mu3, scale = np.sqrt(sigma3), size = n_samples)
X = np.concatenate((x1,x2,x3))
# 定义单高斯模型相应的曲线
def plot_pdf(mu,sigma,label,alpha=0.5,linestyle='k--',density=True):
    X = norm.rvs(mu, sigma, size=1000)
    plt.hist(X, bins=50, density=density, alpha=alpha,label=label)
    x = np.linspace(X.min(), X.max(), 1000)
    y = norm.pdf(x, mu, sigma)
    plt.plot(x, y, linestyle)
plot_pdf(mu1,sigma1,label=r"$\mu={} \ , \ \sigma={}$".format(mu1,sigma1))
plot_pdf(mu2,sigma2,label=r"$\mu={} \ , \ \sigma={}$".format(mu2,sigma2))
plot_pdf(mu3,sigma3,label=r"$\mu={} \ , \ \sigma={}$".format(mu3,sigma3))
plt.xlabel('X')
plt.ylabel('Y')
plt.legend()
plt.show()
```

从图 10-1 中可以发现,单高斯模型的均值决定了相应曲线的高度与位置,标准差则决定了相应曲线沿 x 轴的跨度或数据的分散程度。均值的绝对值越大,曲线越高,而标准差越大,则曲线沿 x 轴的跨度越大(或数据越分散)。在实际中,对于当前数据,其生成的概率通常采用 3σ 原则描述,即:数据分布于 $(\mu-\sigma, \mu+\sigma)$ 中的概率为 0.6526,数据分布于 $(\mu-2\sigma, \mu+2\sigma)$ 中的概率为 0.9544,而数据分布于 $(\mu-3\sigma, \mu+3\sigma)$ 中的概率为 0.9974。

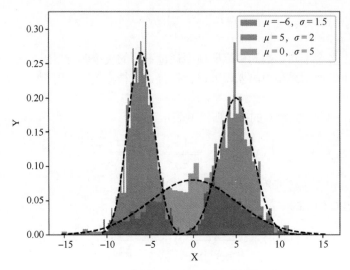

图 10-1　不同均值与标准差的单高斯模型曲线

10.1.2　数学模型

高斯混合模型假设不同类别的数据服从不同形态的高斯分布，进而通过加权的方式将每个类别相应的单高斯模型融合，以确定不同数据所属类别的概率；其中，每个单高斯模型通常称为高斯混合模型的构成成分，高斯混合模型的构成成分越多，其表达能力越强，但同时需要估计的参数也越多，因而其效率与可靠性可能会较低。理论而言，高斯混合模型可描述任何事物状态（如以单高斯模型表示不同省份的发展状况，则高斯混合模型可表示整个国家的发展状况）或拟合以任何形态分布的数据。

在数学形式上，已知数据 $x = \{x_i\}$ 及 k 个类别 $\{c_k\}$，高斯混合模型假设数据 x 可能所属的类别 c_k 服从单高斯模型，即：

$$P\left(x \mid c_k\left(\mu_k, \sigma_k\right)\right) = \frac{1}{\sqrt{2\pi\sigma_k^2}}\exp\left(-\frac{\left(x-\mu_k\right)^2}{2\sigma_k^2}\right) \tag{10.3}$$

其中，μ_k 与 σ_k 分别为相应的均值与标准差。

由于数据 x 所属多个类别的概率不同，因而其最终生成的概率可用多个单高斯模型表示，即：

$$P\left(x\right) = \sum_{i=1}^{k}P\left(c_k\right)\cdot P\left(x \mid c_k\left(\mu_k, \sigma_k\right)\right) = \sum_{i=1}^{k}\lambda_k \cdot P\left(x \mid c_k\left(\mu_k, \sigma_k\right)\right) \tag{10.4}$$

其中，类先验概率 $P\left(c_k\right)$ 或 λ_k 可视为单高斯模型的权重或混合系数，且满足 $\sum_k \lambda_k = 1$。

在求解高斯混合模型中的不同单高斯模型的参数时，通常采用 EM（Expectation-Maximization，期望最大化）算法。EM 算法是一种针对包含隐含变量（此处的隐含变量为每个数据点所属的类别）的概率模型参数极大似然估计算法，其由以下两个步骤通过轮回迭代的方式完成。

（1）M 步骤

在已知单高斯模型参数时，通过最大化对数似然函数求参数的最优值。对于数据集中的所有数据点，其相应的概率（似然函数）为：

$$\prod_{i=1}^{N}P\left(x_i\right) = \prod_{i=1}^{N}\sum_{j=1}^{k}\lambda_k \cdot P\left(x_i \mid c_k\left(\mu_k, \sigma_k\right)\right) \tag{10.5}$$

对数似然函数为：

$$L\left(x, \lambda_k, \mu_k, \sigma_k\right) = \sum_{i=1}^{N}\ln\left\{\sum_{j=1}^{k}\lambda_k \cdot P\left(x_i \mid c_k\left(\mu_k, \sigma_k\right)\right)\right\} \tag{10.6}$$

在对数似然函数的基础上，通过对参数求导可获得不同参数最优值，即：

$$N_k = \sum_{i=1}^{N} P(c_k \mid x_i) \tag{10.7}$$

$$\lambda_k = \frac{1}{N} \sum_{i=1}^{N} P(c_k \mid x_i) \tag{10.8}$$

$$\mu_k = \frac{1}{N_k} \sum_{i=1}^{N} P(c_k \mid x_i) x_i \tag{10.9}$$

$$\sigma_k = \frac{1}{N_k} \sum_{i=1}^{N} P(c_k \mid x_i)(x_i - \mu_k)(x_i - \mu_k)^{\mathrm{T}} \tag{10.10}$$

其中，N_k 表示类别 k 出现的频率期望。

（2）E 步骤

计算每个数据点属于不同类别的概率，进而获得该数据点的所属类别（即隐含变量的分布函数）；其中，每个数据点所属类别的后验概率通过贝叶斯公式得到，即：

$$P(c_k \mid x_i) = \frac{\lambda_k \cdot P(x_i \mid c_k(\mu_k, \sigma_k))}{\sum_{j=1}^{k} \lambda_k \cdot P(x_i \mid c_k(\mu_k, \sigma_k))} \tag{10.11}$$

在每个数据点所属类别的后验概率确定后，在 M 步骤可以确定不同类别相应单高斯模型的参数。

10.2　应用实例

scikit-learn 库中的高斯混合模型导入方法如下。

```
from sklearn.mixture import GaussianMixture as GMM
```

函数原型如下。

```
class sklearn.mixture.GaussianMixture(n_components=1, covariance_type='full', tol=0.001,
reg_covar=1e-06, max_iter=100, n_init=1, init_params='kmeans', weights_init=None,
means_init=None, precisions_init=None, random_state=None, warm_start=False, verbose=0,
verbose_interval=10)
```

表 10-1 与表 10-2 所示分别为高斯混合模型的常用参数与常用函数。

表 10–1　常用参数

名称	说明
n_components	高斯混合模型构成分量的数量，默认值为 1
covariance_type	协方差类型，包括 full、tied、diag 与 spherical 等 4 种；其中，full 表示每个分量有各自不同的标准协方差矩阵（元素都不为 0），tied 表示所有分量有相同的标准协方差矩阵，diag 表示每个分量有各自不同的对角协方差矩阵（非对角元素为 0，对角元素不为 0），spherical 表示每个分量有各自不同的球面协方差矩阵（非对角元素为 0，对角元素完全相同），默认值为 full
n_init	初始化次数，用于产生最佳初始参数，默认值为 1
init_params	初始化参数方式，包括 kmeans 与 random 两种，默认值为 kmeans

表 10–2　常用函数

名称	说明
aic(self, X)	根据输入 X 求模型的赤池信息准则值
bic(self, X)	根据输入 X 求模型的贝叶斯信息准则值
fit(self, X[, Y])	采用 EM 算法估计模型参数
fit_predict(self, X[, Y])	训练模型并预测输入 X 的类别标记
get_params(self[, deep])	获取模型参数
predict(self, X)	预测输入 X 的类别标记
predict_proba(self, X)	预测输入 X 所属类别的概率

名称	说明
sample(self[, n_samples])	根据模型生成随机样本
score(self, X[, Y])	求取模型的精度
set_params(self, **params)	设置模型参数

10.2.1 数据聚类

根据高斯混合模型的原理, 其可有效克服 K 均值聚类算法存在的数据球形分布假设、数据点"硬分配"等缺点, 在实际的数据聚类中往往可获得更可靠的结果。本例通过构造不同分布形态的数据对比两种算法之间的差异。

（1）问题描述

① 构造球形分布数据并采用 K 均值聚类算法对其进行聚类。

② 构造非球形分布数据并分别采用 K 均值聚类算法与高斯混合模型对其进行聚类。

③ 利用高斯混合模型生成新数据。

④ 求取高斯混合模型最优分量数。

（2）编程实现

根据本例问题的相关要求, 相应的求解过程如下。

```
# 导入绘图库
import matplotlib.pyplot as plt
import seaborn as sns; sns.set()
from matplotlib.patches import Ellipse
#导入科学计算库
import numpy as np
from scipy.spatial.distance import cdist
from sklearn.mixture import GaussianMixture as GMM    #导入高斯混合模型库
from sklearn.cluster import KMeans    #导入 K 均值聚类库
# 构造球形数据
from sklearn.datasets import make_blobs
from sklearn.datasets import make_moons
x, y = make_blobs(n_samples=200, centers=4, cluster_std=[2.0,1.0,0.9,1.5],
random_state=1)
# 利用 K 均值聚类算法进行聚类
KM = KMeans(n_clusters=4, max_iter=100).fit(x)
km_center = KM.cluster_centers_
labels = KM.predict(x)
plt.figure(1)
plt.axis('equal')
plt.scatter(x[:, 0], x[:, 1], c=labels, s=20, cmap='gist_rainbow', marker =
'o',linewidths=1, edgecolors='k')
km_radius = [cdist(x[labels == i], [c]).max() for i, c in enumerate(km_center)]
for c, r in zip(km_center, km_radius):
    plt.gca().add_patch(plt.Circle(c, r, fc='r', lw=3, alpha=0.2, zorder=1))
plt.xlabel('x1')
plt.ylabel('x2')
plt.show()
# 构造非球形数据
x, y = make_moons(n_samples=200,noise=0.1)
# 利用 K 均值聚类算法进行聚类
KM = KMeans(n_clusters=4, max_iter=100).fit(x)
km_center = KM.cluster_centers_
labels = KM.predict(x)
plt.figure(2)
```

```
    plt.axis('equal')
    plt.scatter(x[:, 0], x[:, 1], c=labels, s=20, cmap='gist_rainbow', marker =
'o',linewidths=1, edgecolors='k')
    km_radius = [cdist(x[labels == i], [c]).max() for i, c in enumerate(km_center)]
    for c, r in zip(km_center, km_radius):
        plt.gca().add_patch(plt.Circle(c, r, fc='r', lw=3, alpha=0.2, zorder=1))
    plt.xlabel('x1')
    plt.ylabel('x2')
    plt.show()
    # 利用高斯混合模型进行聚类
    #更改分量数生成不同的结果
    GM = GMM(n_components=10, covariance_type='full', random_state=0).fit(x)
    labels = GM.predict(x)
    plt.figure(3)
    plt.axis('equal')
    plt.scatter(x[:, 0], x[:, 1], c=labels, s=20, cmap='gist_rainbow', marker =
'o',linewidths=1, edgecolors='k')
    w_factor = 0.2 / GM.weights_.max()
    for pos, covar, w in zip(GM.means_, GM.covariances_, GM.weights_):
            if covar.shape == (2, 2):
                U, s, Vt = np.linalg.svd(covar)
                angle = np.degrees(np.arctan2(U[1, 0], U[0, 0]))
                width, height = 2 * np.sqrt(s)
            else:
                angle = 0
                width, height = 2 * np.sqrt(covar)
            for nsig in range(1, 4):
                plt.gca().add_patch(Ellipse(pos, nsig * width, nsig * height, angle, alpha=
w * w_factor))
    plt.xlabel('x1')
    plt.ylabel('x2')
    plt.show()
    # 利用高斯混合模型生成新数据
    x_new,y_new = GM.sample(200)
    plt.figure(4)
    plt.scatter(x[:, 0], x[:, 1], c=labels, s=20, cmap='gist_rainbow', marker =
'o',linewidths=1, edgecolors='k')
    plt.xlabel('x1')
    plt.ylabel('x2')
    plt.show()
    # 最优分量数的求取
    n_components = np.arange(1, 21)
    GMs = [GMM(n, covariance_type='full', random_state=0).fit(x) for n in n_components]
    plt.figure(5)
    plt.plot(n_components, [m.bic(x) for m in GMs], label='BIC')
    plt.plot(n_components, [m.aic(x) for m in GMs], label='AIC')
    plt.legend(loc='best')
    plt.xlabel('n_components')
    plt.ylabel('BIC and AIC')
    plt.grid(True)
    plt.show()
```

（3）结果分析

以上代码运行结果如图 10-2 所示。

对于 K 均值聚类算法，效果如图 10-2（a）和（b）所示，其对球形分布数据进行聚类时可生成较好的结果，但对非球形分布数据进行聚类时却产生较大误差。相对而言，如图 10-2（c）所示，高斯混合模型对非球形分布的数据进行聚类时可生成更好的结果；需要注意的是，高斯混合模型分量越多，其聚类生成的类别越多，通常可在具有复杂分布形态数据的聚类中表现出较好的性能。与 K 均值聚类算法不同，高斯混合模型实际上通过求取每个类别数据分布模型而确定每个数据所属类别的概率，此数据点

"软分配"方式不但具有更高的可靠性，而且可根据数据分布模型生成新的数据点，如图 10-2（d）所示。此外，在确定高斯混合模型最优分量时，如图 10-2（e）所示，随着分量数的增加，AIC 与 BIC 值先降低后增加，在分量数为 9 或 10 时，两者综合值基本达到最小，因而可以此确定最优分量数。

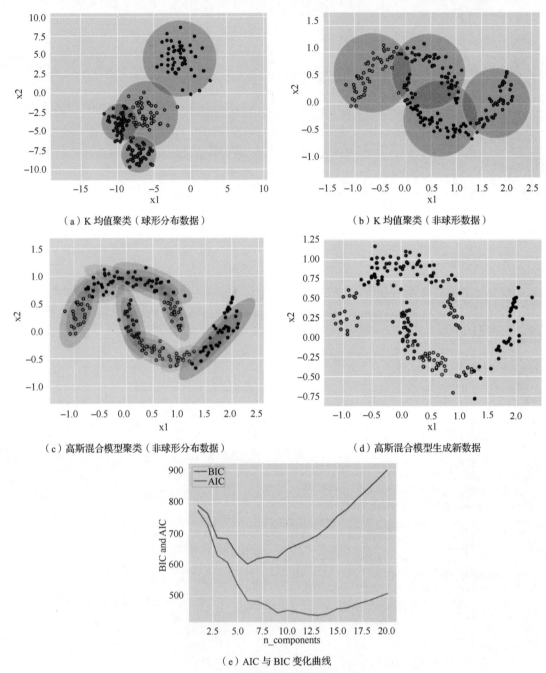

（a）K 均值聚类（球形分布数据）　　　　　　　　　（b）K 均值聚类（非球形数据）

（c）高斯混合模型聚类（非球形分布数据）　　　　　　（d）高斯混合模型生成新数据

（e）AIC 与 BIC 变化曲线

图 10-2　K 均值聚类与高斯混合模型聚类

💡**知识拓展**

　　在构建机器学习模型时，许多模型参数估计问题采用似然函数作为目标函数，当训练样本足够多时通常可获得较好的结果，但同时也可能因模型的复杂度过高而出现过拟合问题。因而，通过特定的标准综合权衡模型表示能力与模型复杂度，有助于确定最优的模型。当前，较为常用的两种标准分别为赤池信息准则（Akaike Information Criterion，AIC）与贝叶斯信息准则（Bayesian Information Criterion，BIC）。

（1）AIC

AIC 由日本统计学家赤池弘次在 1971 年提出，其由模型复杂度与似然函数两个部分构成，即：

$$\text{AIC} = 2k - 2\ln(L)$$

其中，k 表示模型参数个数，L 表示似然函数值。

一般情况下，当模型复杂度提高（k 值增大）时，似然函数值 L 随之增大，从而 AIC 值变小；然而，当 k 值过大（易导致过拟合问题）时，似然函数值增大的幅度变小，导致 AIC 值增大。因而，AIC 从本质上是在模型复杂度的基础上引入约束或惩罚项，进而在使其取较小值时可降低模型的复杂度以避免过拟合问题的发生。

（2）BIC

BIC 由德国统计学家施瓦兹在 1978 年提出，其数学形式与 AIC 基本类似，即：

$$\text{BIC} = k\ln(n) - 2\ln(L)$$

其中，k 表示模型参数个数，n 表示样本数量，L 表示似然函数值。

相对于 AIC，BIC 在模型复杂度的基础上考虑了样本的数量，因而更倾向于选择参数较少的简单模型（例如，当 $n \geq 10^2$ 时，$k\ln(n) \geq 2k$，因而在使 BIC 取较小值时应采用更小的 k 值）。

10.2.2　图像生成

图像生成旨在根据图像特征或图像像素值分布规律生成新的图像，在艺术创作、风险防控等领域有着广泛的应用。高斯混合模型作为一种生成式模型，可以对不同类型的数据分布形态进行描述并以此生成新的数据。本例以图像数据为例介绍高斯混合模型在图像生成中的使用方法。

（1）问题描述

利用手写数字图像（MNIST）数据集构建高斯混合模型并生成新的手写数字图像，具体要求如下。

① 加载 MNIST 数据集并生成高斯混合模型构建样本。

② 利用主成分分析方法对高斯混合模型构建样本进行降维处理。

③ 构建包含不同分量的高斯混合模型并对比其生成图像之间的差异。

（2）编程实现

根据本例问题的相关要求，相应的求解过程如下。

```python
import numpy as np  #导入科学计算库
from torch.utils.data import DataLoader  #导入图像加载库
from torchvision import datasets, transforms  #导入数据与预处理库
import matplotlib.pyplot as plt  #导入绘图库
from sklearn.decomposition import PCA  #导入主成分分析库
from sklearn.mixture import GaussianMixture  #导入高斯混合模型库
# 加载图像数据
batch_size = 16
mnist_dataset = datasets.MNIST(root='./data/', train=True, transform=transforms.ToTensor(), download=True)
mnist_data = DataLoader(dataset=mnist_dataset, batch_size=batch_size, shuffle=True)
# 显示图像
image_set=enumerate(mnist_data)
idx,(images,targets)=next(image_set)
fig, axes = plt.subplots(nrows=4, ncols=4)
for ax, im in zip(axes.ravel(),images):
```

```
        im = im.view(-1,28)
        ax.imshow(im,cmap='gray')
plt.tight_layout()
plt.show()
print('数据基本信息: ', images.shape)
# 主成分分析
image = images.view(images.size(0), -1)
pca = PCA(0.9, whiten=True)
image_pca = pca.fit_transform(image)
print('数据基本信息(PCA): ', image_pca.shape)
# 构建高斯混合模型
GM = GaussianMixture(5, covariance_type='full', random_state=2)
GM.fit(image_pca)
# 产生新图像
images_new = GM.sample(batch_size)
images_new = pca.inverse_transform(images_new[0])
# 显示新图像
im_new = np.resize(images_new, (images_new.shape[0], images.shape[2], images.shape[3]))
fig, axes = plt.subplots(nrows=4, ncols=4)
for ax, im in zip(axes.ravel(),im_new):
        ax.imshow(im,cmap='gray')
plt.tight_layout()
plt.show()
```

（3）结果分析

以上代码运行结果如下。

```
数据基本信息: torch.Size([16, 1, 28, 28])
数据基本信息(PCA): (16, 10)
```

手写数字图像数据集包含 60000 幅分辨率为 28 像素×28 像素的训练图像，如图 10-3（a）所示，本例采用高斯混合模型对 16 幅图像的特征或像素分布形态进行提取或拟合，进而利用相应的高斯混合模型生成的新的图像。其中，将每幅图像展平为向量时，维度相对较高（28×28=784），因而采用主成分分析的方法将维度降至 10。在此基础上，分别构建分量为 5 与 10 的高斯混合模型并生成新图像。结果如图 10-3（b）和（c）所示，前者由于采用较少的单高斯模型提取图像特征或拟合图像像素的分布形态，因而不易损失较多的主要信息，最终生成的图像较模糊；而后者由于采用相对较多的单高斯模型提取图像特征或拟合图像像素的分布形态，因而可保留更多的细节，最终生成的图像较清晰。

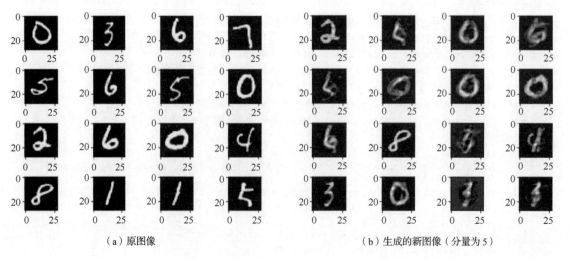

（a）原图像 　　　　　　　　　　　　（b）生成的新图像（分量为 5）

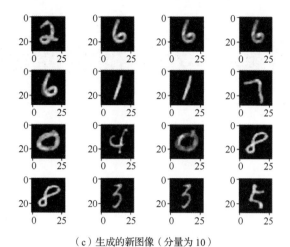

（c）生成的新图像（分量为 10）

图 10-3　利用高斯混合模型生成新图像

本章小结

高斯混合模型假设数据由多个潜在的单高斯模型（每个单高斯模型对应一个类别）生成，通过调整每个单高斯模型的均值、协方差与权重，高斯混合模型可以拟合不同类别的数据分布形态，可有效解决 K 均值聚类算法存在样本"硬分配"、球形数据分布假设等因素引起的精度低、可靠性差等问题，而且具有更好的可解释性。此外，高斯混合模型不但可用于样本聚类，还可用于概率密度估计与生成新的样本，在实际中应用较为广泛且具有较高的性能。

习题

1. 简述高斯混合模型的基本思想与数学模型。
2. 利用高斯混合模型对 make_moons 数据集进行聚类并显示不同分量的聚类结果。

11 第11章 人工神经网络

人工神经网络（Artificial Neural Network，ANN）是心理学家麦卡洛克（W. S. McCulloch）和数学家皮茨（W. Pitts）在 1943 年提出的。它通过模拟生物神经网络的方式求取观测数据中蕴含的模型，在结构上由大量具有加权求和与非线性映射功能的节点（或称神经元）相互连接而成。人工神经网络根据观测数据类型与相关问题需要（分类或回归）通过不断调整节点权重的方式确定输入与输出之间的关系（即模型训练），在理论上可实现任何已知或未知形式模型的求取，整体上具有较高的灵活性与可扩展性。

本章学习目标

- 理解人工神经网络的基本原理。
- 掌握利用 scikit-learn 库构建人工神经网络以进行分类与回归的基本方法。

11.1 基本原理

生物神经网络是一个由神经元相互连接而成的网络，主要用于传送复杂的电信号。神经元是神经网络的基本构成单元。人工神经网络是从信息处理角度对生物神经元网络进行抽象而建立的数学运算模型，是生物神经网络在某种简化意义下的技术复现，它的主要任务是根据生物神经网络的原理和实际应用的需要建造实用的人工神经网络模型。人工神经网络由大量神经元相互连接而成，神经元是对生物神经元进行抽象而构建的数学模型并具有类似生物神经元的"兴奋"与"抑制"两种状态（生物神经元多处于"抑制"状态，若受到外部刺激导致其电位超过特定阈值，则会被激活而转至"兴奋"状态，进而向其他的神经元传送相关电信号），其间通过状态的相互切换实现信息的加工与传送，进而实现输入与输出关系的映射（训练或学习）。

11.1.1 基本概念

在结构上，神经元由求和与激活两部分功能构成，如图 11-1 所示，其中，求和功能用于根据相关权重融合不同来源的信息或不同类型的特征，而激活功能用于对求和结果进行非线性映射以确定输入与输出之间的复杂关系。

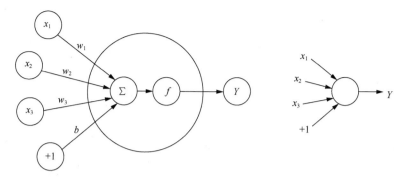

（a）神经元结构　　　　　　（b）神经元结构简化形式

图 11-1　神经元结构

在图 11-1 中，对于输入至神经元的数据 x_1、x_2 与 x_3，通过加权求和与激活，其输出 Y 可表示为：

$$Y = f\left(\boldsymbol{W}^{\mathrm{T}}\boldsymbol{x}\right) = f\left(\sum_{i=1}^{3} W_i x_i + b\right) \tag{11.1}$$

由式(11.1)可知，当激活函数 $f(x)$ 为线性函数时，神经元其实实现了线性回归功能，而当其为 Logistic 函数时，则实现了 Logistic 回归功能。除此之外，还有以下激活函数常用于神经网络的构建。

（1）Tanh 函数（双曲正切函数）：值域为[-1,1]且形状为通过原点的 S 形曲线。

$$f(x) = \frac{\exp(x) - \exp(-x)}{\exp(x) + \exp(-x)} \tag{11.2}$$

（2）ReLU 函数（线性整流函数）：输出为零或正数，在神经网络训练中的计算复杂度相对较低且在一定程度上可避免梯度弥散与过拟合问题的发生。

$$f(x) = \max(0, x) \tag{11.3}$$

（3）LeakyReLU 函数：值域为负无穷至正无穷，在一定程度上可避免 ReLU 函数易导致较多神经元梯度为零的问题。

$$f(x) = \begin{cases} x & x > 0 \\ \alpha x & x \leqslant 0 \end{cases} \tag{11.4}$$

其中，α 通常设置为非常小的值（如 0.01）。

（4）PReLU 函数：形式与 LeakyReLU 函数相同，但 α 是一个可学习的参数，一般可通过反向传播算法自动调整与优化。当 α 为 0 时，PReLU 函数即 ReLU 函数，当 α 大于 0 时，则可视其为自适应的 LeakyReLU 函数。

（5）ELU 函数：与 ReLU、LeakyReLU 和 PReLU 等函数的不同之处在于，ELU 函数在输出为负时也具有非零梯度，从而可有效避免 ReLU 函数易导致较多神经元梯度为零的问题。

$$f(x) = \begin{cases} x & x > 0 \\ \alpha(\exp(x) - 1) & x \leqslant 0 \end{cases} \tag{11.5}$$

其中，参数 α 控制了输出在负轴上的斜率，一般设置为 1。

（6）Softplus 函数：可视为 ReLU 函数的平滑形式。

$$f(x) = \log(1 + \exp(x)) \tag{11.6}$$

（7）Maxout 函数：将输入映射至多组指定神经元进行处理并将处理结果的最大值作为输出。

$$f(x) = \max_{i \in [1,k]} \boldsymbol{w}_i^{\mathrm{T}} x + b_k \tag{11.7}$$

根据神经元的结构，一个神经元的输出可作为另一个神经元的输入以连接成复杂的神经网络；神经网络一般由输入层、隐层与输出层 3 个部分构成，每层根据问题需求可设置不同数量的神经元，同层神经元互不相连、层与层之间的神经元相互连接（全部或部分连接）；如图 11-2 所示，左表示输入层，中表示隐层，右表示输出层。输入层、隐层与输出层分别包含 2 个、3 个与 2 个神经元，输入层可接收包含两个特征的样本，而输出层对应两个类别。

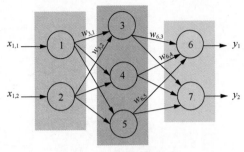

图 11-2　神经网络结构

在数学形式上，已知训练样本集为 $(X,Y)=\left\{(x_i,y_i)\right\}_{i=1}^{n}$，人工神经网络构建与训练的目的在于在输入 X 与输出 Y 之间建立以下关系：

$$Y = \boldsymbol{h}_{w,b}(X) \tag{11.8}$$

其中，$\boldsymbol{h}_{w,b}(\cdot)$ 通常不具有明确的函数形式而是由参数 W 与常数项 b 构成的待求矩阵。

11.1.2　数学模型

为了确定人工神经网络输入与输出之间的具体关系，如图 11-2 所示，在已知输入样本 $\boldsymbol{x}_1 = \left[x_{1,1} \ x_{1,2}\right]$ 的情况下，不妨设神经元 3、4 与 5 的输出为 h_3、h_4 与 h_5，则其与输入 $\boldsymbol{x}_1$ 之间的关系可表示为：

$$\begin{cases} h_3 = f\left(w_{3,1}x_{1,1} + w_{3,2}x_{1,2} + w_{3,b}\right) \\ h_4 = f\left(w_{4,1}x_{1,1} + w_{4,2}x_{1,2} + w_{4,b}\right) \\ h_5 = f\left(w_{5,1}x_{1,1} + w_{5,2}x_{1,2} + w_{5,b}\right) \end{cases} \tag{11.9}$$

其中，$w_{3,1}$ 与 $w_{3,2}$ 分别为神经元 3 与神经元 1、2 之间的权重，$w_{3,b}$ 为神经元 3 的偏置项（神经元 4 与 5 的权重表示与此类似）。

为简化式(11.9)，设 $\boldsymbol{X} = \left[x_{1,1} \ x_{1,2} \ 1\right]^{\mathrm{T}}$ 与 $\boldsymbol{h}^{(2)} = \left[h_3 \ h_4 \ h_5\right]^{\mathrm{T}}$，则

$$\boldsymbol{h}^{(2)} = f\left(\begin{bmatrix} w_{3,1} & w_{3,2} & w_{3,b} \\ w_{4,1} & w_{4,2} & w_{4,b} \\ w_{5,1} & w_{5,2} & w_{5,b} \end{bmatrix}\boldsymbol{X}\right) \tag{11.10}$$

将其中的参数矩阵表示为 $\boldsymbol{W}^{(2)}$，则

$$\boldsymbol{h}^{(2)} = f\left(\boldsymbol{W}^{(2)}\boldsymbol{X}\right) \tag{11.11}$$

式(11.11)表明，人工神经网络第 2 层（隐层）的输出可通过第 2 层与第 1 层（输入层）之间的参数矩阵与激活函数与第 1 层建立映射关系。同理可知，第 3 层（输出层）与第 2 层可通过第 3 层与第 2 层之间的参数矩阵与激活函数建立映射关系，即：

$$\boldsymbol{Y} = \begin{bmatrix} y_1 \\ y_2 \end{bmatrix} = f\left(\boldsymbol{W}^{(3)}\boldsymbol{X}\right) = f\left(\begin{bmatrix} w_{6,3} & w_{6,4} & w_{6,5} & w_{6,b} \\ w_{7,3} & w_{7,4} & w_{7,5} & w_{7,b} \end{bmatrix}\begin{bmatrix} \boldsymbol{h}^{(2)} \\ 1 \end{bmatrix}\right) \tag{11.12}$$

因而，最终可通过两个参数矩阵 $\boldsymbol{W}^{(2)}$ 和 $\boldsymbol{W}^{(3)}$ 与相关激活函数在输入 $\boldsymbol{X}$ 与输出 $\boldsymbol{Y}$ 之间建立映射关系。

对于式(11.10)与式(11.12)中的参数矩阵，由于其不具有可直接解析的数学方程，通常采用误差反向传播（Back Propagation，BP）算法进行求解。BP 神经网络在 1986 年由鲁姆哈特（Rumelhart）和麦克利兰（McCelland）提出，是一种按 BP 算法训练的多层前馈网络。BP 神经网络能学习和存储大量的输入输出模式映射关系，而无须事先揭示用于描述这种映射关系的数学方程。它的学习规则是使用最速下降法，通过反向传播来不断调整网络的权重和阈值，使网络的误差平方和最小。BP 神经网络学习过程由信号的前向传播与误差反传两个过程组成。

信号的前向传播：输入信号由输入层传入并经各隐层处理后传向输出层，即根据式(11.11)与式(11.12)由 X 求取 Y，若输出层的输出与期望输出偏差较大，则转入误差反传阶段。

误差反传：将输出层输出与期望输出之间的误差逐层反传并分摊给各层的所有神经元，进而根据各神经元的误差采用梯度下降法修正相应的权重。

在以上过程中，每个神经元输出误差的确定至关重要。对于图 11-2 所示的人工神经网络，此处以 Logistic 函数作为激活函数为例介绍不同神经元输出误差的计算方法。需要注意的是，由于神经元包括加权求和与激活两部分，而权重仅与加权求和部分相关，因而需要求取权重求和结果激活前的误差；此外，当前神经元加权求和部分的输入其实是上一层与其相连神经元的输出，而当前神经元输出误差为下一层与其相连神经元加权求和部分的输入。

（1）输出层神经元误差

对于输出层神经元，设 y_i 与 $\bar{y}_i$ 分别为其实际输出值与相关真值（如类别标记），则激活前的误差为：

$$E_i = y_i \left(1 - y_i\right)\left(\bar{y}_i - y_i\right) \tag{11.13}$$

其中，$y_i\left(1 - y_i\right)$ 由激活函数的导数获得。

（2）隐层神经元误差

对于隐层神经元，其误差由下一层与其相连的神经元误差确定，即：

$$E_i = h_i\left(1 - h_i\right)\sum_k w_{k,i} E_k \tag{11.14}$$

其中，$w_{k,i}$ 是下一层神经元 k 与当前神经元 i 的连接权重，E_k 为神经元 k 的误差。

11.2　应用实例

scikit-learn 库包含用于分类与回归的人工神经网络库，其导入方法如下。

```
from sklearn.neural_network import MLPClassifier
from sklearn.neural_network import MLPRegressor
```

函数原型如下。

```
MLPRegressor()/MLPClassifier(solver='sgd',activation='relu',alpha=1e-4,hidden_layer_sizes=(50,50), random_state=1,max_iter=10,verbose=10,learning_rate_init=.1)
```

表 11-1、表 11-2 与表 11-3 所示分别为人工神经网络库的常用参数、常用函数与常用属性。

表 11-1　常用参数

名称	说明
hidden_layer_sizes	隐层神经元与层次，如 hidden_layer_sizes=(4, 6)表示两个隐层（第 1 个隐层包含 4 个神经元，第 2 个隐层包含 6 个神经元）
activation	激活函数（默认值为'relu'），可选项为'identity'、'logistic'、'tanh'、'relu'。 ① identity：线性激活函数，适合潜在行为是线性（与线性回归相似）的任务。 ② logistic：也称 Sigmoid 函数，用于隐层神经元输出，取值范围为(0,1)。 ③ tanh：双曲正切函数，能够将输入映射到(-1,1)。 ④ relu：整流后的线性单位函数，又称修正线性单元，是一种常用的收敛速度较快的函数
solver	优化算法（默认值为'adam'），可选项为'lbfgs'、'sgd'、'adam'。 ① lbfgs: quasi-Newton 法（拟牛顿法，一种解无约束非线性规划问题常用的方法，针对小数据集，可以更快地收敛并且表现较好）。 ② sgd：随机梯度下降法。 ③ adam：自适应时刻估计法（一种自适应学习率的优化方法，针对包含数千个训练样本及以上的大数据集）
alpha	L2 惩罚（正则化项）因子，默认值为 0.0001

表 11-2　常用函数

名称	说明
fit(X,Y)	利用训练样本（X 与 Y 分别为训练样本相应的特征与分类标记）训练决策树模型
predict(X)	预测测试样本特征对应的分类标记
predict_proba(X)	预测测试样本特征所属类别的概率
score(X,Y)	利用指定测试样本（X 与 Y 分别为训练样本相应的特征与分类标记）评估模型的平均准确度

表 11-3　常用属性

名称	说明
classes_	每个输出的类标签
loss_	损失函数计算出来的当前损失值
n_outputs_	输出的个数

11.2.1　学生成绩预测

学生学习成绩通常受学习习惯、家庭环境、兴趣爱好等因素的影响，根据相关因素对学生学习成绩进行预测有助于教师或家长及时对学生进行针对性的引导与培养。

（1）问题描述

已知影响学生成绩（Y: Score）的相关因素包括考前准备（F1: TestPrep）、父母婚姻状况（F2: ParentMaritalStatus）、日常运动情况（F3: PracticeSport）与是否为头胎孩子（F4: IsFirstChild），利用表 11-4 所示数据构建学生成绩预测模型以对学生成绩进行预测，具体要求如下。

① 加载数据并对其进行标准化处理。

② 分析不同特征之间的相关性。

③ 利用网格法确定模型的最优参数并测试相应的模型精度。

表 11-4　学生成绩数据

ID	F1	F2	F3	F4	Y	ID	F1	F2	F3	F4	Y
1	none	married	regularly	yes	73	21	none	single	sometimes	yes	66
2	completed	widowed	never	no	85	22	none	divorced	sometimes	yes	56
3	none	married	sometimes	yes	41	23	none	married	sometimes	no	40
4	completed	single	sometimes	no	65	24	none	divorced	sometimes	yes	97
5	none	married	regularly	yes	37	25	completed	single	sometimes	no	81
6	none	divorced	sometimes	yes	40	26	none	married	regularly	no	76
7	none	married	regularly	no	66	27	none	married	regularly	yes	51
8	completed	single	sometimes	yes	80	28	completed	married	regularly	no	77
9	none	divorced	sometimes	yes	48	29	none	single	regularly	yes	58
10	none	married	sometimes	yes	69	30	none	married	never	yes	53
11	none	divorced	sometimes	yes	18	31	none	married	sometimes	yes	48
12	completed	single	sometimes	no	46	32	none	single	sometimes	yes	63
13	none	married	never	yes	50	33	none	married	regularly	yes	67
14	none	married	sometimes	yes	66	34	completed	married	regularly	no	76
15	completed	married	sometimes	no	65	35	none	divorced	regularly	yes	56
16	completed	married	sometimes	yes	74	36	none	single	sometimes	yes	88
17	none	married	regularly	yes	75	37	completed	married	regularly	yes	75
18	none	married	sometimes	yes	66	38	none	divorced	sometimes	yes	33
19	none	married	sometimes	yes	69	39	completed	married	sometimes	yes	84
20	none	married	sometimes	no	70	40	none	single	sometimes	no	52

（2）编程实现

根据本例问题的相关要求，相应的求解过程如下。

```python
#导入科学计算相关库
import pandas as pd
import numpy as np
#导入绘图库
from matplotlib import pyplot as plt
import seaborn as sns
from sklearn.neural_network import MLPClassifier
from sklearn.model_selection import train_test_split    #导入数据划分库
from sklearn.preprocessing import StandardScaler    #导入数据标准化库
from sklearn.model_selection import GridSearchCV    #导入网格式参数调优库
from sklearn.inspection import permutation_importance    #导入特征重要性评估库
#加载数据
data = pd.read_csv( './/data//Expanded_data_with_more_features.csv',encoding=u'gbk')
#数据编码
edu_encoding = {
    'TestPrep' : {
        'completed'    : 1,
        'none'       : 0
    },
    'ParentMaritalStatus' : {
        'widowed' : 3,
        'divorced' : 2,
        'married' : 1,
        'single' : 0
    },
    'PracticeSport' : {
        'regularly' : 2,
        'sometimes' : 1,
        'never' : 0
    },
    'IsFirstChild' : {
        'yes' : 1,
        'no' : 0
    },
}
for column in data:
    if column in edu_encoding.keys():
        try:
            data[column] = data[column].apply( lambda x : edu_encoding[column][x] )
        except:
            print(f"Skipped {column}")
print('数据基本信息:',data.shape)    #显示数据基本信息（样本数与特征数）
x = data.drop('Score' , axis= 1)
y = data['Score']
#将成绩转换为好或差
y[y<60] = 0
y[y>=60] = 1
#特征相关性分析
plt.figure()
plt.rcParams['figure.figsize'] = (20, 15)
plt.style.use('ggplot')
sns.heatmap(x.corr(), annot = True, cmap = 'Wistia')
plt.show()
#数据标准化
scaler = StandardScaler()
x_ = scaler.fit_transform(x)
#划分训练样本与测试样本
x_train, x_test, y_train, y_test = train_test_split(x_,y,test_size=0.4)
# 求取最优参数
```

```
param_grid = {
    'hidden_layer_sizes': [(5,), (10,), (5, 5)],
    'activation': ['relu', 'tanh'],
    'solver':['lbfgs','sgd','adam'],
    'alpha': [0.0001, 0.001, 0.01],
    'learning_rate': ['constant', 'invscaling', 'adaptive']
}
# 使用 MLPClassifier 构建 MLP（Multilayer Perceptron，多层感知器）模型
NN = MLPClassifier()
# 采用 GridSearchCV 调参
grid_search = GridSearchCV(NN, param_grid, cv=5)
grid_search.fit(x_train, y_train)
# 输出最优参数与最高精度
print("最优参数:", grid_search.best_params_)
print("最高精度:", grid_search.best_score_)
# 采用最优参数进行模型训练与测试
NN.set_params(**grid_search.best_params_)
NN.fit(x_train,y_train)
# 输出测试精度
print("预测精度:", NN.score(x_test,y_test))
# 获取特征重要性
feature_importance = abs(NN.coefs_[0])
# 特征的重要性
PI = permutation_importance(NN, x_test, y_test, n_repeats=10, random_state=1, n_jobs=2)
sorted_idx = PI.importances_mean.argsort()
plt.boxplot(PI.importances[sorted_idx].T,vert=False,labels=np.array(data.columns)[sorted_idx])
plt.show()
```

（3）结果分析

以上代码运行结果如下。

```
数据基本信息：(40, 5)
最优参数：{'activation': 'tanh', 'alpha': 0.001, 'hidden_layer_sizes': (5, 5),
'learning_rate': 'adaptive', 'solver': 'sgd'}
最高精度：0.8300000000000001
预测精度：0.6875
```

实验结果如图 11-3 所示，不同特征之间具有负相关关系且相关性较低，相对而言，父母婚姻状况对学生的成绩影响相对较大，而考前准备、是否为头胎孩子等特征也对学生的成绩具有一定的影响。本例在构建学生成绩预测模型时，采用网格法遍历指定参数设置以确定最优参数组合，其中最高精度达 0.83，但在测试样本上的预测精度为 0.6875。此结果在一定程度上也可能受数据量、特征数等因素的影响，在足量数据与特征的情况下，其预测精度可得到较大的提高。

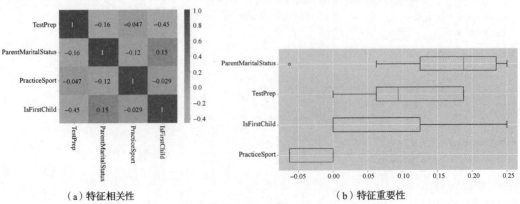

（a）特征相关性 　　　　　　　　　　　　　　（b）特征重要性

图 11-3　特征分析

> **知识拓展**
>
> permutation-importance 通过将特征随机打乱的方式（破坏特征和标签之间的关系）评估相关模型的性能变化。若某特征对模型的性能影响较大，打乱该特征（其余特征不变）将导致模型性能下降；相反，若某特征对模型的性能没有太大影响，打乱该特征不会对模型性能产生显著影响。为了消减随机方式对结果的影响或保证统计的显著性，通常需要多次打乱以求均值与方差。因而，此方法主要应用于数据量较小、特征较少的场景，在处理低维数据集或者需要快速分析特征重要性时，通常具有较高的效率。
>
> 通过对每个特征进行打乱并计算性能变化，可以得到每个特征的 permutation-importance 分数，该分数可用来评估特征的重要性，进而进行特征选择。
>
> 需要注意的是，permutation-importance 可以在任何模型上使用（不仅限于基于决策树的模型，在线性回归、神经网络等任何模型上均可使用）。

11.2.2 心脏病预测

心脏病是一种心血管疾病，通常指冠状动脉疾病，包括心肌梗死、心绞痛和冠状动脉硬化等病症。这些疾病导致心脏供血不足，可能引发心脏功能障碍甚至导致死亡。

（1）问题描述

已知影响心脏病的相关因素（Y: Related Factors）包括胸腔疾病类型（F1: Chest Pain Type）、静息血压（F2: Resting Blood Pressure）、血清胆固醇（F3: Serum Cholesterol）、最大心率（F4: Max Heart Rate）与主血管数量（F5: Major Vessels），利用表 11-5 所示数据构建心脏病预测模型以对心脏病进行预测，具体要求如下。

① 对特征之间的相关性进行可视化。

② 利用网格法确定最优模型参数并构建与测试相应的心脏病预测模型。

③ 将特征降至二维并重复步骤②以观察相应模型之间的差异。

④ 对模型预测结果进行可视化。

表 11-5 心脏病数据

ID	F1	F2	F3	F4	F5	Y	ID	F1	F2	F3	F4	F5	Y
1	4	120	198	130	0	2	21	4	152	274	88	1	2
2	4	150	270	111	0	2	22	3	160	360	151	0	1
3	3	130	214	168	0	1	23	3	125	273	152	1	1
4	4	110	201	126	0	1	24	3	160	201	163	1	1
5	1	148	244	178	2	1	25	4	120	267	99	2	2
6	2	128	208	140	0	1	26	3	136	196	169	0	1
7	1	178	270	145	0	1	27	2	134	201	158	1	1
8	2	126	306	163	0	1	28	4	117	230	160	2	2
9	4	150	243	128	0	2	29	1	118	182	174	0	1
10	2	140	221	164	0	1	30	4	138	294	106	3	2
11	4	130	330	169	0	2	31	3	94	227	154	1	1
12	4	124	266	109	1	2	32	3	120	258	147	0	1
13	4	110	206	108	1	2	33	2	120	220	170	0	1
14	2	125	212	168	2	1	34	4	110	239	126	1	2
15	4	110	275	118	1	2	35	4	135	254	127	1	2
16	4	120	302	151	0	1	36	3	150	168	174	0	1
17	4	100	234	156	1	2	37	4	130	330	132	3	2
18	3	140	313	133	0	1	38	4	138	183	182	0	1
19	2	120	244	162	0	1	39	2	135	203	132	0	1
20	3	108	141	175	0	1	40	3	130	263	97	1	2

（2）编程实现

根据本例问题的相关要求，相应的求解过程如下。

```python
#导入数据分析库
import pandas as pd
import numpy as np
#导入绘图库
from matplotlib import pyplot as plt
import seaborn as sns
import matplotlib as mpl
from sklearn.preprocessing import StandardScaler    #导入数据标准化库
from sklearn.neural_network import MLPClassifier    #导入多层感知机库
from sklearn.model_selection import train_test_split    #导入数据划分库
from sklearn.decomposition import PCA    #导入主成分分析库
from sklearn.model_selection import GridSearchCV    #导入网格式参数调优库
#加载数据
data = pd.read_csv( './/data//dataset_heart.csv',encoding=u'gbk')
#分离特征与类别标记
x = data.drop('target', axis= 1)
y = data['target']-1
# 特征相关性分析
corr = x[x.columns[0:]].corr()
plt.figure(figsize=(10,8))
ax = sns.heatmap(
    corr,
    vmin=-1, vmax=1, center=0,
    cmap=sns.diverging_palette(20, 220, n=200),
    square=False, annot=True,fmt='.1f')
ax.set_xticklabels(
    ax.get_xticklabels(),
    rotation=30,
    horizontalalignment='right'
)
#数据标准化
scaler = StandardScaler()
x_ = scaler.fit_transform(x)
#划分训练样本与测试样本
x_train, x_test, y_train, y_test = train_test_split(x_,y,test_size=0.3,random_state=5)
# 求取最优参数
param_grid = {
    'hidden_layer_sizes': [(5,), (10,), (5, 5)],
    'activation': ['relu', 'tanh'],
    'alpha': [0.0001, 0.001, 0.01],
    'learning_rate': ['constant', 'invscaling', 'adaptive']
}
# 构建 MLP 模型
NN = MLPClassifier()
# 采用 GridSearchCV 调参
grid_search = GridSearchCV(NN, param_grid, cv=5)
grid_search.fit(x_train, y_train)
# 输出最优参数与最高精度
print("最优参数:", grid_search.best_params_)
print("最高精度:", grid_search.best_score_)
# 采用最优参数进行模型训练与测试
NN.set_params(**grid_search.best_params_)
NN.fit(x_train,y_train)
# 输出测试精度
```

```
print("预测精度", NN.score(x_test,y_test))
# 主成分分析
pca =PCA(n_components=2, whiten=True).fit(x_train)
x_train_pca = pca.transform(x_train)
x_test_pca = pca.transform(x_test)
# 构建 MLP 模型
NN = MLPClassifier()
# 采用 GridSearchCV 调参
grid_search = GridSearchCV(NN, param_grid, cv=5)
grid_search.fit(x_train_pca, y_train)
# 输出最优参数与最高精度
print("最优参数(PCA):", grid_search.best_params_)
print("最高精度(PCA):", grid_search.best_score_)
# 采用最优参数进行模型训练与测试
NN.set_params(**grid_search.best_params_)
NN.fit(x_train_pca,y_train)
# 输出测试精度
print("预测精度(PCA):", NN.score(x_test_pca,y_test))
#显示分类效果
plt.figure()
x_min,x_max = x_test_pca[:,0].min(),x_test_pca[:,0].max()
y_min,y_max = x_test_pca[:,1].min(),x_test_pca[:,1].max()
xx,yy = np.meshgrid(np.linspace(x_min, x_max, 200),np.linspace(y_min, y_max, 200))
grid_test = np.stack((xx.flat, yy.flat), axis=1)
y_pred = NN.predict(grid_test)
cm_pt = mpl.colors.ListedColormap(['w', 'g'])
cm_bg = mpl.colors.ListedColormap(['r', 'y'])
plt.xlim(x_min, x_max)
plt.ylim(y_min, y_max)
plt.pcolormesh(xx, yy, y_pred.reshape(xx.shape), cmap=cm_bg)
plt.scatter(x_test_pca[:,0],x_test_pca[:,1],c=y_test,cmap=cm_pt,marker='o',
linewidths=1,edgecolors='k')
plt.grid(True)
plt.show()
```

（3）结果分析

以上代码运行结果如图 11-4 所示。

```
最优参数: {'activation': 'tanh', 'alpha': 0.01, 'hidden_layer_sizes': (10,),
'learning_rate': 'adaptive'}
最高精度: 0.9666666666666668
预测精度: 0.75
最优参数(PCA): {'activation': 'tanh', 'alpha': 0.01, 'hidden_layer_sizes': (5, 5),
'learning_rate': 'adaptive'}
最高精度(PCA): 0.8866666666666667
预测精度(PCA): 0.75
```

人工神经网络的隐层与神经元数量决定了其复杂程度与非线性表达能力。理论而言，隐层与神经元数量越多，人工神经网络非线性表达能力越强，但同时也更可能导致过拟合、训练难度过大等问题。在本例中，如图 11-4（a）所示，不同特征之间的相关性整体上并不高且数据量较少，因而利用单隐层或双隐层结构的人工神经网络即可获得较好结果。通过参数调优，特征降维前后模型的复杂度及预测精度相差不大，可实现大部分样本的准确预测，如图 11-4（b）所示。通常情况下，每个隐层神经元数量可根据以下经验设置。

（1）每层神经元数量应当在输入层数量和输出层数量之间。

（2）每层神经元数量应当小于输入层数量的两倍。

（3）每层神经元数量应当为 2/3 的输入层数量加上输出层数量。

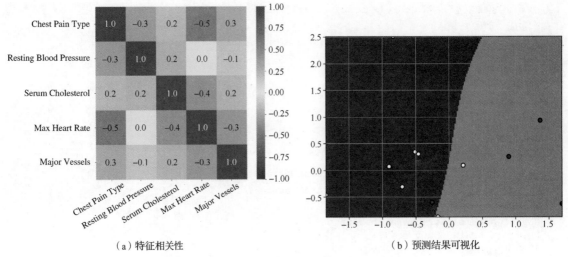

（a）特征相关性 （b）预测结果可视化

图 11-4 神经网络分类（神经元数量对结果的影响）

11.2.3 曲线拟合

（1）问题描述

首先以正弦曲线为基础通过均匀采样的方式构造真实数据点并添加服从正态分布的噪声，然后构建人工神经网络对带噪数据点进行拟合，具体要求如下。

① 求取不同激活函数对应的拟合曲线并比较其间的差异。

② 求取不同隐层结构设置对应的拟合优度并比较其间的拟合优度差异。

（2）编程实现

根据本例问题的相关要求，相应的求解过程如下。

```
import numpy as np    #导入科学计算库
from sklearn.neural_network import MLPRegressor    #导入人工神经网络库
import matplotlib.pyplot as plt    #导入绘图库
from sklearn.metrics import r2_score    #导入R2分数库
# 构造数据点
x= np.c_[np.linspace(0,2*np.pi,40)]
y = np.sin(x).ravel() + np.random.normal(0,0.2,len(x))
# 曲线拟合（不同神经元与不同激活函数）
R2_Acc = []
plt.figure(1)
plt.scatter(x, y, color='c', label='Data Points',linewidths=1,edgecolors='k')
NN_1 = MLPRegressor(solver='lbfgs',activation='logistic',hidden_layer_sizes=(2,2))
y_1 = NN_1.fit(x, y).predict(x)
R2_Acc.append(r2_score(y, y_1))
plt.plot(x, y_1, c='b', lw=2, linestyle='-.',label='Activation:logistic,Layer:(2,2)')
NN_2 = MLPRegressor(solver='lbfgs',activation='logistic',hidden_layer_sizes=(8,8))
y_2 = NN_2.fit(x, y).predict(x)
R2_Acc.append(r2_score(y, y_2))
plt.plot(x, y_2, c='r', lw=2, linestyle='-',label='Activation:logistic,Layer:(8,8)')
NN_3 = MLPRegressor(solver='lbfgs',activation='relu',hidden_layer_sizes=(2,2))
y_3 = NN_3.fit(x, y).predict(x)
R2_Acc.append(r2_score(y, y_3))
plt.plot(x, y_3, c='g', lw=2, linestyle='--',label='Activation:relu,Layer:(2,2)')
NN_4 = MLPRegressor(solver='lbfgs',activation='relu',hidden_layer_sizes=(8,8))
y_4 = NN_4.fit(x, y).predict(x)
R2_Acc.append(r2_score(y, y_4))
plt.plot(x, y_4, c='m', lw=2, linestyle=':',label='Activation:relu,Layer:(8,8)')
```

```
plt.grid(True)
plt.legend()
plt.show()
# 显示 R2 值（不同神经元与不同激活函数）
plt.figure()
plt.xlabel('Model')
plt.ylabel('R2')
model = ['Logistic(2,2)','Logistic(8,8)','ReLU(2,2)','ReLU(8,8)']
plt.bar(np.arange(4),R2_Acc,0.5, color=['r','g','b','c'], tick_label=model)
for a,b in zip(np.arange(4),R2_Acc):
    plt.text(a,b,'%.3f'%b,ha='center')
plt.show()
```

（3）结果分析

以上代码运行结果如图 11-5 所示。

对于曲线拟合问题，如图 11-5（a）所示，Logistic 激活函数为一条曲线，因而根据带噪数据点拟合生成的结果更为平滑；相对而言，ReLU 激活函数为一条折线，因而根据带噪数据点拟合生成的结果由多条线段组合而成。此外，相对于两层神经元数量均为 8 的模型，两层神经元均为 2 的模型相对简单，因而拟合能力或非线性表达能力偏弱（ReLU 激活函数更明显）。整体而言，在曲线拟合中，选择具有平滑特征的激活函数更为有效，对于隐层与神经元数量，可以采用网格搜索方法确定。

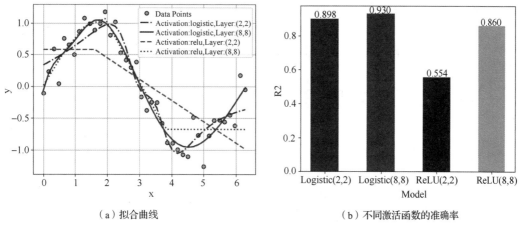

（a）拟合曲线　　　　　　　　　（b）不同激活函数的准确率

图 11-5　利用神经网络进行回归分析

本章小结

人工神经网络是通过模拟生物神经网络以解决分类、回归等问题的机器学习算法，因为具有学习能力与较强的构建非线性复杂模型的能力且可较好地适应具有高波动性与不稳定方差的数据，所以应用较为广泛。神经网络最突出的问题在于不易采用清晰、易懂且可解析的形式描述其工作机理，而且在层次较深时易出现梯度弥散或爆炸等问题，导致其训练过程极不稳定，进而在实际中易出现过拟合、泛化能力弱等问题。

习题

1. 简述人工神经网络前向传播与误差反传的基本过程。

2. 利用正弦曲线通过均匀采样与添加噪声点的方式生成带噪数据点，然后比较人工神经网络与支持向量机的拟合效果（参数自定）。

12 第 12 章 深度学习

深度学习（Deep Learning）通过模拟人脑认识与分析问题的机理以对数据（例如图像、声音和文本）进行表征学习；相对于浅层人工神经网络，深度学习通过增加隐层数量与优化训练方法等方式，提高对数据内在规律的表达能力，因而可以有效地从数据中提取不同抽象层次的全局或局部特征，以用于提高样本分类的精度与可靠性。

本章学习目标
- 理解深度学习的基本原理。
- 掌握 PyTorch 深度学习框架的基本操作。
- 掌握常用深度学习模型的构建方法。

12.1 基本原理

在人工神经网络的研究中，隐层结构（层次数量与每层神经元数量）是构建可靠的人工神经网络的关键；从理论上讲，复杂的隐层结构表达能力强，但同时也易出现过拟合、难训练等问题。2006 年，加拿大多伦多大学的杰弗里·辛顿（Geoffrey Hinton）在深度学习的开篇之作《深度信念网的快速学习算法》（*A Fast Learning Algorithm for Deep Belief Nets*）中对人工神经网络训练中梯度弥散（误差反馈至前层时将变小）问题产生的根源进行了分析，并初步提出了深度学习概念与相关框架，在学术圈引起了巨大的反响。2012 年，杰弗里·辛顿领导的团队利用深度学习模型 AlexNet 在 ImageNet 图像识别竞赛夺冠之后，深度学习备受研究者的关注并在图像理解、自然语言处理等诸多研究与应用领域迅猛发展，已逐步演化为人工神经网络乃至机器学习中极为重要的分支。

12.1.1 基本概念

在利用决策树、支持向量机等算法求取分类或回归问题时，提高相关模型精度与可靠性的关键在于提取可以反映问题本质的有效特征。在深度学习出现之前，特征的提取通常由人工根据具体问题进行设计；然而，人工设计特征不但需要启发式的专业知识，而且其可靠性往往难以得到保证。在此情况下，如何自动地从数据中提取有效的特征以及如何将特征提取与问题求解进行有效的统一等问题逐步成为人工智能领域研究的热点与难点。

（1）人脑视觉机理

在 1959 年，神经生理学家大卫·休伯尔（David Hubel）与托斯坦·威泽尔（Torsten Wiesel）在论文《猫纹状皮层中单个神经元的感受野》（Receptive fields of single neurons in the cat's striate cortex）中对哺乳动物视觉皮层神经元的简单定向边缘反应、特定区域识别等核心特性进行了描述。在此基础上，研究者进一步发现人类视觉系统的信息分级处理机制，主要表现在：底层特征突出物体的局部细节，高层特征则体现物体的全局轮廓，高层特征由底层特征组合而成，从底层特征到高层特征是语义抽象的过程，抽象层次越高，在对物体分类或识别时的确定性越高。

（2）深度学习的提出

从数据中自动提取不同层次的局部或全部特征是深度学习的根本目的，根据杰弗里·辛顿针对深度学习的描述，其主要观点如下。

① 多隐层人工神经网络具有优异的特征学习能力，由其获取的特征体现了数据本质的内在规律，从而有利于样本的分类与识别。

② 多隐层神经网络训练中出现的梯度弥散问题可通过无监督式的"逐层初始化"克服。

本质上，深度学习以增加人工神经网络隐层数或深度为手段，通过特定的训练方式提高相关权重或参数求取的可靠性，进而实现层次化特征学习的目的。

（3）深度学习与浅层学习的区别

深度学习与浅层学习虽具有相同的结构（如均包括输入层、隐层与输出层），但深度学习相对浅层学习也存在以下区别。

① 强调隐层数或深度以及每个隐层的维度（通常有几十层或更多）。

② 突出特征学习的重要性，通过逐层特征的变换实现不同层次局部或全部特征的提取。

③ 通过多层激活函数（非线性）可实现任意函数的拟合，进而可深度挖掘数据中的内在规律。

④ 采用逐层训练机制（如采用自下而上的无监督学习方式初始化每层参数、采用自上而下的监督学习方式优化每层参数等）解决浅层学习中的梯度弥散问题。

⑤ 将特征提取与分类进行了统一，有利于获得更好的效果。

12.1.2　PyTorch 框架

PyTorch 框架是 2017 年开源的基于 Python 的深度学习框架，经过发展，逐步成为人工智能领域科学研究与应用开发的利器。PyTorch 框架的主要特点如下。

（1）通过张量、变量与层/模块三级抽象层次实现深度神经网络的构建，思路明晰、结构简洁；同时具有简单、易用的应用程序接口（Application Program Interface，API）（与科学计算库 NumPy 非常类似且二者之间可相互转换）以方便不同层次结构的修改与操作，所需代码量较少且易于理解。

（2）利用动态计算图与强大的图形处理单元（Graphics Processing Unit，GPU）加速实现深度神经网络的运算规划与效率提升。

（3）突出面向对象的设计理念，可快速实现深度神经网络的设计而无须考虑框架底层细节。

在安装 PyTorch 框架时，可先安装 Anaconda 以方便相关库的集中管理，然后进入 PyTorch 官网获取安装命令并在 Conda 命令环境下执行。

知识拓展

Anaconda 提供库管理与环境管理的功能，可以方便地解决 Python 并存、切换以及各种第三方库安装与相互连接等问题。Anaconda 包含 NumPy、SciPy、Pandas、Python 涉及机器学习、数据可视化等科学计算开源库及其依赖项；安装 Anaconda 后，可直接使用这些科学计算库及其依赖项而无须单独下载配置，而且可以方便地更新与卸载，同时还能使用不同的虚拟环境隔离不同要求的项目。

以 Windows 10、Python 3.7 为例，计算机中未安装计算统一设备体系结构（Compute Unified Device Architecture，CUDA），故 CUDA 项选择 None，PyTorch 框架安装命令及运行过程如图 12-1 所示。

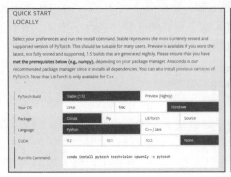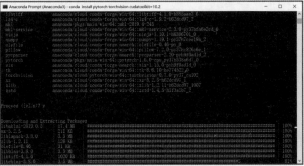

图 12-1　PyTorch 框架安装命令及运行过程

💡**知识拓展**

　　CUDA 是由 NVIDIA 公司推出的通用并行计算架构，包括 CUDA 指令集架构以及 GPU 内部的并行计算引擎。利用架构可使 GPU 能够解决复杂的计算问题，相关程序可在支持 CUDA 的处理器上以超高性能运行。

安装 PyTorch 框架之后，可通过以下方式将其导入：

```
import torch
```

下面重点介绍 PyTorch 框架的基本操作方法。

（1）张量

PyTorch 框架最基本的操作元素为张量（Tensor），其在结构上与 NumPy 数组类似，但可以利用 GPU 进行加速计算。在许多情况下，NumPy 数组与张量可根据具体问题相互转换。

张量的基本数据类型如表 12-1 所示。

表 12-1　张量的基本数据类型

数据类型	CPU 张量	GPU 张量
32 位浮点型	torch.FloatTensor（默认）	torch.cuda.FloatTensor
64 位浮点型	torch.DoubleTensor	torch.cuda.DoubleTensor
64 位整型	torch.LongTensor	torch.cuda.LongTensor
32 位整型	torch.IntTensor	torch.cuda.IntTensor
16 位整型	torch.ShortTensor	torch.cuda.ShortTensor

常用的张量定义与基本运算如下。

① 定义张量

```
T1 = torch.Tensor([[1, 2], [3, 4], [5, 6]])    #定义指定元素张量
T2 = torch.zeros((3, 2))   #定义全 0 张量
T3 = torch.randn((3, 2))    #定义随机值张量
T4 = torch.ones((3, 2))    #定义全 1 张量
```

② 查看张量结构

```
T1.shape
T1.size()
```

③ 张量元素的读取（与 NumPy 数组的相同）

```
T1[:,1]
```

④ 改变张量结构

```
T1.view(-1,2)    #指定列自动计算行
T1.view(4,3)    #指定行列
```

⑤ 维度的增加与降低

```
T1 = torch.Tensor([[1,2],[3,4]])
print(T1)    #输出: tensor([[1., 2.], [3., 4.]])
TT = T1.unsqueeze(0)    #在 0 维度增加 1 维
print(TT)    #输出: tensor([[[1., 2.], [3., 4.]]])
T2 = torch.Tensor([[5,6],[7,8]])
T2 = T2.unsqueeze(1)    #在 1 维度增加 1 维
print(T2)    #输出: tensor([[[5., 6.]], [[7., 8.]]])
T2 = T2.squeeze(1)    #在 1 维度降低 1 维
print(T2)    #输出: tensor([[5., 6.], [7., 8.]])
```

⑥ 张量与 NumPy 数组之间的转换

```
#NumPy 数组转换为张量
T = np.array([[1, 2], [3, 4], [5, 6]])    #NumPy 数组
Torch_T = torch.from_numpy(T)    #转换为张量
print(Torch_T)    #输出: tensor([[1, 2], [3, 4], [5, 6]], dtype=torch.int32)
#张量转换为 NumPy 数组
B=torch.randn((3,2))    #随机值张量
Numpy_B = B.numpy()    #转换为 NumPy 数组
print(Numpy_B)    #输出: [[ 0.03689335 -1.192052  ]
                     [-0.87967277 -1.190796  ]
                     [-1.415555    0.41825607]]
```

⑦ 张量运算的加速

张量只需调用 cuda()函数即可实现 GPU 加速运算。一般情况下，应通过 torch.cuda.is_available() 函数判断当前环境是否支持 GPU 以保证代码的正常运行，即：

```
T = torch.randn((3, 2))    #定义随机值张量
if torch.cuda.is_available():    #若支持 GPU 则加速运算
    Inputs = Tmp.cuda()
else:
    Inputs = T
```

（2）变量

PyTorch 框架最重要的数据类型是变量（Variable），其在张量的基础上可实现输入数据或模型的自动求导、误差反传等功能，在计算图的构建中具有极为重要的作用。本质上 Variable 和 Tensor 没有区别，不过变量会通过计算图实现前向传播、误差反传以及自动求导。其机理与优势在于将所有的计算步骤（节点）都连接起来，最后进行误差反传的时候一次性将所有变量相关的梯度均计算出来。

变量常用的基本属性及说明如表 12-2 所示。

表 12–2   变量常用的基本属性及说明

属性	说明
data	表示当前变量保存的数据，可通过 data 属性访问
grad	累积与保存针对变量的梯度或求导结果
creator	Variable 的操作（如乘法或者加法等）

在使用变量前需导入相关库，即：

```
from torch.autograd import Variable
```

变量的定义与基本运算如下。

```
# 定义 3 个变量
x = Variable(torch.Tensor([1, 2, 3]), requires_grad=True)
w = Variable(torch.Tensor([2, 3, 4]), requires_grad=True)
b = Variable(torch.Tensor([3, 4, 5]), requires_grad=True)
# 构建计算图（y = w * x^2 + b）
```

```
y = w * x * x + b
# 自动求导
y.backward(torch.Tensor([1, 1, 1]))
# 输出结果
print(x.grad)    #输出(x.grad = 2wx):tensor([ 4., 12., 24.])
print(w.grad)    #输出(w.grad=x^2):tensor([ 1., 4., 9.])
print(b.grad)    #输出(b.grad=1):tensor([1., 1., 1.])
```

> **知识拓展**
>
> 自动求导初始化：y.backward(torch.Tensor([1, 1, 1]))。backward()是一个函数，主要用于实现反向传播计算，仅适用于标量。因此，在 backward() 中添加的向量的 size 要与进行反向传播的向量的 size 相同。

（3）自动求导

在上例中，变量 x、w 与 b 在定义时将参数 requires_grad 设置为 True 的目的在于自动实现对指定变量的求导。此时，与该变量相关的前向传播操作将构造一个计算图用于计算相应的梯度。在特殊情况下，可使用 torch.no_grad() 函数防止用 requires_grad 设置为 True 的变量构造计算图。

（4）计算图

PyTorch 框架的自动求导通过动态构建计算图的方式实现。计算图是描述运算的有向无环图（节点表示与数据相关的张量，边表示与张量或矩阵相关的运算），其优势在于可使自动求导或梯度计算更加方便。例如， $y = (x+w)×(w+2)$ ，相应的计算图如图 12-2 所示：

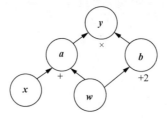

图 12-2　计算图

在图 12-2 所示计算图的基础上，可方便地计算指定参数的导数，如（设 w 与 x 均为 1）：

$$\frac{\partial y}{\partial w} = \frac{\partial y}{\partial a} \cdot \frac{\partial a}{\partial w} + \frac{\partial y}{\partial b} \cdot \frac{\partial b}{\partial w} = b \cdot 1 + a \cdot 1 = 2w + x + 2 = 5$$

在变量、自动求导与计算图等概念的基础上，此处通过一个简单的实例进一步描述利用梯度下降法求取模型参数的具体方法，即已知二维点 $(2,10)$，利用梯度下降法求取直线 $y = wx$（即确定直线模型参数 w）；相关代码如下。

```
#导入 PyTorch 框架库
import torch
from torch.autograd import Variable
#定义变量
x = torch.Tensor([2])    #输入
y = torch.Tensor([10])    #输出
loss = torch.nn.MSELoss()    #定义损失函数（标准差）
w = Variable(torch.randn(1),requires_grad=True)    #初始化待求参数
print(w)    #查看参数初始值
#利用梯度下降法求取参数
N = 10    #设置迭代次数
for i in range(10):
```

```
y_ = w*x    #前向传播
L= loss(y,y_)    #计算误差
L.backward()    #误差反传（求梯度）
print(w.grad.data)    #误差对参数 w 的梯度
print(-2*x*(y-y_))    #参数 w 对应梯度的真值
```

在以上代码中，待求参数 w 以随机数进行初始化，因而可能与参数真值相差较大（即第 1 次前向传播时计算的 y_ 与真值 10 差别较大）；根据人工神经网络通过误差反传方式更新参数的方法，后续应根据 y_ 与真值之间的误差不断更新待求参数 w 直至误差小于指定阈值或梯度不再变化，因而通过 backward()函数实现。以下为代码运行后的输出结果（部分）：

```
tensor([-0.8820], requires_grad=True)    # w 的初始值为-0.8820
tensor([-47.0557])    #第 1 次迭代
tensor([-47.0557], grad_fn=<MulBackward0>)
tensor([-94.1115])    #第 2 次迭代（累加）
tensor([-47.0557], grad_fn=<MulBackward0>)
tensor([-141.1672])    #第 3 次迭代（累加）
tensor([-47.0557], grad_fn=<MulBackward0>)
tensor([-188.2230])    #第 4 次迭代（累加）
…
```

根据以上结果可以发现，除第 1 次迭代时自动求取的梯度（-47.0557）与真值（-47.0557）一致外，其他迭代自动求取的梯度（-94.1115）在不断累加，与真值不一致，其原因在于在迭代中只计算了梯度而未利用梯度对待求参数 w 进行更新，为此，需在 for 循环里增加待求参数 w 的更新代码，相应修改如下：

```
w = Variable(w - 0.1 * w.grad.data, requires_grad=True)    #更新参数（学习率为 0.1）
print(w.grad.data)    #误差对参数 w 的梯度
print(w)    #查看参数 w 的变化
print(-2*x*(y-y_))    #参数 w 梯度的真值
```

最后输出为：

```
tensor([-56.4745])    #误差对参数 w 的梯度
tensor([3.5881], requires_grad=True)    #参数 w
tensor([-56.4745], grad_fn=<MulBackward0>)    #参数 w 对应梯度的真值
tensor([-11.2949])    #误差对参数 w 的梯度
tensor([4.7176], requires_grad=True)    #参数 w
tensor([-11.2949], grad_fn=<MulBackward0>)    #参数 w 对应梯度的真值
…
tensor([-0.4518])    #误差对参数 w 的梯度
tensor([4.9887], requires_grad=True)    #参数 w
tensor([-0.4518], grad_fn=<MulBackward0>)    #参数 w 对应梯度的真值
…
tensor([-0.0007])    #误差对参数 w 的梯度
tensor([5.0000], requires_grad=True)    #参数 w
tensor([-0.0007], grad_fn=<MulBackward0>)    #参数 w 对应梯度的真值
…
tensor([-3.0518e-05])    #误差对参数 w 的梯度（此次迭代梯度变化很小）
tensor([5.0000], requires_grad=True)    #参数 w（此时迭代参数达到最优）
tensor([-3.0518e-05], grad_fn=<MulBackward0>)    #参数 w 对应梯度的真值
```

从以上结果可知，通过参数 w 的不断更新，最终可获得最优解 5。

（5）nn.Module 类

在 PyTorch 框架中，无论是自定义层、自定义模块还是自定义网络，均通过继承 nn.Module 类完成。Module 类常用的成员方法如表 12-3 所示。

表 12-3　Module 类常用的成员方法

名称	说明
forward(*input)	定义神经网络每次调用都需要执行的前向传播计算
add_module(name,module)	将子模块添加到当前模块中
cuda(device=None)	将模型的所有参数和缓冲移动到 GPU 中
parameters(recurse=True)	返回一个迭代器，该迭代器可以遍历模块的参数
apply(self,fn)	用指定的方法对 Module 的网络模型参数进行初始化
type(self,dst_type)	将所有参数和缓冲都转换成指定的目标类型
state_dict(self,destination=None,prefix='',keep_vars=False)	返回包含神经网络的所有参数的字典
eval(self)	将神经网络设置为评估模式
requires_grad(self,requires_grad=True)	设置是否需要计算与保存梯度
__getattr_(self,name)	用于获取给定名称的 Module 类中的成员

在自定义网络时，构造函数__init__()与前向传播函数 forward()最为重要，通常需要重写，如：

```
import torch.nn as nn   #导入神经网络库
import torch.nn.functional as F   #导入激活函数库
#自定义具有 1 个隐层的神经网络类
class Net(nn.Module):
#重写__init__()函数（一般用于定义神经网络的结构）
    def __init__(self, n_feature, n_hidden, n_output):   #形参指定输入层、隐层与输出层的维度
        super(Net, self).__init__()
        self.hidden = nn.Linear(n_feature, n_hidden)   #输入层至隐层的线性映射
        self.out = nn.Linear(n_hidden, n_output)   #隐层至输出层的线性映射
#重写 forward()函数（一般用于定义神经网络数据处理过程）
    def forward(self, x):
        x1 = self.hidden(x)   #数据变换（输入层至隐层）
        x2 = F.relu(x1)   #激活
        y = self.out(x2)   #数据变换（隐层至输出层）
        return y   #返回结果
#实例化神经网络对象
net = Net(n_feature=10, n_hidden=30, n_output=15)   #指定输入层、隐层与输出层的维度
print(net)   #查看神经网络结构
```

以上代码运行结果如下。

```
Net(
 (hidden): Linear(in_features=10, out_features=30, bias=True)
 (out): Linear(in_features=30, out_features=15, bias=True)
)
```

（6）Sequential 类

Sequential 是一个序列容器，可按照指定顺序将不同类型的层或模块组合为神经网络，如：

```
import torch.nn as nn
net = nn.Sequential(
                    nn.Conv2d(1,20,5),   #第 1 个卷积层
                    nn.ReLU(),   #第 1 个激活层
                    nn.Conv2d(20,64,5),   #第 2 个卷积层
                    nn.ReLU()   #第 2 个激活层
                    )
print(net)   #查看神经网络结构
print(net[2])   #通过索引查看指定层
```

以上代码运行结果如下。

```
Sequential(
  (0): Conv2d(1, 20, kernel_size=(5, 5), stride=(1, 1))
```

```
(1): ReLU()
(2): Conv2d(20, 64, kernel_size=(5, 5), stride=(1, 1))
(3): ReLU()
)
Conv2d(20, 64, kernel_size=(5, 5), stride=(1, 1))
```

为便于后续修改神经网络结构,可通过 **OrderedDict** 模块为每层指定特定的名称,如:

```
import torch.nn as nn    #导入神经网络库
from collections import OrderedDict    #导入 OrderedDict 库
net = nn.Sequential(OrderedDict([
                    ('conv1', nn.Conv2d(1,20,5)),    #第 1 个卷积层
                    ('relu1', nn.ReLU()),    #第 1 个激活层
                    ('conv2', nn.Conv2d(20,64,5)),    #第 2 个卷积层
                    ('relu2', nn.ReLU())    #第 2 个激活层
                ]))
print(net)    #查看神经网络结构
print(net[2])    #通过索引查看指定层
```

以上代码运行结果如下。

```
Sequential(
  (conv1): Conv2d(1, 20, kernel_size=(5, 5), stride=(1, 1))
  (relu1): ReLU()
  (conv2): Conv2d(20, 64, kernel_size=(5, 5), stride=(1, 1))
  (relu2): ReLU()
)
Conv2d(20, 64, kernel_size=(5, 5), stride=(1, 1))
```

除以上方式外,也可以采用 **add_module()** 函数进行增量式神经网络的构建,如:

```
import torch.nn as nn    #导入神经网络库
from collections import OrderedDict    #导入 OrderedDict 库
net = nn.Sequential()    #定义无参 Sequential 对象
#增量式神经网络构建
net.add_module("conv1",nn.Conv2d(1,20,5))
net.add_module('relu1', nn.ReLU())
net.add_module('conv2', nn.Conv2d(20,64,5))
net.add_module('relu2', nn.ReLU())
print(net)    #查看神经网络结构
print(net [2])    #通过索引查看指定层
```

需要注意的是,当访问指定层时,依然需采用序号而非名称进行索引(即 net[2]而非 net["conv2"])。此外,Sequential 容器可将不同层组合为模块以嵌入另一个 Sequential 容器中,进而可构建更复杂的神经网络结构。

(7) optim 类

对于简单神经网络的训练,可以使用直接编码的方式实现相关参数优化算法;然而,对于复杂神经网络的训练,通常采用集成了 AdaGrad、SGD 与 Adam 等诸多优化算法的 optim 类更新相关参数,如定义 Adam 优化器为:

```
optimizer = torch.optim.Adam(net.parameters(), lr = 1e-4)
```

其中,net.parameters()函数用于获取神经网络 net 的参数,lr 属性用于设置相关学习率。

在此基础上,可直接利用优化器的 zero_grad()函数与 step()函数分别实现梯度的清零(避免累加)与参数的更新,即:

```
optimizer.zero_grad()    #梯度清零
optimizer.step()    #更新参数
```

💡知识拓展

传统梯度下降包括以下几种方式。

（1）批量梯度下降：每次使用所有的训练样本更新参数，易于获得全局最优解且可并行实现，但当样本数目较多时，每次迭代将耗费较多的时间，整体效率较低。

（2）随机梯度下降：每次从训练样本中随机选择一个样本更新参数，整体效率较高，但准确度下降（不易获得全局最优解）且不易于并行实现。

（3）小批量梯度下降：每次迭代选择指定数量的样本更新参数，相对随机梯度下降较易于获取全局最优解且可并行实现，但批量值选择不当可能导致内存消耗较大、收敛至局部解等问题。

为解决传统梯度下降法中存在的问题，近年来涌现出许多梯度下降的改进算法，如在随机梯度下降的基础上通过融入动量项的方式提高收敛速度与稳定性，AdaGrad 通过不同参数梯度自适应地调整相应的学习率，RMSProp 利用梯度的指数移动平均数解决了 AdaGrad 中的梯度平方和导致的参数与学习率更新不稳定的问题，Adam 利用梯度一阶矩估计和二阶矩估计动态调整每个参数的学习率。

综上所述，利用 PyTorch 框架构建神经网络的基本步骤如下。

步骤 1：定义神经网络结构。

① 利用 Sequential 容器定义神经网络结构，如：

```
net = Sequential(
      nn.Linear(5, 10),
      nn.ReLU(),
      nn.Linear(10, 20)
)
```

② 通过自定义神经网络类（继承 nn.Module 类）定义神经网络结构，如：

```
#自定义神经网络类
class Net(nn.Module):
        def __init__(self):
                super(Net, self).__init__()
                self.fc1 = nn.Linear(5, 10)
                self.fc2 = nn.Linear(10,20)
        def forward(self, x):
                x = self.fc1(x)
                x = nn.functional.relu(x)
                x = self.fc2(x)
                return x
#实例化神经网络对象
net = Net()
```

步骤 2：定义损失函数。

```
loss = torch.nn.CrossEntropyLoss() 或 loss = torch.nn.MSELoss()
```

步骤 3：定义优化器。

```
optimizer = optim.SGD(net.parameters(), lr=0.01)
```

步骤 4：训练神经网络。

```
output = net(input)    #前向传播
loss = loss(output, target)    #计算损失
optimizer.zero_grad()    #梯度清零
loss.backward()    #误差反传
optimizer.step()    #更新参数
```

步骤 5：网络测试。

```
output = net(input)
```

步骤 6：保存与载入。

```
#保存整个神经网络至磁盘
torch.save(net, file)    #file为磁盘文件
#通过磁盘文件载入整个神经网络
```

```
net = torch.load(file)    #file 为磁盘文件
#只保存神经网络参数（速度快且占内存少）
torch.save(net.state_dict(), file)    #file 为磁盘文件
#通过磁盘载入神经网络参数
net = Model()    #实例化神经网络对象
net.load_state_dict(file)    #载入神经网络参数
```

步骤 7：参数读取。

```
net.parameters()    #读取神经网络参数
net.zero_grad()    #神经网络参数梯度清零
```

12.2   应用实例

本节重点讲解基于 PyTorch 框架的回归分析、Logistic 回归、自动编码解码器、卷积神经网络、生成对抗网络、残差神经网络与孪生神经网络等常用深度学习模型的编程与应用方法。

12.2.1   回归分析

回归分析大体上分为线性回归与非线性回归，第 3 章介绍了线性回归模型及最小二乘法等，本节重点介绍基于深度学习的线性回归与非线性回归模型的构建与求解方法。

（1）线性回归

以一元线性回归为例，其目的在于根据已知数据确定最优直线（如 $y = kx + b$）以最小特定误差（如标准差）方式拟合已知数据，相关参数（如 k 与 b）通常采用损失函数对参数求导的方式求解。

① 问题描述

首先根据指定斜率与截距的直线生成真实数据点并通过添加服从正态分布的噪声的方式生成观测数据点，然后构建神经网络以根据观测数据点求取相应的直线，最终比较所求取直线与真实直线之间的偏差。

② 编程实现

根据本例问题的相关要求，相应的求解过程如下。

```
#导入科学计算库与绘图库
import numpy as np
import matplotlib.pyplot as plt
#导入 PyTorch 框架库
import torch
import torch.nn as nn
from torch.autograd import Variable
#根据指定斜率与截距的直线生成真实数据点
k,b = 2,5
#真实数据点
x0 = np.arange(0,10,0.2)
y0 = k*x0+5
#生成噪声服从正态分布的观测数据点
yn = y0+np.random.normal(0,2,50)
#构建用于 PyTorch 框架的数据
X_Train=torch.from_numpy(x0)
Y_Train=torch.from_numpy(yn)
X_Train=X_Train.unsqueeze(1)
Y_Train=Y_Train.unsqueeze(1)
X_Train=X_Train.type(torch.FloatTensor)
Y_Train=Y_Train.type(torch.FloatTensor)
#定义神经网络类并实例化神经网络对象
```

```
class LR(nn.Module):
    def __init__(self, In, H, Out):
        super(LR,self).__init__()
        self.linear1=nn.Linear(In, H)
        self.linear2=nn.Linear(H, Out)
    def forward(self, x):
        x1=self.linear1(x)
        y=self.linear2(x1)
        return y
net=LR(1,2,1)    #输入与输出维度为1,隐层维度为2
Loss=nn.MSELoss()    #采用标准差损失
Opt=torch.optim.SGD(net.parameters(),lr=1e-2)    #设置优化器
#神经网络训练
T=1000    #设定训练次数
for epoch in range(T):
    Y_=net(X_Train)    #前向传播
    L=Loss(Y_Train,Y_)    #计算误差
    Opt.zero_grad()    #梯度清零
    L.backward()    #误差反传
    Opt.step()    #更新参数
    #显示损失变化
    if (epoch==0) | ((epoch+1) % 10 == 0):
        print('Epoch[{}/{}], Loss:{:.4f}'.format(epoch+1, T, L.item()))
#神经网络测试
net.eval()
X = Variable(X_Train)
Y_Pred = net(X)    #预测出的Y值
Y_Pred = Y_Pred.data.numpy()    #转换为NumPy数组格式
#绘图真实直线、观测数据点与预测的直线
plt.figure()
plt.plot(x0,y0,'r',label='Real Line')    #真实直线
plt.plot(x0,yn,'b.',label='Noisy Points')    #观测数据点
plt.plot(x0,Y_Pred,'g',label='Predicted Line')    #预测的直线
plt.legend(loc='upper left')
```

③ 结果分析

以上代码运行结果如下。

```
Epoch[1/1000], Loss:101.9427
Epoch[10/1000], Loss:3.8449
Epoch[20/1000], Loss:3.4757
Epoch[30/1000], Loss:3.1419
…
Epoch[980/1000], Loss:0.0002
Epoch[990/1000], Loss:0.0002
Epoch[1000/1000], Loss:0.0002
```

此例中的神经网络只有一个隐层,其结构相对简单,从图 12-3 所示的实验结果可知,预测直线与真实直线之间的偏差很小,整体效果较好。

从本质上讲,神经网络通过多个神经元相关权重的调整不断表征待求的斜率与截距;在本例中,两个隐层神经元输出与输入 x 之间的关系如下:

$$\begin{cases} a_2 = f\left(w_{2,1}x + w_{2,0}\right) \\ a_3 = f\left(w_{3,1}x + w_{3,0}\right) \end{cases} \tag{12.1}$$

网络结构如图 12-4 所示。

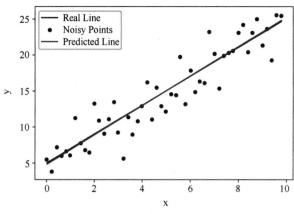

图 12-3　预测直线与真实直线的对比

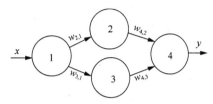

图 12-4　网络结构

相应的矩阵形式为

$$\begin{bmatrix} a_2 \\ a_3 \end{bmatrix} = f\left(\begin{bmatrix} w_{2,1} & w_{2,0} \\ w_{3,1} & w_{3,0} \end{bmatrix}\begin{bmatrix} x \\ 1 \end{bmatrix}\right) \tag{12.2}$$

输出 y 与隐层神经元的输出 a_2 与 a_3 之间的关系为

$$y = f\left(w_{4,2}a_2 + w_{4,3}a_3 + w_{4,0}\right) \tag{12.3}$$

相应的矩阵形式为

$$y = f\left(\begin{bmatrix} w_{4,2} & w_{4,3} & w_{4,0} \end{bmatrix}\begin{bmatrix} a_2 \\ a_3 \\ 1 \end{bmatrix}\right) \tag{12.4}$$

将式(12.2)代入式(12.4)可得

$$y = f\left(\begin{bmatrix} w_{4,2} & w_{4,3} & w_{4,0} \end{bmatrix}\begin{bmatrix} w_{2,1} & w_{2,0} \\ w_{3,1} & w_{3,0} \\ 0 & 1 \end{bmatrix}\begin{bmatrix} x \\ 1 \end{bmatrix}\right) \tag{12.5}$$

展开可得

$$y = f\left(\begin{bmatrix} w_{4,2}w_{2,1} + w_{4,3}w_{3,1} & w_{4,2}w_{2,0} + w_{4,3}w_{3,0} + w_{4,0} \end{bmatrix}\begin{bmatrix} x \\ 1 \end{bmatrix}\right) \tag{12.6}$$

最终可得直线斜率、截距与神经元权重之间的关系为

$$\begin{cases} k = w_{4,2}w_{2,1} + w_{4,3}w_{3,1} \\ b = w_{4,2}w_{2,0} + w_{4,3}w_{3,0} + w_{4,0} \end{cases} \tag{12.7}$$

通过以下代码可查看各神经元参数：

```
print(list(net.parameters()))
```

其结果为：

```
[('linear1.weight', Parameter containing:tensor([[1.5194],[0.4105]], requires_grad=True)),
 ('linear1.bias', Parameter containing:tensor([-2.4089, -0.7019], requires_grad=True)),
 ('linear2.weight', Parameter containing:tensor([[1.2464, 0.3312]], requires_grad=True)),
 ('linear2.bias', Parameter containing:tensor([8.0681], requires_grad=True))]
```

将以上权重代入上式可知

$$k = 1.2464 \times 1.5194 + 0.3312 \times 0.4105 = 2.02973776$$

$$b = 1.2464 \times (-2.4089) + 0.3312 \times (-0.7019) + 8.0681 = 4.83317776$$

根据结果可知，神经网络训练获取的参数矩阵与真实模型参数并非一一对应的关系，但可以表

示真实模型参数。在实际中，并不能提前知道数据中蕴含的模型形式或由于模型过于复杂而无法显式表达，因而可以通过构造合适的神经网络确定相应的参数，这正是神经网络的强大之处。

（2）非线性回归

在实际中，相对于变量之间的线性关系，变量之间的非线性关系更为普遍（如抛物体的位置与时间的关系、药物在体内的浓度与时间的关系等），非线性回归的目的在于根据已知观测数据确定变量之间的非线性关系。与线性回归类似，当非线性回归模型形式已知时，非线性回归的关键在于求解相关参数，而当非线性回归模型形式未知时，只能在观测数据基础上通过构造合理的神经网络进行近似。

理论而言，通过设计神经网络层次与每层维度，可以实现任意复杂曲线的拟合。在构建神经网络时，隐层维度是决定参数矩阵复杂度（或模型的复杂度）的重要因素，隐层维度越高，神经网络的表达能力越强。然而，在实际中要综合考虑观测数据数量与分布特征，否则不一定能获得可靠的结果（如观测数据蕴含的真实模型是二次曲线，若采用非常复杂的神经网络模型，很可能出现过拟合的问题；如果采用过于简单的神经网络模型，则可能出现欠拟合的问题），所以，通常将训练样本与测试样本对应的误差变化曲线进行可视化以直观地根据其变化规律确定合适的神经网络模型。

① 问题描述

首先根据二次曲线 $y = 2x^2 - 5x + 6$ 生成带噪数据点，然后构建神经网络对其进行拟合并比较所拟合曲线与真实曲线之间的偏差。

② 编程实现

根据本例问题的相关要求，相应的求解过程如下。

```
import numpy as np
#导入 PyTorch 框架库
import torch
from torch.autograd import Variable
import matplotlib.pyplot as plt
from torch import nn
import torch.nn.functional as F
#构造数据
a,b,c=2,5,6    #设置参数
x = torch.linspace(-8,8,100)
x_train = x.unsqueeze(1)
y = a* x.pow(2) - b *x + c
y += 20*(torch.rand(x.size())-0.5)
y_train = y.unsqueeze(1)
#定义神经网络类并实例化神经网络对象
class NLR(nn.Module):
    def __init__(self,n_feature,n_hidden,n_output):
        super(NLR, self).__init__()
        self.hidden = nn.Linear(n_feature,n_hidden)    #隐层
        self.predict = nn.Linear(n_hidden,n_output)    #输出层
    def forward(self, x):
        x = self.hidden(x)    #由输入层到隐层
        x_act = F.relu(x)    #ReLU 激活
        y = self.predict(x_act)    #由隐层到输出层
        return y
net = NLR(1,10,1)    #输入层与输出层维度为1，隐层维度为10
#设置损失函数
Loss = nn.MSELoss()    #采用标准差损失
Opt = torch.optim.SGD(net.parameters(), lr=1e-3)    #设置优化器
#神经网络训练
T = 5000    #设定迭代次数
X = Variable(x_train)
```

```
        Y = Variable(y_train)
        #设置绘图输出模式
        plt.ion()
        plt.show()
        for epoch in range(T):
            Y_pred = net(X)     # 前向传播
            L = Loss(Y_pred, Y)    #计算误差
            Opt.zero_grad()    #梯度清零
            L.backward()     #误差反传
            Opt.step()    #更新参数
            #输出中间结果
            if (epoch==0) | ((epoch+1) % 10 == 0):
                print('Epoch[{}/{}], Loss:{:.4f}'.format(epoch+1, T, L.item()))
                #展示中间结果
                plt.cla()
                plt.plot(X.numpy(), Y.numpy(), 'ro')
                plt.plot(X.numpy(), Y_pred.detach().numpy(), c='b', lw=4)
                plt.text(-2,100,'Loss:%.4f'%L.item(), fontdict={'size':25, 'color': 'green'})
                plt.pause(0.1)
        #神经网络测试
        net.eval()
        Y_pred = net(Variable(x_train))
        plt.plot(x_train.numpy(), y_train.numpy(), 'ro', label='Noisy Points')
        plt.plot(x_train.numpy(), Y_pred.detach().numpy(), c='b', lw=2, label='Fitted
Line[n_hidden: 10]')
        plt.legend(loc='upper left')
        plt.show()
```

③ 结果分析

以上代码部分运行结果如下。

```
Epoch[1/5000], Loss:4625.5933
Epoch[10/5000], Loss:695.6935
Epoch[50/5000], Loss:186.5096
Epoch[300/5000], Loss:102.0203
Epoch[400/5000], Loss:85.0169
Epoch[800/5000], Loss:48.0756
Epoch[1600/5000], Loss:37.5881
Epoch[3200/5000], Loss:34.6459
Epoch[4000/5000], Loss:34.6195
Epoch[5000/5000], Loss:34.6118
```

通过采样的方式，由图 12-5（a）～（c）可以看出代价值（Loss）不断下降。图 12-5（d）所示为隐层维度为 10 时的拟合曲线，图 12-5（e）显示了真实曲线、隐层维度为 5 及隐层维度为 10 的拟合曲线。

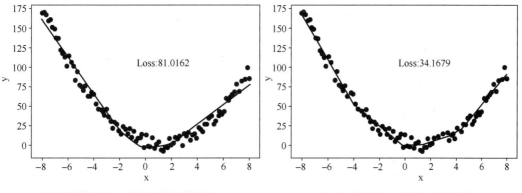

（a）隐层维度为 10 时神经网络训练结果 1　　　　（b）隐层维度为 10 时神经网络训练结果 2

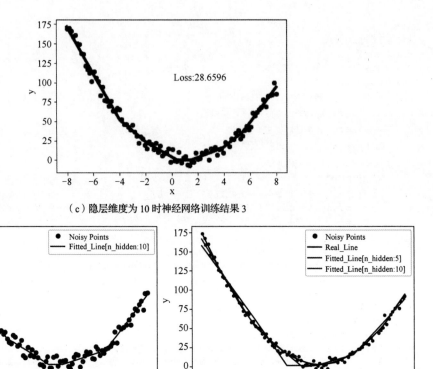

（c）隐层维度为10时神经网络训练结果3

（d）隐层维度为10时神经网络训练结果4　　　　　（e）不同隐层维度时的拟合曲线

图 12-5　非线性回归

在此例中，利用仅有 1 个隐层的神经网络可较好地对非线性分布的数据点进行有效拟合（如损失函数值不断降低及所拟合曲线不断逼近真值），且其维度较高时效果更好（较低的维度相应模型复杂度较低，易出现欠拟合问题）；在此过程中，具有非线性映射功能的激活函数起到至关重要的作用。

12.2.2　Logistic 回归

Logistic 回归算法的基本原理请参阅第 4 章相关内容，本节主要介绍利用 PyTorch 框架构建 Logistic 回归模型的基本方法。

（1）两类样本分类

Logistic 回归算法在原理上主要用于解决两类分类问题，本例以 make_blobs 数据集为例描述其具体应用方法。下面通过实例介绍 Logistic 回归算法在解决两类分类问题时的应用方法。

① 问题描述

首先基于 make_blobs 数据集构造数据，然后利用 PyTorch 框架实现 Logistic 回归算法以对样本进行分类并绘制分类效果图。

② 编程实现

根据本例问题的相关要求，相应的求解过程如下。

```
#导入神经网络库
import torch
from torch import nn
#from torch.autograd import Variable
#导入绘图库
import matplotlib.pyplot as plt
#导入科学计算库
```

```
import numpy as np
#导入 make_blobs 数据集
from sklearn.datasets import make_blobs
#构造数据
X, y = make_blobs(n_samples=500, n_features=2, centers=[[0,0], [1,2]], cluster_std=[0.4, 0.5])
#转换为类型
x_train = torch.tensor(X).type(torch.FloatTensor)
y_train = torch.tensor(y).type(torch.FloatTensor)
#构建神经网络
#自定义神经网络类
class L_NN(nn.Module):
    def __init__(self,n_feature):
        super(L_NN, self).__init__()
        self.lr = nn.Linear(n_feature, 1)
        self.predict = nn.Sigmoid()
    def forward(self, x):
        x_ =self.lr(x)
        y = self.predict(x_)
        return y.squeeze(-1)     #调整格式使其与训练样本中的 y 值格式相一致
#实例化神经网络对象
net = L_NN(2)    #两个维度对应两个特征
# 定义损失函数
Loss = nn.BCELoss()    #二元交叉熵损失函数
#定义优化器
Opt = torch.optim.SGD(net.parameters(), lr=1e-3, momentum=0.9)
#训练神经网络
T=1000    #设定迭代次数
for epoch in range(T):
    y_pred = net(x_train)    #前向传播
    L = Loss(y_pred,y_train)    #计算损失
    Opt.zero_grad()    #梯度清零
    L.backward()    #误差反传
    Opt.step()    #更新参数
    #计算预测精度
    label = y_pred.ge(0.5).float()    #以 0.5 为阈值进行分类
    acc = (label == y_train).float().mean()    #计算精度
    #每 10 轮显示一次误差与精度
    if (epoch==0) | ((epoch+1) % 10 == 0):
        print('Epoch:[{}/{}], Loss: {:.4f}, Accuracy: {:.4f}'.format(epoch+1, T,
L.item(), acc))
#分类结果可视化
#获取模型参数
w0, w1 = net.lr.weight[0]
w0 = float(w0.item())
w1 = float(w1.item())
b = float(net.lr.bias.item())
plot_x = np.arange(min(X[:,0]), max(X[:,0]), 0.1)
plot_y = (-w0 * plot_x - b) / w1
plt.figure()
plt.scatter(X[:, 0], X[:, 1], marker='o',s=50,c=y, cmap='RdYlGn',linewidths=1,
edgecolors='k')
plt.plot(plot_x, plot_y,color='b',lw=4)
plt.show()
#查看参数
para_list = list(net.parameters())
print(para_list)
```

③ 结果分析

以上代码运行结果如下。

```
Epoch:[1/1000], Loss: 0.8952, Accuracy: 0.3140
Epoch:[10/1000], Loss: 0.8736, Accuracy: 0.3120
Epoch:[20/1000], Loss: 0.8285, Accuracy: 0.3180
Epoch:[30/1000], Loss: 0.7800, Accuracy: 0.3160
Epoch:[40/1000], Loss: 0.7350, Accuracy: 0.3480
…
Epoch:[390/1000], Loss: 0.3499, Accuracy: 0.9140
Epoch:[400/1000], Loss: 0.3462, Accuracy: 0.9180
Epoch:[410/1000], Loss: 0.3425, Accuracy: 0.9200
Epoch:[420/1000], Loss: 0.3390, Accuracy: 0.9240
Epoch:[430/1000], Loss: 0.3355, Accuracy: 0.9240
…
Epoch:[960/1000], Loss: 0.2207, Accuracy: 0.9720
Epoch:[970/1000], Loss: 0.2193, Accuracy: 0.9720
Epoch:[980/1000], Loss: 0.2180, Accuracy: 0.9740
Epoch:[990/1000], Loss: 0.2167, Accuracy: 0.9740
Epoch:[1000/1000], Loss: 0.2153, Accuracy: 0.9740
[Parameter containing:
tensor([[0.9101, 1.2692]], requires_grad=True),
Parameter containing:
tensor([-1.0419], requires_grad=True)]
```

在神经网络类的定义中，输出层采用 Sigmoid 函数实现，返回值进行降维处理以使预测类别标记与分类标记结构一致，否则在求取相关代价值时将出现结构不一致的问题。在神经网络的训练中，对于两类样本的分类，通常采用二元交叉熵损失函数度量代价值，而为了提高参数优化的效果，本例采用了带动量的 SGD 算法；从输出结果可以发现，代价值在不断降低且精度在不断提高。此外，本例采用两种方式获取已训练神经网络的参数，结果如图 12-6 所示，整体分类结果较好。

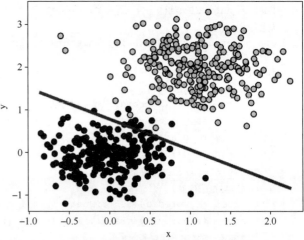

图 12-6　利用 Logistic 回归算法对两类样本进行分类

（2）多类样本分类

Logistic 函数主要用于解决两类分类问题，若对多类样本进行分类，通常采用 Softmax 函数。假设分类器的 K 个类别相应的输出概率为 $\{Z_i\}_{i=1}^{K}$，Softmax 函数将其映射至[0,1]，即

$$\text{Softmax}(Z_i) = \frac{\exp(Z_i)}{\sum_{i=1}^{K}\exp(Z_i)} \tag{12.8}$$

根据式(12.8)，映射后的值可视为不同类别的分类可信度（或不同类别出现的概率），进而可从中选择最大者对应的类别作为当前样本的最优类别。

此外，相对两类样本分类中的二元交叉熵损失函数 BCELoss()，多类样本分类通常采用多元交叉熵损失函数 CrossEntropyLoss()。

下面通过实例介绍 Logistic 回归算法在解决多类分类问题时的应用方法。

① 问题描述

MNIST 数据集包含 10 个阿拉伯数字（即 0~9 共 10 个类别标记）对应的图像（分辨率为 28 像

素×28 像素），示例如图 12-7 所示，训练图像与测试图像分别为 60000 幅与 10000 幅。

利用训练图像构建手写数字图像识别模型并利用测试图像测试其精度。

图 12-7　MNIST 数据集示例

> 💡**知识拓展**
>
> （1）利用 Torchvision 库加载数据
>
> MNIST 数据集可通过 Torchvision 库进行加载，其中需要用到以下两个类。
>
> ① Datasets 类：加载指定数据集。
>
> 加载 MNIST 数据集的函数原型如下（仅展示常用参数）。
>
> ```
> datasets.MNIST(root,train=True,transform=None,download=False)
> ```
>
> 其中，root 表示下载后数据集存放的位置，train 表示数据集是否参与模型的训练，transform 表示是否进行预处理操作，download 表示是否下载（如果设置为 False，应保证本地磁盘存储有数据集）。
>
> 加载 MNIST 数据集的示例如下。
>
> ```
> train_dataset = datasets.MNIST(root='./data/', train=True, transform=im_transform, download=True)
> ```
>
> 其中，im_transform 为预定义的图像预处理操作（如平移、旋转等）。
>
> ② DataLoader 类：对利用 Datasets 类加载的数据集进行批量选择、并行处理等操作。
>
> DataLoader 类相应的函数原型如下（仅展示常用参数）。
>
> ```
> DataLoader(dataset, batch_size=1, shuffle=False, sampler=None, num_workers=0)
> ```
>
> 其中，dataset 为由 Datasets 类实例化的数据集对象，batch_size 为每次处理的图像数量，shuffle 表示是否将数据打乱，num_workers 表示使用的进程数量。
>
> 对 MNIST 数据集进行处理的示例如下。
>
> ```
> train_loader = torch.utils.data.DataLoader(dataset=train_dataset, batch_size=32, shuffle=True)
> ```
>
> 需要注意的是，DataLoader 对象作为数据迭代器，通常通过以下形式访问其中的数据。
>
> ```
> for index, data in enumerate(dataloader,start_index)
> ```
>
> 其中，每次循环将读取由参数 batch_size 指定数量的数据，循环结束将读取所有的数据。
>
> （2）自定义数据集
>
> 若需操作指定数据集，需要继承 Datasets 类并重写以下 3 个函数。
>
> ① __init__()：加载数据并设置初始化信息。
>
> ② __len__()：返回数据集长度。
>
> ③ __getitem__()：根据索引序号返回指定数据。
>
> 具体示例如下。
>
> ```
> from PIL import Image    #导入图像处理库的 Image 库
> import matplotlib.pyplot as plt    #导入绘图库
> from torch.utils.data import Dataset    #导入数据集
> import os    #导入文件处理库
> class MyDataSet(Dataset):
>     def __init__(self,data_file,label_file):
>         self.data_file = data_file    #所有样本文件夹所在的文件夹
>         self.label_file = label_file    #样本文件夹（类别标记=文件夹名称）
>         self.path = os.path.join(self.data_file,self.label_file)    #图像样本所在文件夹
> ```

```
            self.im_path = os.listdir(self.path)   #图像文件列表
        def __getitem__(self,ix):
            im_name = self.im_path[ix]   #指定图像序号
            im = os.path.join(self.data_file,self.label_file,im_name)   #确定文件路径
            im_data = Image.open(im)    #加载文件
            im_label = self.label_file   #类别标记
            return im_data, im_label    #返回图像与类别标记
        def __len__(self):
            return len(self.im_path)    #图像数量
    #实例化数据集对象
    label_file = '3'   #指定样本文件夹（类别标记=文件夹名称）
    data_file = 'E:\\DATA\\CIFAR\\train\\'   #所有样本文件夹所在的文件夹
    mydataset= MyDataSet(data_file,label_file)
    #读取与显示指定图像
    im,label = mydataset[5]
    plt.figure()
    plt.imshow(im)
    plt.show()
```

② 编程实现

根据本例问题的相关要求，相应的求解过程如下。

```
#导入绘图库
import matplotlib.pyplot as plt
#导入 PyTorch 框架库
import torch
from torch import nn
from torch.autograd import Variable
import numpy as np   #导入科学计算库
#导入视觉处理相关库
import torchvision
from torchvision import datasets
from torchvision import transforms
#设置参数
batch_size = 32   #每次处理的图像数量
N = 28   #图像尺寸
#图像预处理操作（只进行张量化与归一化）
img_transform = transforms.Compose([
    transforms.ToTensor(),
    transforms.Normalize(mean=(0.5, ), std=(0.5, ))    #灰度图的均值与方差均为0.5
])
#加载 MNIST 数据集
train_dataset = datasets.MNIST(root='./data/', train=True, transform=img_transform, download=True)
test_dataset = datasets.MNIST(root='./data/', train=False, transform=img_transform, download=True)
train_loader = torch.utils.data.DataLoader(dataset=train_dataset, batch_size=batch_size, shuffle=True)
test_loader = torch.utils.data.DataLoader(dataset=test_dataset, batch_size=batch_size, shuffle=True)
#构建神经网络
class L_NN2(nn.Module):
    def __init__(self, in_dim, n_class):
        super(L_NN2, self).__init__()
        self.logstic = nn.Linear(in_dim, n_class)   #直接进行线性映射
    def forward(self, x):
        y = self.logstic(x)
```

```
                return y
net = L_NN2(N*N, 10)    #图像分辨率为28像素×28像素
#神经网络训练
Loss = nn.CrossEntropyLoss()    #多元交叉熵损失函数
Opt = torch.optim.SGD(net.parameters(), lr=1e-3)    #定义优化器
T=100  #设置迭代次数
for epoch in range(T):
    loss_ = 0.0  #初始化本轮训练误差
    acc_ = 0.0   #初始化本轮训练精度
    for i, data in enumerate(train_loader, 1):
        im, label = data    #读取图像与类别标记
        im = im.view(im.size(0), -1)    #将图像拉伸为28×28维向量
        label_pred = net(im)   #前向传播
        L = Loss(label_pred, label)   #计算误差
        loss_ += L.data.numpy()   #误差累积
        _, label_opt = torch.max(label_pred, 1)   #求取预测概率最大者对应的类别
        acc_ += (label_opt == label).float().mean()   #累积精度
        Opt.zero_grad()   #梯度清零
        L.backward()   #误差反传
        Opt.step()   #更新参数
#输出每轮代价值与精度
    if (epoch==0) | ((epoch+1) % 10 == 0):
        print('Epoch:[{}/{}], Loss:{:.4f}, Accuracy:{:.4f}'.format(epoch+1, T, loss_/i, acc_/i))
#测试神经网络
net.eval()
acc_ = 0.0   #初始化精度
for i, data in enumerate(test_loader, 1):
    im, label = data    #读取图像与类别标记
    im = im.view(im.size(0), -1)    #将图像拉伸为28×28维向量
    label_pred = net(im)   #前向传播
    _, label_opt = torch.max(label_pred, 1)   #求取预测概率最大者对应的类别
    acc_ += (label_opt == label).float().mean()   #累积精度
print('Accuracy: {:.4f}'.format(acc_/i))
#指定图像进行测试
test_set = enumerate(test_loader)
idx,(test_data,test_labels) = next(test_set)   #读取batch_size指定数量的图像
#提取图像与类别标记
im_test = test_data[15,:]   #读取序号为15的图像
im_test = im_test.view(im_test.size(0), -1)    #将图像拉伸为28×28维向量
y_pred = net(im_test)   #利用已训练的神经网络预测类别
_, y_pred = torch.max(y_pred.data, 1)    #求取预测概率最大者对应的类别
#显示图像与预测的类别标记
im = im_test.reshape(28,28)   #将28×28维向量还原为图像尺寸
#显示结果
plt.figure()
plt.imshow(im,cmap='gray')
plt.title('Predicted result:'+str(y_pred.item()))
```

③ 结果分析

以上代码运行结果如下。

```
Epoch:[1/100], Loss: 1.0633, Accuracy: 0.7544
Epoch:[10/100], Loss: 0.3642, Accuracy: 0.8990
...
```

```
Epoch:[90/100], Loss: 0.2781, Accuracy: 0.9222
Epoch:[100/100], Loss: 0.2758, Accuracy: 0.9228
Accuracy: 0.9214
```

针对 10 类手写数字图像样本的分类或识别，本例仅采用线性映射计算单元构建相应的神经网络并采用交叉熵损失函数对其进行训练，实验结果表明，相应的精度较高（见图 12-8）。手写数字图像为二值型图像且数字区域较为规整，因而可通过直接将其拉伸为向量并映射为指定类别数量的方式对其进行分类；然而，对于较为复杂的图像分类或识别，通常需要进行图像预处理与扩充、卷积运算（即不同层次特征的提取）与非线性映射（即利用激活函数的变换）等操作才能获得较好的结果。

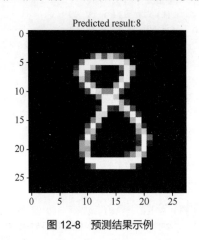

图 12-8 预测结果示例

12.2.3 自动编码解码器

自动编码解码器是一种尽可能复现输入数据的无监督式神经网络模型，可以从数据中提取最为关键的隐含特征（称为编码），同时可用所提取的特征以差别最小的方式重构出输入数据（称为解码）。类似主成分分析，自动编码解码器也可进行特征降维，但其性能更强，这主要由于神经网络模型可通过不同非线性运算的组合提取不同层次的局部与全局特征；此外，由自动编码解码器提取的不同层次的特征可输入监督式分类器（如支持向量机、Logistic 回归等模型）以对样本进行分类，相对于传统的人工设计的特征，其整体性能更优。

在监督式神经网络中，如图 12-9（a）所示，样本 x 输入神经网络并输出预测类别标记 $y^\#$，然后通过特定的损失函数度量预测类别标记 $y^\#$ 与真实类别标记 y 之间的误差并采用误差反传的方式修正神经网络权重。然而，当真实类别标记 y 未知时，监督式神经网络将无法得以应用。与监督式神经网络不同，自动编码解码器采用编码与解码的方式从输入数据中提取不同层次的特征，如图 12-9（b）所示，将样本 x 输入编码器后，输出可视化样本 x 在新特征空间的表达 x^c，此时若采用处理方式与编码过程逆向的解码器对特征表达 x^c 进行解码，则其结果 x^d 应与样本 x 的相关性不大，而若两者的误差小于指定的标准，则可认为编码器的输出结果 x^c 是可靠的。

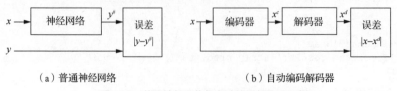

（a）普通神经网络　　　　　　　　　　（b）自动编码解码器

图 12-9 普通神经网络与自动编码解码器示例

需要注意的是，编码器与解码器的结构仍是普通的神经网络，两者通过异向的数据处理方式实现输入样本非线性变换，通过最小化其自身与相关变换结果之间的误差及不断调整编码器与解码器的权重两个过程，可提高输入样本非线性变换的可靠性。此外，输入样本的编码与解码过程可通过级联的方式实现不同层次的非线性变换（如第 1 次编码结果可作为第 2 次编码的输入），进而实现输入样本不同层次的特征表达。在理论上，前级编码输出的特征表达细节程度相对较高，后级编码输出的特征表达则更加抽象。

下文通过实例介绍自动编码解码器的应用方法。

（1）问题描述

构建自动编码解码器（编码器与解码器结构自定）并对 MNIST 数据集进行特征提取。

（2）编程实现

根据本例问题的相关要求，相应的求解过程如下。

```python
#导入 PyTorch 框架库
import torch
import torch.nn as nn
from torch.autograd import Variable
#导入视觉处理相关库
from torch.utils.data import DataLoader
from torchvision import datasets, transforms
#导入绘图库
import matplotlib.pyplot as plt
batch_size=32
#加载数据（仅做张量化预处理）
train_dataset=datasets.MNIST(root='./data/',train=True,transform=transforms.ToTensor(),
download=False)
test_dataset = datasets.MNIST(root='./data', train=False, transform=transforms.ToTensor())
train_loader = DataLoader(dataset=train_dataset, batch_size=batch_size, shuffle=True)
test_loader = DataLoader(dataset=test_dataset, batch_size=batch_size, shuffle=False)
#构建自动编码解码器
#定义自动编码解码器类
class AutoEncoder(nn.Module):
    def __init__(self):
        super(AutoEncoder, self).__init__()
        #编码（层次、每层维度与激活函数类型可调整）
        self.encoder = nn.Sequential(
            nn.Linear(28*28, 128),
            nn.Tanh(),
            nn.Linear(128, 64),
            nn.Tanh(),
            nn.Linear(64, 12),
            nn.Tanh(),
            nn.Linear(12, 3),
        )
        #解码（层次、每层维度与激活函数类型可调整；注意与编码过程的对应）
        self.decoder = nn.Sequential(
            nn.Linear(3, 12),
            nn.Tanh(),
            nn.Linear(12, 64),
            nn.Tanh(),
            nn.Linear(64, 128),
            nn.Tanh(),
            nn.Linear(128, 28*28),
            nn.Sigmoid(),
        )
    def forward(self, x):
        encoded = self.encoder(x)          #数据编码
        decoded = self.decoder(encoded)    #数据解码
        return encoded, decoded    #返回结果
```

```
#实例化自动编码解码器对象
autoencoder = AutoEncoder()
#训练自动编码解码器
#定义损失函数
Loss = nn.MSELoss()    #标准差损失函数
#设置优化器
Opt = torch.optim.Adam(autoencoder.parameters(), lr=0.005)
#开始训练
T = 50    #设定训练次数
for epoch in range(T):
    loss_ = 0.0    #初始化训练误差
    for i, (x, y) in enumerate(train_loader, 1):
        b_x = Variable(x.view(-1, 28*28))    #将图像拉伸为 28×28 维向量
        b_y = Variable(x.view(-1, 28*28))    #与 b_x 相同
        encoded, decoded = autoencoder(b_x)    #编码与解码
        L = Loss(decoded, b_y)    #计算误差
        loss_ += L.item()    #误差累积
        Opt.zero_grad()    #梯度清零
        L.backward()    #误差反传
        Opt.step()    #更新参数
    #显示误差变化
    if (epoch==0) | ((epoch+1) % 10 == 0):
        print('Epoch:[{}/{}], Loss: {:.4f}'.format(epoch+1, T, loss_/ i))
#测试自动编码解码器
x = test_dataset.data[1:2]    #读取图像
im = x.numpy().reshape(28,28)    #将 28×28 维向量还原为图像尺寸
#显示真实图像
plt.figure(1)
plt.imshow(im,cmap='gray')
#利用自动编码解码器提取特征
#编码
x_ = Variable(x.view(-1, 28*28).type(torch.FloatTensor)/255.)
encoded_data, _ = autoencoder(x_)
#解码
decoded_data = autoencoder.decoder(encoded_data)
#结果显示
plt.figure(2)
decoded_im = decoded_data.detach().numpy().reshape(28,28)    #将 28×28 维向量还原为图像尺寸
plt.imshow(decoded_im,cmap='gray')
```

（3）结果分析

```
Epoch:[1/50], Loss: 0.0521
Epoch:[10/50], Loss: 0.0358
Epoch:[20/50], Loss: 0.0351
Epoch:[30/50], Loss: 0.0346
Epoch:[40/50], Loss: 0.0344
Epoch:[50/50], Loss: 0.0344
```

以上代码运行结果如图 12-10（a）和图 12-10（b）所示。

自动编码解码器的主要目的在于提取图像的关键特征，在本例中，通过简单的线性映射与基于双曲正切函数的激活，如图 12-10（b）所示，图像的主体轮廓可被可靠地提取。需要注意的是，在编码阶段，原 28×28 维向量被映射为 3 维向量，此 3 维向量包含原图像的关键信息。在此情况下，任意 3 维向量均可反向映射为相应的图像，添加如下随机数生成图像的代码：

```
code = torch.FloatTensor([[0.1, -0.9, 0.3]])
decode = autoencoder.decoder(code)
```

```
decode = decode.view(decode.size()[0], 28, 28)
decoded_im = decode.detach().numpy().reshape(28,28)
plt.imshow(decoded_im, cmap='gray')
```

运行结果如图 12-10（c）所示，整体而言，其结果虽存在"不可知"的细节，但主体轮廓较为明晰。

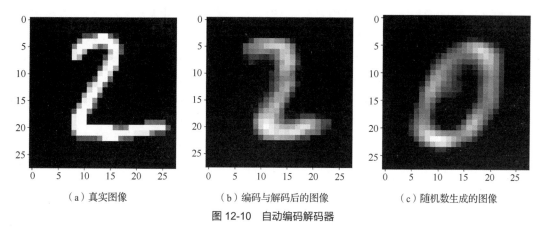

（a）真实图像　　　　　　　　　（b）编码与解码后的图像　　　　　　　　（c）随机数生成的图像

图 12-10　自动编码解码器

12.2.4　卷积神经网络

卷积神经网络（Convolutional Neural Network）是一种用于提取图像不同层次特征且具有局部连接、权重共享等特性的神经网络，其基本机制源于生物学上的感受野，即只有视网膜上的特定区域（感受野）才能激活视觉神经元。卷积神经网络主要使用在图像与视频的分析与理解任务（图像分类、人脸识别、物体检测、图像分割等）中，其准确率远远高于浅层神经网络。

典型的卷积神经网络由输入层、卷积层、激活层、池化层、全连接层与输出层组成（卷积层、激活层与池化层通常组合成具有不同参数的卷积组以提取图像不同层次的特征）。

（1）输入层

卷积神经网络可对灰度图像与 RGB 图像进行处理。对于灰度图像，其像素取值范围为[0,255]（0 表示纯黑、255 表示纯白、其间数字表示灰色），相应的输入可视为一个 $M×N×1$ 矩阵（M 与 N 分别表示图像行数与列数）；而对于 RGB 图像，由于其像素颜色由红、绿、蓝三原色组合而成，相应的输入可视为一个 $M×N×3$ 矩阵（数字 3 表示 3 个与三原色对应且具有相同行列的矩阵）。

（2）卷积层

卷积层主要用于提取图像不同层次的特征，而卷积运算可视为利用卷积核（特定的权重矩阵）对图像局部区域对应像素进行加权求和以生成特征图像的过程。如图 12-11 所示，图像与卷积核分别为 3×4 与 2×2 的矩阵，以图像左上角为基准点将卷积核叠放于图像之上后，可通过对点相乘与求和的方式生成特征图像左上角位置的像素值 $am+bn+ex+fy$，而若卷积核逐像素（每次移动 1 个像素）向右平移并进行类似卷积的运算，则可依次生成特征图像第一行第 2、3 位置的像素值 $bm+cn+fx+gy$ 与 $cm+dn+gx+hy$，同理可知，将卷积核向下平移可生成特征图像第二行所有位置的像素值。

m	n
x	y

a	b	c	d
e	f	g	h
i	j	k	l

$am+bn+ex+fy$	$bm+cn+fx+gy$	$cm+dn+gx+hy$
$em+fn+ix+jy$	$fm+gn+jx+ky$	$gm+hn+kx+ly$

　（a）卷积核　　　　（b）原图　　　　　　　　　（c）特征图

图 12-11　卷积运算过程

根据卷积运算的原理可知，由卷积运算生成的特征图像尺寸通常小于原图像尺寸，在实际中并不利于后续更高层次的特征提取（即利用卷积核再次对特征图像进行卷积运算）与相关运算。为解决此问题，一般先对参与卷积运算的图像周围进行扩充并填充为指定的像素值（如 0）。对于尺寸为 $N_w \times N_h \times N_d$ 的图像（$N_d=1$ 为灰度图像，$N_d=3$ 为 RGB 图像），不妨设其需扩充的像素（即宽度）为 P，则扩充后的图像尺寸为 $(N_w+2P) \times (N_h+2P) \times N_d$，若利用尺寸为 $n_w \times n_h \times N_d$ 的卷积核（卷积核的通道与图像的通道应相同）对扩充后的图像进行卷积运算，则生成的特征图像尺寸为 $(N_w-n_w+2P+1) \times (N_h-n_h+2P+1)$；因而，若使特征图像尺寸与原图像尺寸相同，只需令 $N-n+2P+1=N$，进而可知 P 可设置为 $(n-1)/2$（n 表示卷积核的行数或列数）。

此外，为提高卷积运算的效率，通常使卷积核以较大的步长或幅度（如移动多个像素）在图像上平移；对于尺寸分别为 $N_w \times N_h \times N_d$ 与 $n_w \times n_h \times N_d$ 的图像与卷积核，若卷积核平移步长与图像扩充宽度分别为 S 与 P，则最终可生成尺寸为 $\left[(N_w-n_w+2P)/S+1\right] \times \left[(N_h-n_h+2P)+1\right]$ 的特征图像。在实际中，卷积核平移步长的设置没有明确的标准，若其设置得过小，则所提取的特征将更加全面，但同时也将导致计算量过大甚至出现过拟合等问题；而若其设置得过大，则计算量会下降，但同时也将损失一些可能有用的图像特征。因此，在计算资源允许的前提下，建议使用相对较小的卷积核平移步长以防止图像特征损失。

在构建卷积神经网络时，有以下几个关键问题需注意。

① 不同图像通道可采用不同的卷积核，不同类型的卷积核可提取图像不同的特征。

② 利用多个卷积核对图像进行卷积运算后可获得多个特征图像（特征图像的通道数等于卷积核的数量），即 $\left[(N_w-n_w+2P)/S+1\right] \times \left[(N_h-n_h+2P)/S+1\right] \times K$（$K$ 为卷积核的数量）。

③ 卷积层具有局部连接与权重共享两个重要特性，不但可降低卷积神经网络的复杂度，而且可使卷积神经网络具有一定的平移、缩放等空间不变性。局部连接是指卷积层中的每个神经元只与输入图像特定局部区域（感受野）内的神经元相连；权重共享是指卷积核相应的参数对于输入图像不同区域或感受野是公用的。

④ 不同层次的卷积层可提取图像不同层次的特征，底层卷积层偏向于提取图像局部特征（如物体的边缘），而高层卷积层偏向于提取具有语义信息的全局特征（如物体的结构）。

⑤ 卷积神经网络的训练中，图像与卷积核尺寸、图像扩充宽度、卷积平移步长、卷积核数量等参数可依据经验手动设置，而与神经元相关的权重则需通过适当的训练或优化算法进行确定。

（3）激活层

激活函数可以提高卷积神经网络非线性建模的能力。在具体构建卷积神经网络时，通常在卷积层后串接由特定激活函数构造的激活层以对特征图像进行非线性运算，进而实现更为有效的特征表达。常用的激活函数可参考第 11 章的相关内容。

激活函数 $f(x)$ 具有饱和与非饱和两个特性，即当 $\lim\limits_{x \to +\infty} f'(x)=0$ 或 $\lim\limits_{x \to -\infty} f'(x)=0$ 时，分别称其为右饱和或左饱和，当左饱和与右饱和条件均满足时称其为饱和。饱和激活函数（如 Sigmoid 函数）易导致梯度弥散问题，而非饱和激活函数（如 ReLU 函数及其变体）在一定程度上可解决梯度弥散问题且收敛速度相对较快。

（4）池化层

在卷积神经网络中设置池化层的目的在于：对特征图进行压缩处理以降低计算复杂度或减小模型的规模；突出主要特征或提高特征的稳健性；在一定程度上控制过拟合。池化操作包括平均池化与最大池化两种。如图 12-12 所示，最大池化操作在特征图像中将 2×2 区域内的最大像素值作为原区域特征的表达（步长为 2）。

需要注意的是，池化操作相关窗口尺寸是人工设置的，并无其他任何参数需要设置或训练。

4	6	7	4
1	0	2	1
0	1	5	6
6	9	0	3

6	7
9	6

图 12-12　最大池化示例

（5）全连接层

全连接层旨在将通过卷积、激活与池化等操作生成的特征图像进一步映射为特征向量以输入分类器（如 Softmax 分类器）进行分类。需要注意的是，在原图像未经卷积、激活与池化等处理时，直接采用全连接方式构建神经网络将出现参数过多或模型复杂度过高（如尺寸为 100×100×3 的输入图像连接至第 1 个隐层的每个神经元，将导致第 1 个隐层的每个神经元均有 30000 个相互独立的连接权重）、无法提取局部不变性特征（对图像进行缩放、平移、旋转等操作不影响相关对象的语义信息）等问题。

在卷积层、激活层与池化层等神经网络构成基元的基础上，此处以 LeNet-5 卷积神经网络为例介绍卷积神经网络模型的具体构建方法。LeNet-5 卷积神经网络是杨立昆（Yann LeCun）提出的用于手写体字符识别的卷积神经网络，若不计输入层与输出层，其包括 3 个卷积层、2 个池化层与 1 个全连接层（卷积层以 C 标识，池化层以 S 标识，全连接层以 F 标识），具体架构如图 12-13 所示。

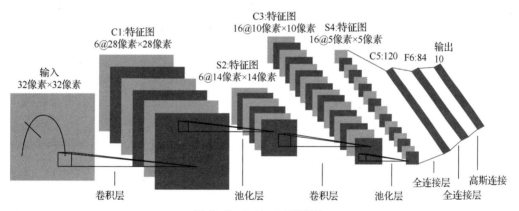

图 12-13　LeNet-5 具体架构

LeNet-5 卷积神经网络以尺寸为 32 像素×32 像素的图像作为输入，利用 6 个尺寸为 5×5×1 的卷积核对其进行卷积运算后，生成 6 幅尺寸为 28 像素×28 像素的特征图像，之后经 2×2 的池化后，6 幅特征图像的尺寸变为 14 像素×14 像素。与此类似，采用 16 个尺寸为 5×5×6 的卷积核对 6 幅尺寸为 14 像素×14 像素的特征图像进行卷积运算并进行 2×2 的池化处理后，生成 16 幅尺寸为 5 像素×5 像素的特征图像，而采用 120 个尺寸为 5×5×16 的卷积核对 16 幅尺寸为 5 像素×5 像素的特征图像进行卷积运算后，生成 120 幅尺寸为 1 像素×1 像素的特征图像，最后将 120 幅尺寸为 1 像素×1 像素的特征图像通过全连接层映射为 84 维特征向量并通过 Sigmoid 函数对有 10 个类别的数字分类。

下文通过实例介绍卷积神经网络的应用方法。

（1）问题描述

利用自定义卷积神经网络对 MNIST 数据集（图像尺寸为 28 像素×28 像素）进行分类。

> 💡知识拓展
>
> （1）卷积运算函数形式
>
> ```
> nn.Conv2d(self, in_channels, out_channels, kernel_size, stride=1, padding=0,
> dilation=1, groups=1, bias=True)
> ```
>
> 其中，in_channels 表示输入数据的通道数，out_channels 表示输出数据的通道数，kernel_size

表示卷积核大小，stride 表示平移步长，padding 表示零填充大小，dilation 表示膨胀率（控制卷积核在图像中的操作区域），groups 控制输入数据的通道的分组数，bias 为偏置项。

（2）池化运算函数形式

```
nn.MaxPool2d(kernel_size, stride=None, padding=0, dilation=1, return_indices=False,
ceil_mode=False)
```

其中，kernel_size 表示池化窗口大小，stride 表示平移步长，padding 表示零填充大小，dilation 表示窗口中的元素步幅，return_indices 表示是否返回输出最大值的序号，ceil_mode 表示取整方式。

（2）编程实现

根据本例问题的相关要求，相应的求解过程如下。

```
#导入 PyTorch 框架库
import torch
from torch import nn, optim
from torch.autograd import Variable
import torch.nn.functional as F
#导入视觉处理相关库
from torch.utils.data import DataLoader
from torchvision import datasets, transforms
#每次处理的图像数量
batch_size = 64
#预处理操作
data_transform = transforms.Compose(
    [transforms.ToTensor(),
     transforms.Normalize([0.5], [0.5])])
#加载数据
train_dataset = datasets.MNIST(root='./data', train=True, transform=data_transform,
download=True)
test_dataset = datasets.MNIST(root='./data', train=False, transform= data_transform)
train_loader = DataLoader(train_dataset, batch_size=batch_size, shuffle=True)
test_loader = DataLoader(test_dataset, batch_size=batch_size, shuffle=False)
#定义卷积神经网络
class CNN(nn.Module):
    def __init__(self):
        super(CNN, self).__init__()
        #输入通道为1，输出通道为20，卷积核尺寸为5×5，步长为1
        self.conv1 = nn.Conv2d(1, 20, 5, 1)
        #输入通道为20，输出通道为50，卷积核尺寸为5×5，步长为1
        self.conv2 = nn.Conv2d(20, 50, 5, 1)
        self.fc1 = nn.Linear(4*4*50, 500)   #线性映射
        self.fc2 = nn.Linear(500, 10)   #线性映射
    def forward(self, x):
        # 输入图像尺寸为 1×28×28
        x = F.relu(self.conv1(x))     #输出特征图像尺寸为 20×24×24
        x = F.max_pool2d(x, 2, 2)     #输出特征图像尺寸为 20×12×12
        x = F.relu(self.conv2(x))     #输出特征图像尺寸为 50×8×8
        x = F.max_pool2d(x, 2, 2)     #输出特征图像尺寸为 50×4×4
        x = x.view(-1, 4*4*50)    #将特征图像拉伸为 4×4×50 维向量
        x = F.relu(self.fc1(x))   #将 4×4×50 维向量映射为 500 维向量
        x = self.fc2(x)    #将 500 维向量映射为 10 维向量
        return x    #返回结果
#实例化卷积神经网络
net = CNN()
#定义多元交叉熵损失函数
Loss = nn.CrossEntropyLoss()
```

```
#设置优化器
Opt = optim.SGD(net.parameters(), lr=0.02)
#训练卷积神经网络
T = 10   #设置迭代次数
for epoch in range(T):
    loss_ = 0.0   #初始化训练误差
    acc_ = 0.0   #初始化训练精度
    for i, data in enumerate(train_loader, 1):
        im, label = data
        label_pred = net(im)   #前向传播
        L = Loss(label_pred, label)   #计算误差
        loss_ += L.data.numpy()   #误差累积
        _, label_opt = torch.max(label_pred, 1)   #求取预测概率对应的类别
        acc_ += (label_opt == label).float().mean()   #累积精度
        Opt.zero_grad()   #梯度清零
        L.backward()   #误差反传
        Opt.step()   #更新参数
    #显示误差与精度变化
    if (epoch==0) | ((epoch+1) % 2 == 0):
        print('Epoch:[{}/{}], Loss: {:.4f}, Accuracy: {:.4f}'.format(epoch+1, T, loss_
/ i, acc_ / i))
#测试卷积神经网络
net.eval()
acc_ = 0.0   #初始化精度
for i, data in enumerate(test_loader, 1):
    im, label = data
    label_pred = net(im)   #前向传播
    _, label_opt = torch.max(label_pred, 1)
    acc_ += (label_opt == label).float().mean()
print('Accuracy: {:.4f}'.format(acc_ / i))
```

（3）结果分析

以上代码运行结果如下。

```
Epoch:[1/10], Loss: 0.0626, Accuracy: 0.9811
Epoch:[2/10], Loss: 0.0513, Accuracy: 0.9843
Epoch:[4/10], Loss: 0.0390, Accuracy: 0.9881
Epoch:[6/10], Loss: 0.0309, Accuracy: 0.9905
Epoch:[8/10], Loss: 0.0250, Accuracy: 0.9926
Epoch:[10/10], Loss: 0.0205, Accuracy: 0.9940
Accuracy: 0.9906
```

卷积神经网络由卷积层、激活层与池化层等不同构成基元通过级联的方式组合而成,从理论上讲,其层次越深,特征表达能力越强。此外,卷积核尺寸、平移步长等参数对卷积神经网络性能的影响也较大（如浅层卷积或较小尺寸卷积核趋于提取局部细节特征）,在卷积神经网络训练中需要不断试验并观察相应代价值与精度的变化趋势,进而确定其最优组合。需要注意的是,虽然本例中的卷积神经网络结构较为简单,但其对 MNIST 数据集的识别精度已高于未经特征提取的 Logistic 回归算法的识别精度（参阅 12.2.2 节）,在一定程度上表明其具有较强的特征表达优势。

12.2.5　生成对抗网络

监督学习相关模型分为判别模型与生成模型两类,前者根据输入数据完成特定的预测（如预测图像中的动物是"狗"还是"兔"）或根据数据学习判别函数或条件概率分布,而后者则通过隐含信息随机生成观测数据（如根据"狗"数据集生成新的"狗"图像）或根据数据学习联合概率分布。生成对抗网络（Generative Adversarial Network）是将判别模型与生成模型进行有机融合的深度神经

207

网络框架，其包含的生成器（估计数据分布）与判别器（判断数据真伪）通过相互竞争或对抗的方式提取数据蕴含的内在规律。生成对抗网络的基本框架如图 12-14 所示。

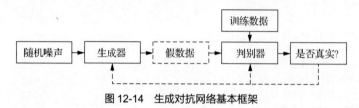

图 12-14　生成对抗网络基本框架

生成对抗网络的基本原理为：首先根据随机噪声利用生成器生成新图像，然后利用判别器判别一幅图像的真实性（如图像的判别概率为 1 则为真、为 0 则为假）；在训练过程中，生成器尽量生成真实图像以"欺骗"判别器，判别器则尽量把生成器生成的图像与真实图像分开，两者进而构成了一个动态的"博弈过程"。最终，生成器可生成"以假乱真"的图像（判别器难以进行判别或判别概率为 1）。

在数学形式上，设生成器与判别器分别为 G 与 D，则生成对抗网络相应的目标函数为

$$\min_G \max_D V(D,G) = E_{x \sim P_{\text{data}}(x)}\Big[\log D(x)\Big] + E_{z \sim P_z(z)}\Big[\log\big(1 - D\big(G(z)\big)\big)\Big] \tag{12.9}$$

其中，$P_{\text{data}}(\cdot)$ 与 $P_z(\cdot)$ 分别为真实数据与噪声数据分布或先验。

根据式(12.9)可知，在更新判别器时，对于源自 $P_{\text{data}}(\cdot)$ 的数据 x，$D(x)$ 越接近 1 或 $\log D(x)$ 越大越好；而对于通过噪声 z 生成的数据 $G(z)$，$D\big(G(z)\big)$ 越接近 0（即判别器可区分出真假）或 $\log\big(1 - D\big(G(z)\big)\big)$ 越大越好，所以有 $\max_D V(D,G)$。在更新生成器时，希望 $G(z)$ 与真实数据 $D\big(G(z)\big)$ 尽量接近 1 或 $\log\big(1 - D\big(G(z)\big)\big)$ 越小越好，因此有 $\min_G \max_D V(D,G)$。

下文通过实例介绍生成对抗网络的具体应用方法。

（1）问题描述

利用 MNIST 数据集构建生成对抗网络产生"以假乱真"的手写字体图像。

（2）编程实现

根据本例问题的相关要求，相应的求解过程如下。

```
#导入 PyTorch 框架库及 Torchvision 库
import torch
#import torchvision
import torch.nn as nn
#import torch.nn.functional as F
from torchvision import datasets
from torchvision import transforms
from torchvision.utils import save_image
from torch.autograd import Variable
from torch.utils.data import DataLoader
#图像显示函数
def to_im(x):
    im = 0.5 * (x + 1)
    im = im.clamp(0, 1)
    im = im.view(-1, 1, 28, 28)
    return im
#每次处理的图像数量
batch_size = 64
#生成图像的噪声向量维度
z = 200
#构造数据
```

```
    img_transform = transforms.Compose([
        transforms.ToTensor(),
        transforms.Normalize(mean=(0.5, ), std=(0.5, ))
    ])
    #预处理操作
    data_transform = transforms.Compose(
        [transforms.ToTensor(),
         transforms.Normalize([0.5], [0.5])])
    #加载数据
    train_dataset = datasets.MNIST(root='./data', train=True, transform=data_transform,
download=True)
    test_dataset = datasets.MNIST(root='./data', train=False, transform=data_transform)
    train_loader = DataLoader(train_dataset, batch_size=batch_size, shuffle=True)
    test_loader = DataLoader(test_dataset, batch_size=batch_size, shuffle=False)
    #定义生成对抗网络
    class discriminator(nn.Module):
        def __init__(self):
            super(discriminator, self).__init__()
            self.discriminator = nn.Sequential(
                nn.Linear(784, 256),
                nn.ReLU(True),
                nn.Linear(256, 128),
                nn.ReLU(True),
                nn.Linear(128, 1),
                nn.Sigmoid()
            )
        def forward(self, x):
            x = self.discriminator(x)
            return x
    class generator(nn.Module):
        def __init__(self,input_size):
            super(generator, self).__init__()
            self.generator = nn.Sequential(
                nn.Linear(input_size, 128),
                nn.ReLU(True),
                nn.Linear(128, 256),
                nn.ReLU(True),
                nn.Linear(256, 784),
                nn.Tanh()
            )
        def forward(self, x):
            x = self.generator(x)
            return x
    #训练生成对抗网络
    D = discriminator()    #实例化判别器
    G = generator(Z)    #实例化生成器
    loss = nn.BCELoss()    #定义二元交叉熵损失函数
    d_optimizer = torch.optim.Adam(D.parameters(), lr=0.0001)    #定义判别器的优化器
    g_optimizer = torch.optim.Adam(G.parameters(), lr=0.0001)    #定义生成器的优化器
    T = 100  #训练迭代次数
    for epoch in range(T):
        for i, (im, _) in enumerate(train_loader):
            num_im = im.size(0)
            #训练判别器
            im = im.view(num_im, -1)
            real_im = Variable(im)
            real_label = Variable(torch.ones(num_im))
            fake_label = Variable(torch.zeros(num_im))
            real_pred = D(real_im).squeeze(-1)    #预测真图像的类别标记（理想情况为1）
```

```
                    d_loss_real = loss(real_pred, real_label)  #真图像对应损失（预测类别标记、真实类别标记）
                    # real_scores = real_pred
                    z_vector = Variable(torch.randn(num_im, Z))   #生成噪声向量
                    fake_img = G(z_vector)  #生成假图像
                    fake_pred = D(fake_img).squeeze(-1)  #判别器对假图像的预测类别标记（理想情况为0）
                    d_loss_fake = loss(fake_pred, fake_label)  #假图像对应损失（预测类别标记、真实类别标记）
                    # fake_scores = fake_pred
                    d_loss = d_loss_real + d_loss_fake  #真假图像损失之和
                    d_optimizer.zero_grad()  #梯度清零
                    d_loss.backward()  #误差反传
                    d_optimizer.step()  #更新参数
                    #训练生成器
                    z_vector = Variable(torch.randn(num_im, Z))   #生成噪声向量
                    fake_im = G(z_vector)   #生成假图像
                    fake_pred = D(fake_im).squeeze(-1)   #判别器对假图像的预测类别标记
                    g_loss = loss(fake_pred, real_label)   #计算损失（所生成的图像尽可能逼近真实图像）
                    g_optimizer.zero_grad()   #梯度清零
                    g_loss.backward()   #误差反传
                    g_optimizer.step()   #更新参数
                    if (i + 1) % 100 == 0:
                        print('Epoch [{}/{}], d_loss: {:.6f}, g_loss: {:.6f} '.format(
                              epoch, T, d_loss.data.numpy(), g_loss.data.numpy(),))
          if epoch == 0:
              real_images = to_im(real_im.data)
              save_image(real_images, './results/real_images.png')
          fake_images = to_im(fake_img.data)
          save_image(fake_images, './results/fake_images-{}.png'.format(epoch + 1))
```

（3）结果分析

```
Epoch [0/100], d_loss: 0.259875, g_loss: 2.903499
Epoch [1/100], d_loss: 0.823339, g_loss: 1.725691
...
Epoch [44/100], d_loss: 0.427236, g_loss: 3.015983
Epoch [45/100], d_loss: 0.304983, g_loss: 3.225453
...
Epoch [80/100], d_loss: 0.757201, g_loss: 1.514035
Epoch [81/100], d_loss: 0.983174, g_loss: 2.069504
...
Epoch [99/100], d_loss: 0.654542, g_loss: 2.046313
```

以上代码运行结果如图 12-15 所示。

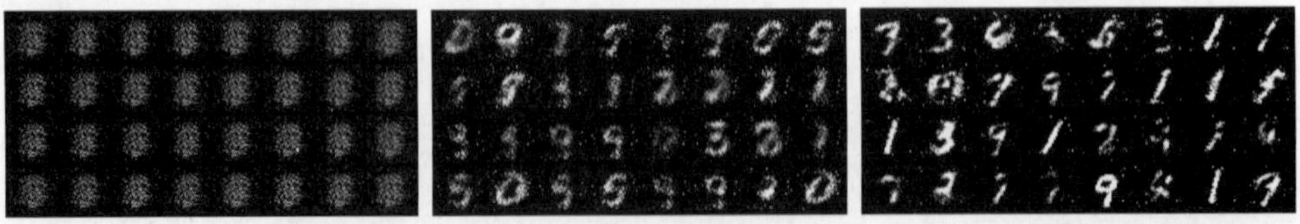

（a）初始噪声生成的图像　　　　（b）迭代 20 次生成的图像　　　　（c）迭代 50 次生成的图像

（d）迭代 80 次生成的图像　　　　（e）迭代 100 次生成的图像　　　　（f）真实图像

图 12-15　生成对抗网络训练过程

生成对抗网络主要用于在已知数据的基础上生成可靠的或"以假乱真"的新数据，其由生成器与判别器两部分构成。由于其主要解决样本真伪问题，因而，相应的损失函数通常采用二元交叉熵损失函数。图 12-15 所示生成器旨在生成可以让判别器无法判别的样本，而判别器旨在可靠地判别样本的真伪，两者相互对抗之后，判别器将可以根据任何噪声数据生成"以假乱真"的数据，在实际应用中，生成对抗网络可以在已知数据集的基础上进行扩展，从而在一定程度上解决以数据驱动为特色的深度神经网络所需数据匮乏的问题。

12.2.6 残差神经网络

对于深度神经网络，其层次越深，特征表达或非线性建模能力越强，但也由于易出现梯度弥散与梯度爆炸等问题，其在实际中难以被训练或泛化能力较差。事实上，以卷积神经网络为例，对从输入层至输出层的数据不断进行滤波处理（如卷积与池化），虽然在一定程度上可以避免数据的过拟合与降低运算量，但同时也可能会损失一些潜在的关键信息（类似于有损压缩）。特别是层次增多时，此问题将更为严重（如清晰的图像经过多次卷积后将无法被辨识）。

为了解决此问题，如图 12-16 所示，残差神经网络通过在传统层或模块的基础上引入恒等映射（在输入与输出之间建立直接的关联通道）的方式将原数据与"期望输出与原数据之间的残差"进行融合，使用层或模块以原数据作为参考实现特征的学习而不至于损失较多的信息。

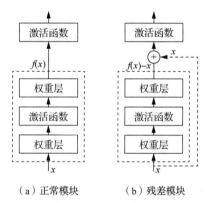

（a）正常模块 （b）残差模块

图 12-16 残差神经网络

下面通过实例介绍残差神经网络的基本应用方法。

（1）问题描述

利用 MNIST 数据集构建残差神经网络并进行训练与测试。

（2）编程实现

根据本例问题的相关要求，相应的求解过程如下。

```
#导入 PyTorch 框架库及 Torchvision 库
import torch
import torch.nn as nn
import torch.nn.functional as F
from torchvision import datasets
from torchvision import transforms
from torch.utils.data import DataLoader
#每次处理的图像数量
batch_size = 128
#预处理操作
data_transform = transforms.Compose(
    [transforms.ToTensor(),   #转换为张量
     transforms.Normalize([0.5], [0.5])])   #归一化
```

```
#加载数据
train_dataset = datasets.MNIST(root='./data', train=True, transform=data_transform,
download=False)
test_dataset = datasets.MNIST(root='./data', train=False, transform=data_transform)
train_loader = DataLoader(train_dataset, batch_size=batch_size, shuffle=True)
test_loader = DataLoader(test_dataset, batch_size=batch_size, shuffle=False)
#定义残差神经网络库
class ResidualBlock(nn.Module):
    def __init__(self, channels):
        super(ResidualBlock, self).__init__()
        self.channels = channels
        self.conv1 = nn.Conv2d(channels, channels, kernel_size=3, padding=1)
        self.conv2 = nn.Conv2d(channels, channels, kernel_size=3, padding=1)
    def forward(self, x):
        x = self.conv1(x)
        y = self.conv2(F.relu(x))
        y += x
        y = F.relu(y)
        return y
#定义残差神经网络
class NET(nn.Module):
    def __init__(self):
        super(NET, self).__init__()
        self.conv1 = nn.Conv2d(1, 16, kernel_size=5)
        self.conv2 = nn.Conv2d(16, 32, kernel_size=5)
        self.mp = nn.MaxPool2d(2)
        self.rblock1 = ResidualBlock(16)      #导入残差神经网络库（通道数为16）
        self.rblock2 = ResidualBlock(32)      #导入残差神经网络库（通道数为32）
        self.fc = nn.Linear(512, 10)
    def forward(self, x):
        x = self.conv1(x)
        x = self.mp(F.relu(x))
        x = self.rblock1(x)
        x = self.conv2(x)
        x = self.mp(F.relu(x))
        x = self.rblock2(x)
        x = x.view(x.size(0), -1)
        x = self.fc(x)
        return x
#实例化神经网络对象
model = NET()
#定义损失函数（多元交叉熵损失函数）
loss = torch.nn.CrossEntropyLoss()
#定义优化器
optimizer = torch.optim.SGD(model.parameters(), lr=0.01, momentum=.5)
#训练神经网络
T = 10  #训练迭代次数
for epoch in range(T):
    #running_loss = 0
    loss_ = 0.0  #初始化训练误差
    acc_ = 0.0  #初始化训练精度
    for i, data in enumerate(train_loader):
        im, label = data
        label_pred = model(im)    #前向传播
        L = loss(label_pred, label)    #计算误差
        loss_ += L.data.numpy()    #误差累积
        _, label_opt = torch.max(label_pred, 1)    #求取预测概率对应的类别
        acc_ += (label_opt == label).float().mean()    #初始化精度
```

```
        optimizer.zero_grad()    #梯度清零
        L.backward()   #误差反传
        optimizer.step()   #更新参数
    #显示误差与精度变化
    if (epoch==0) | ((epoch+1) % 2 == 0):
        print('Epoch:[{}/{}], Loss: {:.4f}, Accuracy: {:.4f}'.format(epoch+1, T, loss_
/ i, acc_ / i))
#测试神经网络
model.eval()
acc_ = 0.0   #初始化测试精度
for i, data in enumerate(test_loader, 1):
    im, label = data
    label_pred = model(im)   #前向传播
    _, label_opt = torch.max(label_pred, 1)
    acc_ += (label_opt == label).float().mean()
print('Accuracy: {:.4f}'.format(acc_ / i))
```

（3）结果分析

以上代码运行结果如下。

```
Epoch:[1/10], Loss: 0.9054, Accuracy: 0.7235
Epoch:[2/10], Loss: 0.1429, Accuracy: 0.9583
Epoch:[4/10], Loss: 0.0709, Accuracy: 0.9803
Epoch:[6/10], Loss: 0.0504, Accuracy: 0.9869
Epoch:[8/10], Loss: 0.0399, Accuracy: 0.9901
Epoch:[10/10], Loss: 0.0335, Accuracy: 0.9917
Accuracy: 0.9882
```

残差神经网络通过在神经网络层或模型的输入与输出之间构造恒等映射的方式解决在神经网络层或模型较多时出现的梯度弥散或梯度爆炸等问题，在具体应用中，残差神经网络模块可嵌入其他深度神经网络框架之中，具有较高的灵活性。本例中的神经网络结构较为简单，嵌入残差神经网络模块后，依然获得了较高的精度，在一定程度上表明残差神经网络的有效性。

12.2.7 孪生神经网络

孪生神经网络（Siamese Neural Network）旨在利用两个神经网络将两个输入数据映射至高维特征空间以比较其相似程度。如图 12-17 所示，狭义的孪生神经网络由两个权重共享的神经网络拼接而成，而广义的孪生神经网络或伪孪生神经网络则由任意两个神经网络拼接而成。

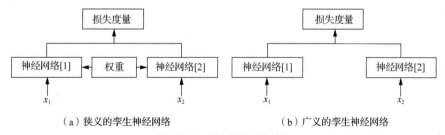

（a）狭义的孪生神经网络　　　　　（b）广义的孪生神经网络

图 12-17　孪生神经网络结构

为更有效地衡量"相似样本在特征空间距离较近而不相似样本在特征空间距离较远"的特性，孪生神经网络损失函数采用以下对比损失（Contrastive Loss）函数

$$L\left(W,(Y,\boldsymbol{X}_1,\boldsymbol{X}_2)\right)=\frac{1}{2N}\sum_{n=1}^{N}YD_W^2+(1-Y)\max\left(m-D_W,0\right)^2 \tag{12.10}$$

其中，$D_W\left(\boldsymbol{X}_1,\boldsymbol{X}_2\right)=\left\|\boldsymbol{X}_1-\boldsymbol{X}_2\right\|_2$（两个样本特征之间的欧氏距离），$Y$ 表示两个样本的匹配标记（$Y=0$ 表示两个样本相似或匹配，$Y=1$ 表示两个样本不相似或不匹配），m 为阈值（只考虑欧氏距

离在 0 至 m 之间的不相似特征；需要注意的是，对于两个不相似的样本，若在特征空间距离较远，相应的损失应该较低；对于相似的样本，若在特征空间距离较远，则相应的损失应该较高）。

根据式(12.10)可知，当两个样本相似时（即 $Y = 1$），损失函数值由式(12.10)中的第 1 项决定，若此时两个样本特征距离较远，则损失函数值较大，表明模型参数需进一步优化。当两个样本不相似时（即 $Y = 0$），损失函数值由式(12.10)中的第 2 项决定，若此时两个样本特征距离较近，则损失函数值较大，表明模型参数仍需进一步优化。

知识拓展

批量标准化：在神经网络训练过程中，当数据分布会发生变化时，利用批量标准化方法将数据变换至标准正态分布（对于同批次读取的同一个通道的样本进行标准化处理），不但可使数据分布一致，而且可在一定程度上避免梯度弥散、梯度爆炸等问题。公式如下。

$$y = \frac{x - \text{mean}(x)}{\sqrt{\text{Var}(x) + \text{eps}}} \times \text{gamma} + \text{beta}$$

函数原型如下。

```
class torch.nn.BatchNorm2d(num_features, eps=1e-05, momentum=0.1, affine=True)
```

其中，num_features 表示通道数，eps 表示稳定系数，momentum 为更新均值与方差时的权重，affine 表示 gamma、beta 是否可学（若为 True，两个参数通过学习获取，否则两个参数固定，默认情况下，gamma=1，beta=0）。

镜像填充：以图像周边像素为对称轴并按照左、右、上、下的顺序在外围填充与内围对称的像素。

函数原型如下。

```
class torch.nn.ReflectionPad2d(padding)
```

示例如下。

```
RP = nn.ReflectionPad2d(1)
x = torch.arange(9, dtype=torch.float).reshape(1, 1, 3, 3)
print(x)
tensor([[[[0., 1., 2.],
          [3., 4., 5.],
          [6., 7., 8.]]]])
RP(x)
tensor([[[[4., 3., 4., 5., 4.],
          [1., 0., 1., 2., 1.],
          [4., 3., 4., 5., 4.],
          [7., 6., 7., 8., 7.],
          [4., 3., 4., 5., 4.]]]])
```

下面通过实例介绍孪生神经网络的基本应用方法。

（1）问题描述

利用 CIFAR 数据集（数据组织方式：CIFAR 文件夹中包含 train 与 test 两个文件夹，其中，10 个类别的图像分别保存至以数字 0~9 命名的子文件夹内）构建孪生神经网络，要求如下。

① 通过自定义数据集类的方式构建孪生神经网络训练样本与测试样本。

② 构建孪生神经网络并进行训练与测试（自定义对比损失函数）。

（2）编程实现

根据本例问题的相关要求，相应的求解过程如下。

```
#导入 PyTorch 框架库及 Torchvision 库
import torch
from torch import nn, optim
from torch.utils.data import DataLoader,Dataset
```

```python
from torchvision import datasets, transforms
import torch.nn.functional as F
#导入绘图库
import matplotlib.pyplot as plt
#导入图像处理库
from PIL import Image
import PIL
#导入科学计算库
import numpy as np
#导入文件处理库
import os
import glob
#定义图像显示函数
def show_image(im):
    plt.figure()
    im = im/2 + 0.5
    im = im.numpy()
    plt.imshow(np.transpose(im,(1,2,0)),cmap='gray')
    plt.show()
#定义数据集类
class MyDataSet(Dataset):
    def __init__(self,im_dir,transform=None,yn_invert=True):
        self.im_dir = im_dir      #存放图像的文件夹
        self.transform = transform    #预处理
        self.yn_invert = yn_invert    #是否进行通道反转
        self.image_list = glob.glob(self.im_dir + '/*/*.jpg')    #图像列表
    def __getitem__(self, *args):
        label_yn = np.random.randint(2)    #两幅图像若相似为 1，若不相似为 0
        im_A_path = np.random.choice(self.image_list)    #随机选择 1 幅图像
        im_A_label = int(os.path.split(im_A_path)[0].split('\\')[-1])    #图像真实类别
        if label_yn:    #抽取与当前图像属于同一个类别的图像
            while True:
                im_B_path = np.random.choice(self.image_list)    #随机选择图像
                #图像真实类别
                im_B_label = int(os.path.split(im_B_path)[0].split('\\')[-1])
                if im_A_label == im_B_label:    #若类别相同则终止
                    break
        else:
            while True:
                im_B_path = np.random.choice(self.image_list)    #随机选择图像
                #图像真实类别
                im_B_label = int(os.path.split(im_B_path)[0].split('\\')[-1])
                if im_A_label != im_B_label:    #若类别不相同则终止
                    break
        #读取图像
        im_A = Image.open(im_A_path)
        im_B = Image.open(im_B_path)
        #判断是否进行通道反转
        if self.yn_invert:
            im_A = PIL.ImageOps.invert(im_A)
            im_B = PIL.ImageOps.invert(im_B)
        #判断是否进行预处理
        if self.transform is not None:
            im_A = self.transform(im_A)
            im_B = self.transform(im_B)
        return im_A, im_B, label_yn    #返回两幅图像与相似标记
```

215

```
        def __len__(self):
            return len(self.image_list)
#定义预处理操作
transform = transforms.Compose([
    transforms.Grayscale(num_output_channels=1),    #转成单通道
    transforms.ToTensor(),    #转换为张量
    transforms.Normalize((0.5,), (0.5,)),    #归一化
    ])
#加载数据
train_dir = "./DATA/CIFAR/train/"    #训练样本文件夹
train_dataset = MyDataSet(im_dir=train_dir,transform=transform,yn_invert=False)
train_dataloader = DataLoader(train_dataset,shuffle=True,batch_size=32)
test_dir = "./DATA/CIFAR/test/"    #测试样本文件夹
test_dataset = MyDataSet(im_dir=test_dir,transform=transform,yn_invert=False)
test_dataloader = DataLoader(test_dataset,shuffle=True,batch_size=32)
#构造孪生神经网络
class SiameseNetwork(nn.Module):
    def __init__(self):
        super().__init__()
        self.cnn = nn.Sequential(
            nn.ReflectionPad2d(1),
            nn.Conv2d(1, 5, 3, 1),
            nn.ReLU(),
            nn.BatchNorm2d(5),
            nn.ReflectionPad2d(1),
            nn.Conv2d(5, 10, 3, 1),
            nn.ReLU(),
            nn.BatchNorm2d(10),
            nn.ReflectionPad2d(1),
            nn.Conv2d(10, 20, 3, 1),
            nn.ReLU(inplace=True),
            nn.BatchNorm2d(20),
        )
        self.fc = nn.Sequential(
            nn.Linear(32*32*20, 100),
            nn.ReLU(),
            nn.Linear(100, 50),
            nn.ReLU(),
            nn.Linear(50, 5))
    def forward_once(self, x):
        y = self.cnn(x)
        y = y.view(y.size()[0], -1)
        y = self.fc(y)
        return y
    def forward(self, x1, x2):
        y1 = self.forward_once(x1)
        y2 = self.forward_once(x2)
        return y1, y2
net = SiameseNetwork()    #定义模型
#定义对比损失函数
class ContrastiveLoss(torch.nn.Module):
    def __init__(self, margin=2.0):
        super(ContrastiveLoss, self).__init__()
        self.margin = margin
    def forward(self, x1, x2, label):
        euclidean_distance = F.pairwise_distance(x1, x2, keepdim = True)
        loss = torch.mean((1-label) * torch.pow(euclidean_distance, 2) +
            (label) * torch.pow(torch.clamp(self.margin - euclidean_distance, min=0.0), 2))
        return loss
loss = ContrastiveLoss()
```

```
#定义优化器
optimizer = optim.Adam(net.parameters(), lr = 0.001)    #优化器
#训练模型
T = 10
for epoch in range(T):
    loss_ = 0.0    #初始化训练误差
    for i, data in enumerate(train_dataloader, 1):
        im_1, im_2, label = data
        output1, output2 = net(im_1, im_2)
        L = loss(output1, output2, label)
        optimizer.zero_grad()
        L.backward()
        optimizer.step()
        loss_ += L.data.numpy()    #误差累积
    #显示误差变化
    if (epoch==0) | ((epoch+1) % 2 == 0):
        print('Epoch:[{}/{}], Loss: {:.4f}'.format(epoch+1, T, loss_ / i))
#测试孪生神经网络
net.eval()
#读取数据集
test_set = enumerate(test_dataloader)
ix,test_data = next(test_set)
ims_1 = test_data[0]
print(ims_1.size())    #查看第 1 组图像数据结构
ims_2 = test_data[1]
print(ims_2.size())    #查看第 2 组图像数据结构
label = test_data[2]
print('Similarity Label:',label)    #查看两组图像对应的相似标记
#显示指定两幅图像及其相似标记
ix=18 #指定图像序号
im_1 = ims_1[ix,:]    #读取第 1 幅图像
show_image(im_1)
im_2 = ims_2[ix,:]    #读取第 2 幅图像
show_image(im_2)
print('Similarity Label:',label[ix])    #查看两组图像对应的相似标记
#测试两幅图像之间的相似度
output1,output2 = net(ims_1, ims_2)
siamese_distance = F.pairwise_distance(output1, output2)    #距离
print('Siamese Distance:',siamese_distance)
#通过设置阈值的方式求取精度
TH = 2    #距离阈值（距离小于阈值 TH 表明两幅图像相似）
siamese_distance[siamese_distance<2]=1
siamese_distance[siamese_distance>=2]=0
#求取精度
acc = torch.abs(siamese_distance - label).mean()
#查看精度
print('Accuracy：{}'.format(acc))
```

（3）结果分析

代码运行结果如下。

```
Epoch:[1/100], Loss: 1.0626
Epoch:[2/100], Loss: 0.9127
…
Epoch:[76/100], Loss: 0.0497
Epoch:[78/100], Loss: 0.0465
…
```

```
Epoch:[88/100], Loss: 0.0426
Epoch:[90/100], Loss: 0.0407
…
Epoch:[98/100], Loss: 0.0380
Epoch:[100/100], Loss: 0.0360
torch.Size([32, 1, 32, 32])
torch.Size([32, 1, 32, 32])
Similarity Label: tensor([0, 0, 1, 1, 0, 0, 0, 1, 0, 1, 0, 0, 1, 0, 1, 1, 0, 0, 1, 0, 1,
0, 0, 0, 0, 0, 0, 1, 1, 1, 1, 0])
Similarity Label: tensor(0)
Siamese Distance: tensor([1.0128, 0.9742, 0.7514, 0.5645, 0.7652, 1.1515, 0.8890, 0.3692,
1.0439, 0.9252, 0.4908, 1.0930, 0.4904, 1.2886, 0.7977, 1.1878, 0.7156, 1.0201, 1.0447, 0.7982,
1.0065, 0.8880, 0.7515, 0.7702, 1.1600, 0.5073, 0.9132, 0.3635, 0.7432, 0.8944, 0.6956, 1.1543],
grad_fn=<NormBackward1>)
Accuracy: 0.65625
```

　　孪生神经网络通过将两个输入样本映射至同一特征空间比较其相似度，广泛应用于图像匹配、图像检索等领域。本例采用从 CIFAR 数据集随机选择图像的方式对孪生神经网络进行了训练与测试，实验结果如图 12-18 所示，整体效果较好。需要注意的是，在构建孪生神经网络时，本例采用 Sequential 类对卷积、激活、归一化、全连接等操作进行了模块化封装，有利于孪生神经网络结构的理解与修改。

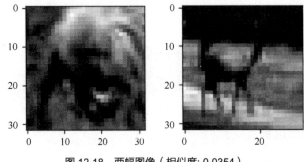

图 12-18　两幅图像（相似度: 0.0354）

本章小结

　　本章主要介绍了深度学习的基本理论、PyTorch 深度学习库以及自动编码解码器、卷积神经网络、生成对抗网络、残差神经网络、孪生神经网络等经典深度神经网络模型或框架。相对于浅层神经网络，深度神经网络通过增加层或模块以及采用逐层训练的方式较好解决了梯度弥散与梯度爆炸等问题，因而可从数据中提取不同层次的局部或全局特征，在图像理解、图像检索、自然语言处理等领域中具有广阔的应用前景。

习题

1. 利用 CIFAR 数据集构建卷积神经网络并测试其精度。
2. 利用 CIFAR 数据集构建残差神经网络并测试其精度。
3. 在图像上截取两个相同尺寸的区域并利用孪生神经网络度量其相似性。

13 第13章 集成学习

集成学习（Ensemble Learning）的核心思想在于"博采众长"，其通过融合多个同质或异质学习器求解分类或回归问题，可有效克服单个分类或回归器存在的易过拟合、精度较低等缺点。

本章学习目标
- 理解集成学习（基本集成策略与高级集成框架）的基本原理。
- 掌握利用 scikit-learn 库实现集成学习的基本方法。

13.1 基本原理

集成学习通常指的是融合多个弱学习器（准确率仅比随机猜测略高）生成强学习器（准确率很高并能在多项式时间内完成）的策略或框架。如图 13-1 所示，集成学习首先根据已知训练样本产生多个个体学习器（通常为弱学习器），然后通过特定的集成策略将个体学习器进行融合以生成强学习器；其中，如何生成个体学习器与如何选择集成策略是集成学习首先要解决的核心问题。

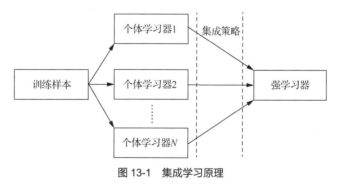

图 13-1　集成学习原理

13.1.1 基本概念

（1）个体学习器

个体学习器通常是一个已训练好的机器学习模型（如决策树、支持向量机等），若集成后强学习器只包含同种类型的个体学习器（如仅包含决策树），则称为"同质集成"（被包含的个体学习器称为"基学习器"），若集成后的强学习器包含不同类型的个体学习器（如同时包含决策树与支持向量机），则称为"异质集成"（被包含的个体学习器称为"组件学习器"）。

需要注意的是，虽然性能较弱的个体学习器在理论上也可集成为强学习器，但在实际中往往根据具体情况或需求（如采用较少的个体学习器）采用性能相对较强的个体学习器。

（2）集成策略

在对个体学习器进行集成时，不同类型或性能的个体学习器可能导致不同的结果，若将性能不一的个体学习器融合在一起，则集成后的学习器性能很可能比性能最低的个体学习器要高，但比性能最高的个体学习器要低，因而，集成策略的选择至关重要。如表 13-1 所示，对于两类样本分类任务中的 3 个个体学习器 A、B 与 C 在 3 个测试样本（T1、T2 与 T3）上的结果，若采用投票方式（即"少数服从多数"）对其进行集成，则最终将由于不同个体学习器在不同测试样本上的性能差异产生不同的结果。具体而言，在情况 1 中，每个个体学习器均只有 66.6% 的精度但针对不同测试样本的表现不一，集成后学习器的精度达到了 100%；在情况 2 中，每个个体学习器均只有 66.6% 的精度且针对不同测试样本的表现相同，集成后学习器的精度没有任何提高；在情况 3 中，每个个体学习器的精度均只有 33.3% 但针对不同测试样本的表现不一，集成后学习器的精度更低了。

表 13-1　不同性能的个体学习器对集成结果的影响

情况 1	T1	T2	T3	情况 2	T1	T2	T3	情况 3	T1	T2	T3
A	✓	✓	✗	A	✓	✓	✗	A	✓	✗	✗
B	✗	✓	✓	B	✓	✓	✗	B	✗	✓	✗
C	✓	✗	✓	C	✓	✓	✗	C	✗	✗	✓
集成	✓	✓	✓	集成	✓	✓	✗	集成	✗	✗	✗

根据此例可知，集成学习要获得好的效果，被集成的个体学习器应具有"好而不同"的特点，即：

（1）个体学习器性能不能太差；

（2）个体学习器要有独特的性能优势，针对不同情况的表现不能过于一致。

13.1.2　基础方法

在集成学习中，基础集成方法侧重于直接将不同个体学习器的输出结果进行汇总并采用特定的方式产生更可靠的结果，其间并不关注个体学习器之间的关联性。

基础集成方法主要包括投票法与平均法。

（1）投票法

投票法分为硬投票与软投票两种，其中，硬投票是指个体学习器的预测结果为样本所属类别的标记，软投票是指个体学习器的预测结果为样本所属类别的概率。根据投票方式的不同，投票法又分为绝对多数投票、相对多数投票与加权投票 3 种。

① 绝对多数投票

若超过半数的个体学习器预测类别标记相同，则将该类别标记作为集成后学习器的预测结果，否则拒绝预测。

② 相对多数投票

在所有个体学习器预测结果中，若某类别标记的票数最多，则将其作为集成后学习器的预测结果；若同时有多个类别标记获得最高票数，则从中随机选取一个类别标记作为集成后学习器的预测结果。

③ 加权投票

根据不同个体学习器预先设置的权重将相应的结果（通常为概率值）进行加权与累加，然后将结果最大者对应的类别标记作为集成后学习器的预测结果。

（2）平均法

平均法通常用于求取回归或分类问题的概率，主要包括以下两种。

① 普通平均

将所有个体学习器的输出结果的平均值作为集成后学习器的预测结果。

② 加权平均

根据不同个体学习器预先设置的权重将相应概率进行加权与累加，然后将结果最大者对应的类别标记作为集成后学习器的预测结果。

> 📖**价值引领**
>
> 　基础集成方法给我们的启发是：在遇到问题时要听取多方面的意见，学会从多个角度衡量事物的对错，不能一意孤行。在工作中也要考虑多方面的利益，争取做到整体利益最大化。

scikit-learn 库中的集成学习库的导入方法如下。

```
from sklearn.ensemble import VotingClassifier    #分类
from sklearn.ensemble import VotingRegressor    #回归
```

函数原型如下。

```
VotingClassifier(estimators, voting='hard', weights=None)
VotingRegressor(estimators, weights=None, n_jobs=None)
```

表 13-2 和表 13-3 所示为基础集成方法的常用参数与函数。

表 13-2　常用参数

名称	说明
estimators	设置个体学习器；格式为[('学习器标识 1', 学习器模型 1),...,('学习器标识 n',学习器模型 n)]，如 estimators= [('log_model', log_model), ('svm_model', svm_model),('dt_model', dt_model)]
voting	集成策略的选择；设置为'hard'时少数服从多数，设置为'soft'时将所有个体学习器预测样本所属类别概率的平均值作为标准（最高平均值对应的类型为最终的预测结果）
weights	设置权重序列以对个体学习器预测结果进行加权平均（未设置时使用权重的平均值）

表 13-3　常用函数

名称	说明
fit(X,Y)	利用训练样本（X 与 Y 分别为训练样本相应的特征与分类标记）训练决策树模型
predict(X)	预测测试样本特征对应的分类标记
predict_proba(X)	预测测试样本特征所属类别的概率
score(X,Y)	利用指定测试样本（X 与 Y 分别为训练样本相应的特征与分类标记）评估模型的平均准确度

13.1.3　集成框架

集成学习旨在训练多个个体学习器并以特定策略将其进行组合以产生比单个个体学习器性能优越的强学习器。从理论上而言，只要个体学习器性能不比弱学习器差且不同个体学习器之间相互独立，随着个体学习器数目的增多，集成后的强学习器的错误率将趋于零。然而，在实际中，不同个体学习器通常是利用同一个数据集训练得到的，很难保证它们完全相互独立。在此种情况下，如何根据同一个数据集训练出具有"多样性"与"准确性"的个体学习器是提升最终集成效果的关键。

根据个体学习器产生方式的不同，高级集成框架包括 Boosting、Bagging 与 Stacking 等，下面逐一进行介绍。

（1）Boosting 集成框架

Boosting 是一种将弱学习器不断提升为强学习器的同质集成框架，如图 13-2 所示，其基本机制可简要描述为：首先根据训练样本 D_1 与相应的权重 W_1 训练初始基学习器 H_1；然后根据初始基

学习器 H_1 的错误率 E_1 对训练样本 D_1 的权重进行调整以生成训练样本 D_2 与相应的权重 W_2（旨在使初始基学习器识别错误的样本在后续基学习器的训练中受到更多关注），进而利用训练样本 D_2 与相应的权重 W_2 训练下一个基学习器 H_2（此基学习器将尝试纠正上一个基学习器的错误）；以上训练样本权重调整与基学习器训练两个过程不断重复执行直至满足预设迭代收敛条件（如基学习器数目），而所生成的多个基学习器则通过特定的组合策略（如加权求和）构成相应的强学习器。需要注意的是，在生成基学习器的过程中，新基学习器的生成以上一个基学习器为基础，因而其间存在较强的依赖性。

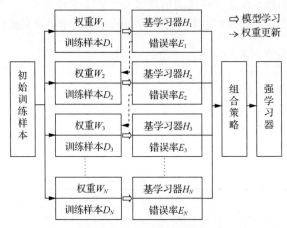

图 13-2　Boosting 集成框架

在数学形式上，已知初始训练样本，Boosting 的基本步骤描述如下。

第一步：初始化训练样本 $D_1 = \{(x_i, y_i)\}_{i=1}^{n}$ 和权重 $W_1 = (w_{1,1}, w_{1,2}, \cdots, w_{1,n})$，其中 $w_{1,i} = 1/n$。

第二步：循环执行以下步骤生成基学习器并更新相应的样本权重。

A. 根据训练样本 D_k 与权重 W_k 训练基学习器 H_k。

B. 计算基学习器 H_k 的错误率，即

$$E_k = P(H_k(x_i) \neq y_i) = \sum_{i=1}^{n} w_{k,i} \cdot \delta(H_k(x_i) \neq y_i) \tag{13.1}$$

其中，指示函数 $\delta(\cdot)$ 在条件为真时取值 1，否则取值 0。

根据式(13.1)可知，若权重较高的样本被错分，则相应的错误率将很大，若增大当前被错分样本的权重，则该样本将在训练新的基学习器时被重视以避免导致较高的错误率。

C. 计算基学习器 H_k 的集成权重，即

$$\alpha_k = \frac{1}{2} \ln \frac{1 - E_k}{E_k} \tag{13.2}$$

更新样本集的权重 $W_{k+1} = (w_{k+1,1}, w_{k+1,2}, \cdots, w_{k+1,n})$，其中 $w_{k+1,i}$ 定义为：

$$w_{k+1,i} = \frac{w_{k,i}}{Z_k} \exp(-\alpha_k \cdot y_i \cdot H_k(x_i)) \tag{13.3}$$

其中，Z_k 为规范化因子以使权重向量呈概率分布。

根据式(13.3)可知，若样本被错分（即 $H_k(x_i)$ 与 y_i 不一致），相应的权重将增加（如类别标记分别为 1 与 -1 的两类分类中，样本被错分时，$y_i \cdot H_k(x_i) = -1$）；若样本被正确分类，则相应的权重将减小，进而使新基学习器更重视被错分的样本。

第三步：根据基学习器相应的集成权重将其组合为强学习器，即

$$H(x_i) = \text{sign}\left(\sum_{k=1}^{N} \alpha_k \cdot H_k(x_i)\right) \tag{13.4}$$

其中，N 为基学习器的数目。

基于 Boosting 集成框架的集成学习算法主要有 AdaBoost、梯度提升树（Gradient Boosting Tree）、XGBoost（eXtreme Gradient Boosting，极端梯度提升）3 种，下文分别进行详细介绍。

① AdaBoost

AdaBoost 算法的关键在于样本权重与弱分类器（或基于学习器）权重的更新，前者通过增大被错误分类样本的权重并减小被正确分类样本的权重不断调整样本在不同弱分类器中的作用，后者则通过增大准确率较高的弱分类器的权重并减小准确率较低的弱分类器的权重提高集成分类器的整体性能。

② 梯度提升树

梯度提升树是一种在 Boosting 集成框架下采用回归决策树构建强学习器的算法。由于涉及梯度计算且回归决策树相应数值加减具有特定的意义，因此，无论是解决回归问题还是解决分类问题，梯度提升树均采用回归决策树（叶节点为数值而非类别标记）作为基学习器。在此情况下，回归决策树的构建依据将无法采用熵或 Gini 系数（适用于分类决策树），而是采用残差平方和或标准差。

具体而言，已知训练样本 $D = \{(x_i, y_i)\}_{i=1}^{n}$（其中 y_i 为连续值），回归决策树旨在将输入样本空间划分为输出值为 $\{c_i\}_{i=1}^{m}$ 的 m 个区域 $\{R_i\}_{i=1}^{m}$，具体步骤描述如下。

- 遍历每个特征 u 及其每个取值 v，选择使以下损失函数值最小的相应切分点 (u,v) 将样本空间划分为 R_1 与 R_2 两个区域：

$$\min_{u,v}\left[\min_{c_1} \sum_{x_i \in R_1(u,v)} (y_i - c_1)^2 + \min_{c_2} \sum_{x_i \in R_2(u,v)} (y_i - c_2)^2\right] \tag{13.5}$$

针对切分生成的两个区域 R_1 与 R_2，分别利用步骤 A 以将其再次切分。
- 不断迭代执行步骤 A 直至区域不能继续切分或满足指定终止条件。
- 利用 m 个切分生成的区域 $\{R_i\}_{i=1}^{m}$ 构建回归决策树，即：

$$f(x) = \sum_{i=1}^{m} c_i \delta(x \in R_i) \tag{13.6}$$

其中，指示函数 $\delta(\cdot)$ 在条件为真时取值 1，否则取值 0。

梯度提升树是在回归决策树的基础上通过学习或拟合残差的方式将多个回归决策树进行集成以提高整体回归或分类精度的算法，其中，残差拟合或学习是构建梯度提升树的关键，其基本思想与日常年龄推断例子较为类似，即某同学实际年龄为 30 岁，若第一次以 20 岁进行推断（或拟合）则产生 10 岁的残差，第二次以 6 岁进行推断（或拟合）则产生 4 岁的残差，第三次以 3 岁进行推断（或拟合）则产生仅 1 岁的残差，以此类推则岁数残差将持续减小；最后将每次推断（或拟合）的岁数进行累加即生成最终的推断结果。

在数学形式上，若设本轮残差拟合后生成的强学习器为 $f_i(x)$，则本轮拟合残差旨在确定弱学习器 $h_i(x)$ 以使以下平方损失函数值最小：

$$L(y, f_i(x)) = L(y, f_{i-1}(x) + h_i(x)) = (y - f_{i-1}(x) - h_i(x))^2 \tag{13.7}$$

其中，$r = y - f_{i-1}(x)$ 即为弱学习器 $h_i(x)$ 需拟合的残差。

进一步而言，若共有 m 个拟合残差的弱学习器 $h_i(x)$，则强学习器 $f_m(x)$ 的生成过程可简要描述为如下形式。

A. 初始化 $f_0(x) = 0$。

B. 根据以下步骤构建第 i 个回归决策树。

（a）计算残差：$r = y - f_{i-1}(x)$。

（b）拟合残差以生成弱学习器 $h_i(x)$。

（c）更新强学习器 $f_i(x) = f_{i-1}(x) + h_i(x)$。

C. 构建集成后的强学习器，即：

$$f_m(x) = \sum_{i=1}^{m} h_i(x) \tag{13.8}$$

在实际中，为进一步提升梯度提升树的性能，往往需根据具体问题采用特定的损失函数（如 Huber 损失函数），此时需采用基于梯度的近似方法（即利用损失函数的负梯度作为梯度提升树算法中的残差的近似值）生成每个回归决策树；例如，对于平方损失函数 $L(y, f_i(x)) = (y - f_i(x))^2 / 2$，其负梯度即为构造回归决策树时需拟合的残差，即：

$$-\left[\frac{\partial L(y, f_{i-1}(x_j))}{\partial f_{i-1}(x_j)} \right] = y - f_{i-1}(x) \tag{13.9}$$

本质上，梯度提升树的构建过程即沿梯度方向构造一系列的弱分类器并以一定的权重将其组合，进而构成最终的强分类器。需要注意的是，在一定程度上，每次构建可拟合较大残差的回归决策树比每次构建仅拟合少量残差的回归决策树更易导致过拟合问题，而为使残差渐变而非陡变，通常需要构建相对较多的回归决策树。

③ XGBoost

与梯度提升树类似，XGBoost 也是采用不断更新强学习器的方式对多个回归决策树进行集成的算法，但为了避免过拟合问题发生，其在回归决策树集成的过程中采用正则化项控制了整体模型的复杂度（尽可能保证偏差与方差最小化），相应的目标函数表示为：

$$J(\theta) = \sum_{i=1}^{n} l(y_i, \bar{y}_i) + \sum_{k=1}^{m} \Omega(f_k) \tag{13.10}$$

其中，m 为回归决策树的数量，n 为弱学习器的数量，$\bar{y}_i$ 为集成学习器的输出，即 $\bar{y}_i = \sum_{k=1}^{m} f_k(x)$，$l(\cdot)$ 为损失函数，$\Omega(\cdot)$ 为正则化项（通常根据叶节点数量与相应的权重定义）。

> 💡**知识拓展**
>
> 偏差指的是算法的期望预测与真实预测之间的偏差程度，反映了模型本身的拟合能力；方差度量了同等大小训练样本的变动导致的学习性能的变化，刻画了数据扰动影响。当模型越复杂时，拟合的程度就越高，模型的训练偏差就越小。但此时如果换一组数据可能模型的变化就很大，即模型的方差很大。所以模型过于复杂的时候会导致过拟合。当模型越简单时，即使换一组数据，最后得出的学习器和之前的学习器的差别也不那么大，模型的方差很小。但是因为模型简单，所以偏差会很大。

根据式(13.10)可知，损失函数旨在鼓励弱学习器及集成强学习器尽可能地拟合训练样本以使偏差最小化，正则化项旨在简化弱学习器及集成强学习器的复杂度以使方差最小化（复杂度较低的模型在有限样本上的表现随机性更小，因而更稳定或不易出现过拟合问题）。整体上，要使式(13.10)最小化，不但应保证误差要尽可能小，而且应保证叶节点要尽可能少且节点权重不过于偏向较大值。在具体求解上，式(13.10)可通过泰勒展开式近似后进行求解，此处不赘述。

（2）Bagging 集成框架

Bagging 集成框架在初始样本集的基础上首先采用自助采样技术（即已知包含 n 个样本的样本集，从中随机取出 1 个样本放入采样集，再将其放回原样本集以使其在下次采样时仍有可能被选中，如此经过 n 次随机采样后生成一个包含 n 个样本的采样集）生成多个采样集，然后利用所生成的多个采样集训练相应的基学习器以进一步集成为强学习器，如图 13-3 所示。

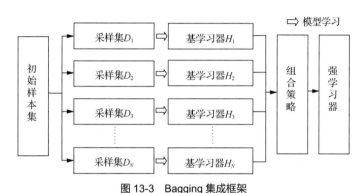

图 13-3　Bagging 集成框架

Bagging 集成框架通过生成多样化的采样集提高基学习器之间的独立性，由于不同采样集相互有交叠且每个样本被选中的概率相同，因而可在一定程度上保证基学习器性能均衡且不会太差。需要注意的是，与 Boosting 集成框架不同，Bagging 集成框架不但样本权重相同，基学习器的权重也相同；此外，由于其基学习器相互独立，因而在具体应用中易于并行实现。

> 📖**价值引领**
>
> Bagging 集成框架的原理给我们的启发：是亦彼也，彼亦是也。事物往往是对立统一的，同一事物包含正、反两个方面。这是《庄子》认识论的一个重要命题。他的意思是说：从事物的一面看，也许看不到真相，但如果从事物的另一面看，就能够对事物的真相有所认识和了解。在某种程度上讲，就是换一种思维方式。审视一件事情要兼顾宏观和微观，而这样一种健全、通达的态度，就是开放、不执着。唯物辩证法告诉我们，事物具有两面性，对同一个问题，不只有一条路可走，有两条甚至多条路可走，可以从多方面、多角度看问题。生活在这个多元化的社会，人确实不能死守着一套价值观，应当广泛认知各种不同的价值观，储以备用，当生活中的某一事实发生时，我们才能选择一种最合适的价值观去加以评量。

（3）Stacking 集成框架

与 Boosting 和 Bagging 等同质集成框架不同，Stacking 是一种可集成多种同构或异构的个体学习器且具有分层学习特点的异质集成框架。如图 13-4 所示，在结构上，Stacking 集成框架由不同层次的个体学习器构成，且以前一层个体学习器（也称为初级学习器）的输出作为下一层个体学习器（也称为次级学习器或元学习器）的输入。事实上，由于性能不同的初级学习器（如支持向量机、决策树等）针对当前问题或相关特征空间区域的侧重点不同，因而可能产生不同程度的错误，元学习器（或学习器的学习器）可综合不同初级学习器的学习行为，从中归纳出更深层次的学习规律，进而纠正初级学习器的错误以输出正确的结果。

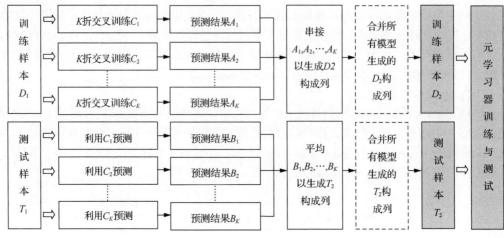

图 13-4　Stacking 集成框架

📖**价值引领**

Stacking 的理念是"集百家之长，成一家之言"。这就意味着无论你是谁，你都有自己的专长和知识。因此，当有机会将这些专长和知识结合起来时，你就会实现更大的价值。这个想法适用于团队合作，因为每个人都有自己的经验和能力，所以当他们共同努力时，可以产生强大的创意和解决方案。另外，我们应该重视不同的思想和经验，并学会从中获取知识和启示。这意味着我们应该愿意接受不同的观点，应该勇于倾听和学习。因此，在学习知识的道路上，保持开放的心态很重要。理解不同的思想和经验，可以创造出完整和真实的解决方案。当我们的思维和经验交叉、融合时，我们可以拥有更广阔的视野，每个人就可以贡献出各自独特的思想和见解。

在具体实现上，Stacking 集成框架为避免过拟合问题的发生，通常采用交叉验证的方式训练初级学习器；以两层集成结构的 Stacking 集成框架为例，已知初始训练样本 $D_1 = \left\{(x_i, y_i)\right\}_{i=1}^{n}$ 与测试样本 $T_1 = \left\{(x_i, y_i)\right\}_{i=1}^{m}$，并设元学习器训练样本与测试样本分别为 D_2 与 T_2，则以 K 折交叉验证的方式集成 L 个初级学习器 $\{M_i\}_{i=1}^{L}$ 的基本步骤描述如下。

① 将 D_1 随机划分为 K 个大小相同的子样本 $\{D_{1,i}\}(i=1,2,\cdots,K)$。

② 针对每个初级学习器 M_i，重复以下步骤构造 D_2 与 T_2 的构成列。

A. 以 $D_1 / D_{1,i}$ 与 $D_{1,i}$ 分别作为训练子样本与测试子样本训练初级学习器 C_i 并获取相应的预测结果 A_i；类似地，以 K 组不同的训练子样本与测试子样本训练相应的初始学习器可获得 K 个初级学习器 $\{C_i\}(i=1,2,\cdots,K)$ 与 K 个测试结果 $\{A_i\}(i=1,2,\cdots,K)$。

B. 将 $\{A_i\}(i=1,2,\cdots,K)$ 中的预测结果进行串接以作为 D_2 的构成列。

C. 利用初级学习器 $\{C_i\}(i=1,2,\cdots,K)$ 对测试样本 T_1 进行预测以获取 K 个测试结果 $\{B_i\}(i=1,2,\cdots,K)$。

D. 将 $\{B_i\}(i=1,2,\cdots,K)$ 中的测试结果进行平均作为 T_2 的构成列。

③ 利用新的训练样本 D_2 与测试样本 T_2 进行元学习器的训练与测试。

根据以上步骤可知，Stacking 集成框架融合了不同类型个体学习器（如支持向量机、K 近邻等）的特征表达能力并采用元学习器替换了 Bagging 与 Boosting 集成框架中的投票、平均等简单的集成方法，有利于获得误差与方差均低的高性能学习器。在实际中，由于个体学习器已对输入数据进行了复杂的非线性变换或特征表达，元学习器通常采用相对较简单的个体学习器（如 Logistic 回归）以避免过拟合问题的发生；此外，层次越多的 Stacking 集成框架，虽然其特征表达能力越强，但也易导致过拟合问题发生，通常采用两层结构的 Stacking 集成框架即可获得较好的结果。

　　在一定程度上，Stacking 集成框架与深度神经网络非常类似，其元学习器相当于深度神经网络中的输出层，个体学习器则对应深度神经网络中的隐层，二者均以特征表达为目的，也均具有不可解释性的问题。此外，在数据量不足的情况下，以数据驱动为基础的深度神经网络可能无法应用，而 Stacking 集成框架则可能获得较好的结果。

13.2　应用实例

　　本节通过实例对集成学习基础方法与常用框架的具体应用进行描述。

13.2.1　基础方法

　　❖　**实例 13-1：利用加权投票集成对样本进行分类。**

（1）问题描述

利用鸢尾花数据集实现不同分类器的加权投票集成，具体要求如下。

①　采用投票方式集成决策树、K 近邻与支持向量机 3 种分类器并将相应的权重设置为 0.2、0.1 与 0.7。

②　对个体学习器与集成学习器的分类结果进行可视化。

（2）编程实现

根据本例问题的相关要求，相应的求解过程如下。

```python
import matplotlib.pyplot as plt    #导入绘图库
from itertools import product    #导入迭代器处理库
from sklearn import datasets    #导入数据集
from sklearn.tree import DecisionTreeClassifier    #导入决策树库
from sklearn.neighbors import KNeighborsClassifier    #导入 K 近邻分类库
from sklearn.svm import SVC    #导入 SVC 库
from sklearn.ensemble import VotingClassifier    #导入分类学习器库
from sklearn.inspection import DecisionBoundaryDisplay    #导入决策边界显示库
from sklearn.model_selection import train_test_split    #导入数据划分库
# 加载数据集
iris = datasets.load_iris()
x = iris.data[:, [0, 2]]
y = iris.target
x_train, x_test, y_train, y_test = train_test_split(x,y,test_size=0.3,random_state=13)
# 训练分类器
dt_model = DecisionTreeClassifier(max_depth=4).fit(x_train,y_train)    #决策树
kn_model = KNeighborsClassifier(n_neighbors=7).fit(x_train,y_train)    #K 近邻
#支持向量机
svm_model = SVC(gamma=0.1, kernel="rbf", probability=True).fit(x_train,y_train)
#集成学习（加权投票）
vc_model = VotingClassifier(
    estimators=[("dt", dt_model), ("knn", kn_model), ("svc", svm_model)],
    voting="soft",
    weights=[0.2, 0.1, 0.7],
)
vc_model.fit(x_train,y_train)
# 绘制决策边界
dt_score = format(dt_model.score(x_test,y_test),'.2f')
kn_score = format(kn_model.score(x_test,y_test),'.2f')
```

```
svm_score = format(svm_model.score(x_test,y_test),'.2f')
vc_score = format(vc_model.score(x_test,y_test),'.2f')
f, axarr = plt.subplots(2, 2, sharex="col", sharey=False, figsize=(10, 8))
for ix, model, name in zip(
    product([0, 1], [0, 1]),
    [dt_model, kn_model, svm_model, vc_model],
    ['Decision_Tree (depth=4)' + ' Accuracy:' + str(dt_score),
     'KNN(k=7)' + ' Accuracy:' + str(kn_score),
     'SVM(kernel="rbf")' + ' Accuracy:' + str(svm_score),
     'Voting(Weight=(0.2,0.1,0.7))' + ' Accuracy:' + str(vc_score)],
):
    DecisionBoundaryDisplay.from_estimator(
        model, x, alpha=0.4, ax=axarr[ix[0], ix[1]], response_method="predict"
    )
    axarr[ix[0], ix[1]].scatter(x[:, 0], x[:, 1], c=y, s=20, edgecolor="k")
    axarr[ix[0], ix[1]].set_title(name)
plt.show()
```

（3）结果分析

以上代码运行结果如图 13-5 所示。

在此例中，支持向量机与 K 近邻的精度稍高于决策树，而加权投票集成学习根据预设权重突出了支持向量机的性能，因而最终的精度不低于支持向量机。

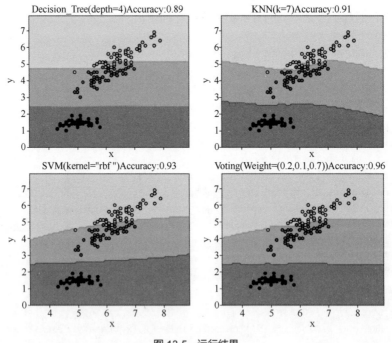

图 13-5　运行结果

❖　**实例 13-2：利用回归器集成方式对糖尿病进行预测。**

（1）问题描述

利用回归器集成方式对 scikit-learn 库中的糖尿病数据集进行分析，具体要求如下。

① 利用投票集成学习方式集成线性回归、随机森林与梯度提升等个体回归器（用于回归任务的个体学习器）。

② 比较个体回归器与集成回归器的拟合优度（R2 分数）。

③ 对个体回归器与集成回归器的预测结果进行可视化。

（2）编程实现

根据本例问题的相关要求，相应的求解过程如下。

```python
import matplotlib.pyplot as plt    #导入绘图库
from sklearn.ensemble import GradientBoostingRegressor    #导入梯度提升树库
from sklearn.ensemble import RandomForestRegressor    #导入随机森林库
from sklearn.linear_model import LinearRegression    #导入线性回归库
from sklearn.ensemble import VotingRegressor    #导入集成学习库
from sklearn.datasets import load_diabetes    #导入糖尿病数据集
from sklearn.model_selection import train_test_split    #导入数据划分库
from sklearn.metrics import r2_score    #导入R2分数库
#加载糖尿病数据
diabetes = load_diabetes()
x = diabetes.data
y = diabetes.target
#划分训练样本与测试样本
x_train, x_test, y_train, y_test = train_test_split(x,y,test_size=0.3)
#构建个体学习器
GB = GradientBoostingRegressor()
RF = RandomForestRegressor()
LR = LinearRegression()
#训练个体学习器
GB.fit(x_train,y_train)
RF.fit(x_train,y_train)
LR.fit(x_train,y_train)
#利用投票方式对个体学习器进行集成
EL = VotingRegressor([("gb", GB), ("rf", RF), ("lr", LR)])
#训练集成学习器
EL.fit(x_train,y_train)
#测试个体学习器与集成学习器
xt = x_test[:20]    #选择20个样本
GB_Pred = GB.predict(xt)
RF_Pred= RF.predict(xt)
LR_Pred = LR.predict(xt)
EL_Pred = EL.predict(xt)
#显示评价指标值
ACC = []
ACC.append(r2_score(y_test[:20], GB_Pred))
ACC.append(r2_score(y_test[:20], RF_Pred))
ACC.append(r2_score(y_test[:20], LR_Pred))
ACC.append(r2_score(y_test[:20], EL_Pred))
#显示对比结果
plt.figure(1)
label = ['GradientBoostingRegressor','RandomForestRegressor','LinearRegression',
'VotingRegressor']
plt.bar(range(4),height=ACC,color = ['r','g','b','c'],tick_label=label,width = 0.4)
plt.xlabel('Method')
plt.ylabel('Accuracy')
for xx, yy in zip(range(4),ACC):
    plt.text(xx, yy, format(yy,'.2f'), ha='center', fontsize=10)
plt.grid(True)
plt.show()
#可视化结果
plt.figure(2)
plt.plot(y_test[:20], 'ko', label='Ground_Truth')
plt.plot(GB_Pred, 'gd', label='GradientBoostingRegressor')
plt.plot(RF_Pred, 'b^', label='RandomForestRegressor')
```

```
plt.plot(LR_Pred, 'ys', label='LinearRegression')
plt.plot(EL_Pred, 'r*', ms=10, label='VotingRegressor')
plt.tick_params(axis="x", which='both', bottom=False, top=False, labelbottom=False)
plt.ylabel('Predicted_Values')
plt.xlabel('Testing samples')
plt.legend(loc='best')
plt.grid(True)
plt.show()
```

（3）结果分析

以上代码运行结果如图 13-6 所示。

投票与平均等基础集成方法不但适用于普通个体学习器（如支持向量机、线性回归等）的集成，也适用于集成学习器（如随机森林、梯度提升等）的集成。根据图 13-6 可知，随机森林与梯度提升树等集成学习器比线性回归器的拟合精度要高，而将三者融合后的精度不低于单个学习器的精度。

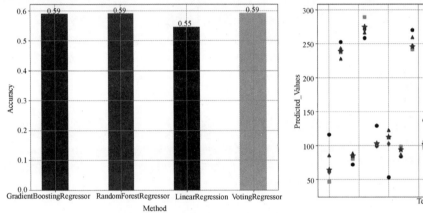

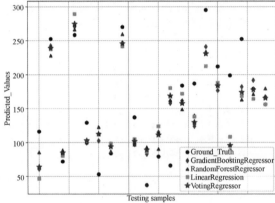

（a）R2 分数对比　　　　　　　　　　　　　　（b）预测结果可视化

图 13-6　运行结果

13.2.2　AdaBoost

基于 Boosting 集成框架的集成学习算法主要有 AdaBoost 与梯度提升树两种，下面分别进行详细介绍。

scikit-learn 库包含用于分类与回归的 AdaBoost 库，其导入方法如下。

```
from sklearn.ensemble import AdaBoostClassifier
from sklearn.ensemble import AdaBoostRegressor
```

函数原型如下。

```
AdaBoostClassifier(base_estimator=None, n_estimators=50, learning_rate=1.0,
algorithm='SAMME.R', random_state=None)
AdaBoostRegressor(base_estimator=None, n_estimators=50, learning_rate=1.0,
loss='linear', random_state=None)
```

表 13-4 所示为 AdaBoost 算法的常用参数。

表 13-4　常用参数

名称	说明
base_estimator	弱分类或回归学习器，通常为决策树 CART 或者神经网络模型 MLP（默认为决策树）
algorithm	AdaBoost 算法有 SAMME 和 SAMME.R 两种，由于 SAMME.R 使用概率度量的连续值，迭代效率一般比 SAMME 高，因此默认使用 SAMME.R
loss	损失度量包括线性 linear（默认）、平方 square 和指数 exponential 等 3 种
n_estimators	弱学习器的最大个数（默认为 50）；值太小容易欠拟合，太大容易过拟合
learning_rate	每个弱学习器的权重缩减系数（或学习率），取值范围为[0,1]（默认值为 1）
random_state	控制每次 Boosting 迭代中在每个弱学习器处的随机种子

❖　**实例 13-3：利用 AdaBoost 分类器对分布形态复杂的数据进行分类。**

（1）问题描述

首先利用 make_gaussian_quantiles() 函数生成仿真实验数据，然后构建 AdaBoost 分类器实现样本分类，具体要求如下。

① 在相同条件下比较 SAMME.R 与 SAMME 两种算法的收敛速度。

② 绘制样本分类边界。

（2）编程实现

根据本例问题的相关要求，相应的求解过程如下。

```python
from sklearn.ensemble import AdaBoostClassifier    #导入 AdaBoost 分类器库
from sklearn.tree import DecisionTreeClassifier    #导入决策树库
import matplotlib.pyplot as plt    #导入绘图库
import matplotlib as mpl
import numpy as np    #导入科学计算库
from sklearn.metrics import accuracy_score
from sklearn.datasets import make_gaussian_quantiles
from sklearn.model_selection import train_test_split    #导入数据划分库
#构建多类别数据
x, y = make_gaussian_quantiles(mean=(1,1),cov=2.0,n_samples=1000, n_features=2,
n_classes=3, random_state=1)
#划分训练样本与测试样本
x_train, x_test, y_train, y_test = train_test_split(x,y,test_size=0.3)
#构建 AdaBoost 分类器（SAMME.R）
ABC_SR = AdaBoostClassifier(DecisionTreeClassifier(max_depth=2), n_estimators=300,
learning_rate=1)
ABC_SR.fit(x_train, y_train)
#显示分类界线
N, M = 200,200
x1_min, x2_min = x.min(axis=0)    #求最小值
x1_max, x2_max = x.max(axis=0)    #求最大值
t1 = np.linspace(x1_min, x1_max, N)    #生成横坐标
t2 = np.linspace(x2_min, x2_max, M)    #生成纵坐标
x1,x2 = np.meshgrid(t1,t2)    #生成网格采样点
grid_test = np.stack((x1.flat, x2.flat), axis=1)    #利用采样点生成样本
y_predict = ABC_SR.predict(grid_test)    #预测样本类别
cm_pt = mpl.colors.ListedColormap(['w', 'g','c'])    #散点颜色
cm_bg = mpl.colors.ListedColormap(['r', 'y','m'])    #背景颜色
plt.figure(1)
plt.xlim(x1_min, x1_max);plt.ylim(x2_min, x2_max)    #设置坐标范围
plt.pcolormesh(x1,x2,y_predict.reshape(x1.shape), cmap=cm_bg)    #绘制网格背景
plt.scatter(x[:,0],x[:,1],c=y,cmap=cm_pt,marker='o',edgecolors='k')    #绘制散点
plt.xlabel('x1')
plt.ylabel('x2')
plt.grid(True)
plt.show()
#构建 AdaBoost 分类器（SAMME）
ABC_S = AdaBoostClassifier(DecisionTreeClassifier(max_depth=2),n_estimators=300,
learning_rate=1.5,algorithm="SAMME")
ABC_S.fit(x_train, y_train)
#计算误差
ABC_SR_ERR = []
ABC_S_ERR = []
for ABC_SR_predict, ABC_S_predict in zip(ABC_SR.staged_predict(x_test),
ABC_S.staged_predict(x_test)):
```

```
        ABC_SR_ERR.append(1.0 - accuracy_score(ABC_SR_predict, y_test))
        ABC_S_ERR.append(1.0 - accuracy_score(ABC_S_predict, y_test))
#绘制误差变化曲线
plt.figure(2)
plt.plot(range(len(ABC_S_ERR)),ABC_S_ERR,"b",label="SAMME",alpha=0.5)
plt.plot(range(len(ABC_SR_ERR)), ABC_SR_ERR, "r", label="SAMME.R", alpha=0.5)
plt.ylabel('Error')
plt.xlabel('Number of Trees')
plt.legend(loc='best')
plt.grid(True)
plt.show()
```

知识拓展

make_gaussian_quantiles()函数用于生成服从高斯分布的数据集（可以生成多个服从高斯分布的簇并返回数据点与相应的类别标记），基本用法如下。

```
from sklearn.datasets import make_gaussian_quantiles
X, y = make_gaussian_quantiles(mean=None, cov=1.0, n_samples=100, n_features=2,
n_classes=3, shuffle=True, random_state=None)
```

参数说明如下。

mean：均值，默认值为 None，表示每个类别的均值将在每个特征的范围内随机生成。

cov：协方差矩阵，默认值为 1.0，表示每个类别的协方差矩阵将是单位矩阵。

n_samples：样本数量，默认值为 100。

n_features：特征数量，默认值为 2。

n_classes：类别数量，默认值为 3。

shuffle：是否打乱样本，默认值为 True。

random_state：随机种子，默认值为 None。

（3）结果分析

以上代码运行结果如图 13-7 所示。

本例采用 make_gaussian_quantiles()函数生成不同类别的样本相交嵌套的样本集，其分类难度较高。事实上，如图 13-7（a）所示，AdaBoost 分类器仍能表现出较好的性能。对于 AdaBoost 分类器模型的求解方法，SAMME 算法根据分类器的准确性进行加权，要求基分类器的输出是离散的，而 SAMME.R 算法通过使用预测类别的概率信息来进行加权，允许基分类器的输出是实数值的概率。如图 13-7（b）所示，SAMME.R 算法通常比 SAMME 算法收敛得更快且稳定性较高。

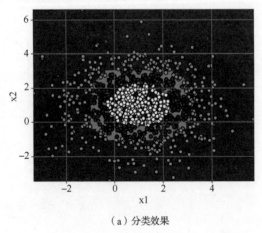

（a）分类效果

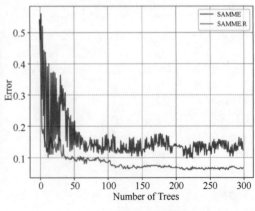

（b）不同算法的收敛速度

图 13-7　运行结果

❖　**实例 13-4：利用 AdaBoost 回归器进行曲线拟合。**

（1）问题描述

首先利用正弦曲线生成仿真实验数据，然后构建 AdaBoost 回归器进行回归分析并测试其在不同数量基学习器中的精度，具体要求如下。

① 比较不同基学习器中 AdaBoost 回归器的拟合优度。

② 对不同基学习器中 AdaBoost 回归器生成的曲线进行可视化。

💡**知识拓展**

在 scikit-learn 库中，回归分析中的 score() 方法返回值是被称为 "确定系数" 的统计量（表示为 R^2）；"确定系数" 主要用于度量回归直线针对观测值的拟合程度或因变量与所有自变量之间的总体关系（即拟合优度），具体定义为：

$$R^2 = 1 - \frac{u}{v}$$

其中，u 与 v 分别表示残差平方和与总平方和，即：

$$u = ((y\_true - y\_pred)\ ^\wedge\ 2).sum()$$

$$v = ((y\_true - y\_true.mean())\ ^\wedge\ 2).sum()$$

根据 R^2 的定义可知，其值越接近 1，说明回归直线对观测值的拟合程度越好；反之，R^2 的值越小，说明回归直线对观测值的拟合程度越差。

（2）编程实现

根据本例问题的相关要求，相应的求解过程如下。

```python
from sklearn.ensemble import AdaBoostRegressor    #导入 AdaBoost 回归库
import matplotlib.pyplot as plt    #导入绘图库
import numpy as np    #导入科学计算库
from sklearn.metrics import r2_score    #导入 R2 分数库
#构造数据
x = np.linspace(0, 10, 200)
x = x.reshape(-1, 1)
y = np.sin(x).ravel() + np.random.normal(0, 0.1, x.shape[0])
#测试不同数量基学习器中 AdaBoost 回归器的拟合效果
AB_R2=[]
for i in range (10):
    AB = AdaBoostRegressor(n_estimators=(i+1)*10, random_state=0)
    AB.fit(x, y)
    AB_R2.append(r2_score(y,AB.predict(x)))
#显示结果
plt.figure(1)
plt.xlabel('Base learner')
plt.ylabel('R2_score')
x_range = (np.arange(10)+1)*10
plt.plot(x_range, AB_R2, color='r',ls='--',marker='o')
for a,b in zip(x_range,AB_R2):
    plt.text(a+1,b,'%.2f'%b)
plt.grid(True)
plt.show()
#集成不同数量个体回归器的拟合效果
#1 个个体学习器的集成
AB_1 = AdaBoostRegressor(n_estimators=1, random_state=0)
AB_1.fit(x,y)
y_1 = AB_1.predict(x)
```

```
#100个个体学习器的集成
AB_2 = AdaBoostRegressor(n_estimators=100, random_state=0)
AB_2.fit(x,y)
y_2 = AB_2.predict(x)
#显示拟合结果
plt.figure(2)
plt.scatter(x, y, color='r', label="data_point")
plt.plot(x, y_1, color='b', label="n_estimators=1", linewidth=2)
plt.plot(x, y_2, color='g', label="n_estimators=100", linewidth=2)
plt.xlabel("x")
plt.ylabel("y")
plt.legend()
plt.grid(True)
plt.show()
```

（3）结果分析

以上代码运行结果如图 13-8 所示。

根据图 13-8（a）所示结果可知，随着基学习器数量的增加，AdaBoost 回归器的拟合优度也随之增加，表明曲线拟合效果越好。然而，需要注意的是，当基学习器数量较多时，AdaBoost 回归器模型复杂度较高，易导致过拟合问题的发生（尝试拟合所有样本），相应的曲线可能由于噪声较大或异常样本较多而出现较大的偏差。此外，由于 AdaBoost 算法通过增大错分样本权重的方式突出其在弱学习器训练中的作用，因而易导致噪声或异常样本的权重过大，进而导致算法稳定性可能受到较大的影响。如图 13-8（b）所示，较少数量的基学习器由于欠拟合问题而不易生成较好的曲线，适当数量的基学习器则可生成较好的结果。

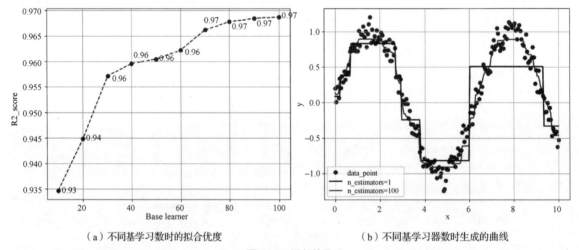

（a）不同基学习数时的拟合优度　　　　　　　（b）不同基学习器数时生成的曲线

图 13-8　运行结果

13.2.3　梯度提升树

梯度提升树在损失函数负梯度的基础上通过逐步拟合残差的方式训练基学习器，由于梯度值是连续值，因而在构建梯度提升树解决回归或分类任务时，相应的基学习器均为 CART。在具体应用中，梯度提升树可处理各种类型的数据（数值型、类别型等），同时可通过正则化方法（如学习率、子采样等）控制模型的复杂度以在一定程度上避免过拟合问题的发生。

scikit-learn 库中的梯度提升树库的导入方式如下。

```
from sklearn.ensemble import GradientBoostingClassifier
from sklearn.ensemble import GradientBoostingRegressor
```

函数原型如下。

```
sklearn.ensemble.GradientBoostingClassifier(loss='deviance', learning_rate=0.1,
n_estimators=100, max_depth=3, warm_start=False)
    sklearn.ensemble.GradientBoostingRegressor( loss='is', learning_rate=0.1,
n_estimators=100, max_depth=3, warm_start=False)
```

表 13-5 所示为梯度提升树的常用参数。

表 13-5　常用参数

名称	说明
n_estimators	弱学习器数量
loss	损失函数。对于分类模型，可设置为 deviance（似然损失函数）与 exponential（指数损失函数）；对于回归模型，可设置为 is（标准差）、lad（绝对损失）、huber（huber 损失）与 quantile（分位数损失）
learning_rate	步长或学习率（默认值为 0.1）
max_depth	决策树的最大深度（默认值为 3）

❖　**实例 13-5：利用"早期停止"控制梯度提升树的迭代次数。**

在梯度提升树中，可以采用"早期停止"确定最少的迭代次数。"早期停止"是一种可在模型训练过程中监测模型性能的技术，其在模型性能不再改善时停止模型的训练，从而避免过拟合问题的发生。在此过程中，通常利用验证样本计算每次迭代后模型的性能指标（如误差），如果性能不再改善，则停止训练，进而确定最佳的迭代次数。

> 📖**知识拓展**
>
> 　　当在 scikit-learn 中使用机器学习算法时，可以使用 return_X_y=True 来指定返回特征矩阵和目标变量。默认情况下，scikit-learn 的许多机器学习算法返回的是一个元组，其中包含特征矩阵和目标变量。

（1）问题描述

利用鸢尾花数据集、乳腺癌数据集与 Hastie 数据集确定梯度提升树的最少迭代次数，具体要求如下。

① 采用"早期停止"确定模型的精度与训练时间。

② 在未采用"早期停止"的情况下确定模型的精度与训练时间。

③ 利用柱状图比较采用与未采用"早期停止"时模型的精度与训练时间。

（2）编程实现

根据本例问题的相关要求，相应的求解过程如下。

```
from sklearn.model_selection import train_test_split    #导入数据划分库
import matplotlib.pyplot as plt    #导入绘图库
import numpy as np    #导入科学计算库
import time    #导入时间库
from sklearn.ensemble import GradientBoostingClassifier    #导入梯度提升树分类器库
from sklearn import datasets    #导入数据集
data_list = [datasets.load_iris(return_X_y=True),datasets.load_breast_cancer
(return_X_y=True),datasets.make_hastie_10_2(n_samples=500, random_state=0)]
data_names = ["Iris Data", "Breast_cancer Data", "Hastie Data"]
Num_GB = []    #保存梯度提升树个体学习器数量（非"早期停止"）
Acc_GB = []    #保存梯度提升树精度（非"早期停止"）
Time_GB = []    #保存梯度提升树时间（非"早期停止"）
Num_GBES = []    #保存梯度提升树个体学习器数量（"早期停止"）
Acc_GBES = []    #保存梯度提升树精度（"早期停止"）
Time_GBES = []    #保存梯度提升树时间（"早期停止"）
n_estimators = 100
for x, y in data_list:
```

235

```
        x_train, x_test, y_train, y_test = train_test_split(x, y, test_size=0.2,
random_state=0)
        #构建梯度提升树（非"早期停止"）
        GB = GradientBoostingClassifier(n_estimators=n_estimators, random_state=0)
        start = time.time()
        GB.fit(x_train, y_train)
        Time_GB.append(time.time() - start)
        Acc_GB.append(GB.score(x_test, y_test))
        Num_GB.append(GB.n_estimators_)
        #构建梯度提升树（"早期停止"）
        GBES = GradientBoostingClassifier(n_estimators=n_estimators, validation_fraction=
0.2,n_iter_no_change=5, tol=0.01, random_state=0)    #validation_fraction=0.2 是指在训练过程中
将训练样本的 20%作为验证样本以用于模型性能的评估；n_iter_no_change=5 是指如果在连续 5 次迭代中模型的性能没
有提升则停止模型的训练
        start = time.time()
        GBES.fit(x_train, y_train)
        Time_GBES.append(time.time() - start)
        Acc_GBES.append(GBES.score(x_test, y_test))
        Num_GBES.append(GBES.n_estimators_)
    #梯度提升树非"早期停止"与"早期停止"两种情况下的精度对比
    bar_width = 0.4
    index = np.arange(0,len(data_list))
    plt.figure(figsize=(8,4))
    Bar_GB = plt.bar(index, Acc_GB, bar_width, label='Without early stopping', color='blue')
    for i, b in enumerate(Bar_GB):
        plt.text(b.get_x() + b.get_width() / 2.0, b.get_height(),'n_est=%d' %Num_GB[i],ha=
'center',va='bottom')
    Bar_GBES = plt.bar(index + bar_width, Acc_GBES, bar_width, label='With early stopping',
color='cyan')
    for i, b in enumerate(Bar_GBES):
        plt.text(b.get_x() + b.get_width() / 2.0, b.get_height(), "n_est=%d" %Num_GBES[i],
ha="center",va="bottom")
    plt.xticks(index + bar_width, data_names)
    plt.yticks(np.arange(0, 1.2, 0.1))
    plt.ylim([0, 1.2])
    plt.legend(loc="best")
    plt.grid(True)
    plt.xlabel("Datasets")
    plt.ylabel("Accuracy")
    plt.show()
    #梯度提升树非"早期停止"与"早期停止"两种情况下的时间对比
    plt.figure(figsize=(8,4))
    Bar_GB = plt.bar(index, Time_GB, bar_width, label='Without early stopping', color='blue')
    for i, b in enumerate(Bar_GB):
        plt.text(b.get_x() + b.get_width() / 2.0, b.get_height(),
            'n_est=%d' %Num_GB[i],ha='center',va='bottom')
    Bar_GBES = plt.bar(index + bar_width, Time_GBES, bar_width, label='With early stopping',
color='cyan')
    for i, b in enumerate(Bar_GBES):
        plt.text(b.get_x() + b.get_width() / 2.0, b.get_height(),'n_est=%d' %Num_GBES[i],
ha='center',va="bottom")
    max_time = np.amax(np.maximum(Time_GB, Time_GBES))
    plt.xticks(index + bar_width, data_names)
    plt.yticks(np.linspace(0, max_time, 10))
    plt.ylim([0, max_time])
    plt.legend(loc="best")
    plt.grid(True)
    plt.xlabel("Datasets")
    plt.ylabel("Time")
    plt.show()
```

（3）结果分析

以上代码运行结果如图 13-9 所示。

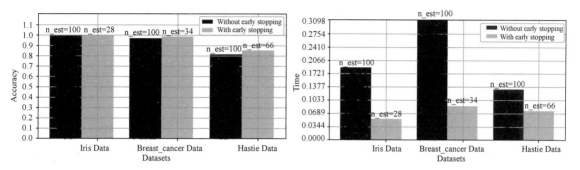

（a）采用与未采用"早期停止"的精度　　　　　　（b）采用与未采用"早期停止"的训练时间

图 13-9　运行结果

在模型训练过程中，采用"早期停止"的模型训练时间明显低于未采用"早期停止"的模型训练时间。此外，采用"早期停止"由于有效控制了模型的复杂度，进而采用较少的基学习器构建梯度提升树，因而相应的精度也高于未采用"早期停止"的梯度提升树的精度。

❖　**实例 13-6：利用梯度提升树回归器解决糖尿病预测。**

梯度提升树不但可用于求解分类问题，而且可用于求解回归问题或对特征的重要性进行评估。本例以糖尿病预测模型的构建为例介绍梯度提升树在回归问题求解中的应用方法。

（1）问题描述

构建梯度提升树回归器以对糖尿病进行预测，具体要求如下。

① 输出模型训练时每次迭代训练样本与测试样本相应的误差并绘制相应的变化曲线。

② 对特征重要性进行评估并可视化。

（2）编程实现

根据本例问题的相关要求，相应的求解过程如下。

```python
from sklearn.ensemble import GradientBoostingRegressor    #导入梯度提升库
import matplotlib.pyplot as plt    #导入绘图库
import numpy as np    #导入科学计算库
from sklearn import datasets    #导入数据集
from sklearn.inspection import permutation_importance    #导入特征重要性评估库
from sklearn.metrics import mean_squared_error    #导入标准差评价指标库
from sklearn.model_selection import train_test_split    #导入数据划分库
# 构建数据集
diabetes = datasets.load_diabetes()
x, y = diabetes.data, diabetes.target
# 数据处理
x_train, x_test, y_train, y_test = train_test_split(x, y, test_size=0.1, random_state=13)
# 构建梯度提升树回归模型
params = {'n_estimators': 500,'max_depth': 4,'min_samples_split': 5,'learning_rate':
0.01,'loss': 'squared_error'}
GBR = GradientBoostingRegressor(**params)
# 训练梯度提升树回归模型
GBR.fit(x_train, y_train)
# 计算与输出梯度提升树回归模型相应的标准差
MSE = mean_squared_error(y_test, GBR.predict(x_test))
print('Mean squared error (MSE): {:.4f}'.format(MSE))
# 训练偏差（staged_predict()函数用于返回每个训练轮次的预测结果）
```

```
    test_score = np.zeros((params['n_estimators'],), dtype=np.float64)
    for i, y_pred in enumerate(GBR.staged_predict(x_test)):
        test_score[i] = mean_squared_error(y_test, y_pred)
    plt.figure(1)
    plt.plot(np.arange(params['n_estimators']) + 1,GBR.train_score_,'b-',label='Training
Deviance')
    plt.plot(np.arange(params['n_estimators']) + 1, test_score, 'r-', label='Test Deviance')
    plt.legend(loc='best')
    plt.xlabel('Iterations')
    plt.ylabel('Deviance')
    plt.grid(True)
    plt.show()
    # 特征重要性（不纯度）
    feature_importance = GBR.feature_importances_
    sorted_idx = np.argsort(feature_importance)
    pos = np.arange(sorted_idx.shape[0]) + 0.5
    plt.figure(2)
    plt.barh(pos, feature_importance[sorted_idx], align='center')
    plt.yticks(pos, np.array(diabetes.feature_names)[sorted_idx])
    # 特征重要性（排列）
    plt.figure(3)
    PI = permutation_importance(GBR, x_test, y_test, n_repeats=10, random_state=42, n_jobs=2)
    sorted_idx = PI.importances_mean.argsort()
    plt.boxplot(PI.importances[sorted_idx].T,vert=False,labels=np.array(diabetes.feature_
names)[sorted_idx])
    plt.show()
```

（3）结果分析

以上代码运行结果如图 **13-10** 所示。

```
Mean squared error (MSE): 3024.1208
```

根据图 13-10（a）可知，随着迭代次数的增加，梯度提升树的拟合误差逐渐降低；其中，针对测试数据的拟合误差在开始阶段不断降低，之后趋于平稳，表明模型的性能达到一定程度时不再明显提升，此时可通过"早期停止"方式提前结束模型的训练。此外，对于特征重要性分析，梯度提升树的生成结果与基于随机排列的特征重要性分析方法生成的结果较为相近（如 3 个最重要的特征均为 bmi、s5 与 bp）。事实上，树模型依据不纯度的下降判断特征重要性而出现过拟合问题时，其结果可靠性可能会受到一定的影响；此外，树模型更利于判断数值型特征而不利于判断高基数特征（High-Cardinality Features），因而，数值型特征在重要性排名上可能更靠前。相对而言，基于随机排列的特征重要性分析方法与模型无关，适用性更广。需要注意的是，如果特征具有较强的多重共线性，通常只从中选择一个重要的特征。

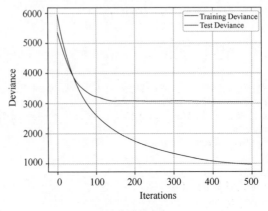

（a）标准差变化

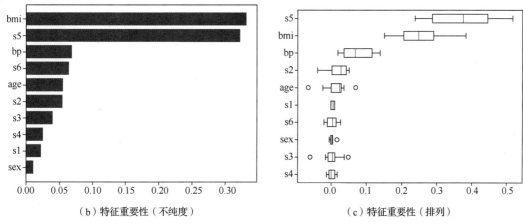

（b）特征重要性（不纯度）　　　　　　　　（c）特征重要性（排列）

图 13-10　运行结果

> 💡**知识拓展**
>
> 如果一个特征用以指示类别或定性且其取值非常多（通常取值范围为[0,n]的整数），则将其称为高基数特征。对于高基数特征，一般不宜直接采用独热编码，而应先采用聚类方式将其取值划分为多个组，然后对每个组进行独热编码。

13.2.4　XGBoost

XGBoost 是经过优化的分布式梯度提升库，具有高效、灵活、可移植性较高（可在 Hadoop、MPI、Dask 等多种分布式环境上运行）等优势。XGBoost 在解决工业界大规模数据分析及 Kaggle 数据挖掘竞赛中应用较广。

在应用 XGBoost 算法时，应先安装 XGBoost 库，然后导入相应的分类或回归库，即：

```
from xgboost.sklearn import XGBClassifier
from xgboost.sklearn import XGBRegressor
```

函数原型如下。

```
XGBClassifier/XGBRegressor (max_depth=3, learning_rate=0.1, n_estimators=100,
objective='binary:logistic')
```

表 13-6 所示为 XGBoost 算法的常用参数。

表 13-6　常用参数

名称	说明
learning_rate	学习率（默认值为 0.3）
max_depth	构建树的深度（默认值为 6）
n_estimators	基学习器的数量
objective	需要被最小化的损失函数

❖　**实例 13-7：利用 XGBoost 分类器对乳腺癌进行预测。**

本例主要介绍 XGBoost 分类器模型的参数调优、性能评估等具体方法。

> 💡**知识拓展**
>
> xgb.DMatrix 是 XGBoost 常用的数据类型之一，主要用于存储数据并进行高效的训练和预测。
>
> xgb.DMatrix 可以从多种数据源（包括 NumPy 数组、Pandas 的 DataFrame、LibSVM 文本文件等）创建并将数据存储为稀疏矩阵的形式，以提高内存使用效率与计算速度。此外，xgb.DMatrix 还可以存储目标变量与权重信息并提供相关方法处理所存储的数据（如获取特征名称与数据维度等）。

（1）问题描述

利用乳腺癌数据集构建 XGBoost 分类器以实现对乳腺癌的预测，具体要求如下。

① 通过直接设置基学习器数的方式构建 XGBoost 分类器。

② 通过交叉验证的方式确定最优参数并构建相应的 XGBoost 分类器。

③ 对比以上两种方式构建的 XGBoost 分类器的精度与训练时间差异。

④ 绘制 XGBoost 分类器相应的 AUC 曲线。

⑤ 对特征重要性进行可视化。

（2）编程实现

根据本例问题的相关要求，相应的求解过程如下。

```
import numpy as np
from sklearn.datasets import load_breast_cancer    #导入数据集
from sklearn.model_selection import train_test_split    #导入数据划分库
import xgboost as xgb    #导入 XGBoost 库
from xgboost.sklearn import XGBClassifier    #导入 XGBoost 分类库
#导入绘图库
import matplotlib.pyplot as plt
#导入评价指标库
from sklearn.metrics import roc_auc_score
from sklearn.metrics import roc_curve
from xgboost import plot_importance    #导入特征重要性绘制库
import time    #导入时间库
#加载数据
Cancer=load_breast_cancer()
x = Cancer.data    #特征值
y = Cancer.target    #目标值
x_train, x_test, y_train, y_test = train_test_split(x, y, test_size=0.4, random_state=1)
Acc_XGB_1 = []
Acc_XGB_2 = []
Time_XGB = []
# 构建 XGBoost 分类器
params={'n_estimators':300,
        'num_class':2,
        'booster':'gbtree',
        'objective': 'multi:softmax',
        'max_depth':5,
        'colsample_bytree':0.75,
        'min_child_weight':1,
        'max_delta_step':0,
        'seed':0,
        'gamma':0.15,
        'learning_rate' : 0.01}
XGB = XGBClassifier(**params)
start = time.time()
XGB.fit(x_train, y_train,eval_set=[(x_train,y_train),(x_test,y_test)])
Time_XGB.append(time.time() - start)
#测试 XGBoost 分类器
#AUC（训练样本）
Acc_XGB_1.append(roc_auc_score(y_train, XGB.predict(x_train)))
#AUC（测试样本）
Acc_XGB_1.append(roc_auc_score(y_test, XGB.predict(x_test)))
#预测精度
Acc_XGB_1.append(XGB.score(x_test,y_test))
# 利用交叉验证方式确定最优参数
dtrain = xgb.DMatrix(x,label=y)
```

```
    xgb_param = XGB.get_xgb_params()
    XGB_CV = xgb.cv(xgb_param, dtrain, num_boost_round=5000, nfold=3, metrics=['auc'],
early_stopping_rounds=10, stratified=True)
    #显示交叉验证评价指标
    print('交叉验证评价指标:')
    print(XGB_CV)
    #更新基学习器数并重新训练 XGBoost 分类器
    XGB.set_params(n_estimators=XGB_CV.shape[0])
    start = time.time()
    XGB.fit(x_train, y_train,eval_set=[(x_train,y_train),(x_test,y_test)])
    Time_XGB.append(time.time() - start)
    #测试 XGBoost 分类器
    #AUC（训练样本）
    Acc_XGB_2.append(roc_auc_score(y_train, XGB.predict(x_train)))
    #AUC（测试样本）
    Acc_XGB_2.append(roc_auc_score(y_test, XGB.predict(x_test)))
    #预测精度
    Acc_XGB_2.append(XGB.score(x_test,y_test))
    #显示结果
    #运行时间对比
    bar_width = 0.4
    plt.figure(1)
    plt.bar(range(2), Time_XGB, bar_width, color=['r','c'], label=['n_estimators=
300','n_estimators=' + str(XGB_CV.shape[0])])
    plt.legend(loc="best")
    plt.grid(True)
    plt.xlabel("Estimators")
    plt.ylabel("Time")
    plt.show()
    #精度对比
    plt.figure(2)
    index = np.arange(3)
    plt.bar(index, Acc_XGB_1, bar_width, color='r')
    plt.bar(index + bar_width, Acc_XGB_2, bar_width, color='c',tick_label =
['Train(AUC)','Test(AUC)','Test(Accuracy)'])
    plt.legend(labels = ['n_estimators=100','n_estimators='+str(XGB_CV.shape[0])],
loc='lower left')
    plt.grid(True)
    plt.xlabel("Metric")
    plt.ylabel("Value")
    plt.show()
    # 绘制 AUC 曲线
    fpr, tpr, T = roc_curve(y_test,XGB.predict(x_test))
    auc_score = roc_auc_score(y_test, XGB.predict(x_test))
    plt.plot(fpr,tpr,label= f'AUC = {auc_score:.4f}')
    plt.plot([0,1],[0,1],linestyle='--',color='r',label = 'Random Classifier')
    plt.xlabel('False Positive Rate')
    plt.ylabel('True Positive Rate')
    plt.legend()
    plt.grid(True)
    plt.show()
    # 显示特征重要性
    plot_importance(XGB,height=0.8)
```

（3）结果分析

以上代码运行结果如图 13-11 所示。

交叉验证评价指标:

	train-auc-mean	train-auc-std	test-auc-mean	test-auc-std
0	0.995876	0.003140	0.972233	0.015117

1	0.995862	0.003249	0.970707	0.016133
2	0.995817	0.003207	0.976455	0.011496
3	0.995827	0.003231	0.977892	0.009517
4	0.996942	0.002091	0.980493	0.010898
5	0.996863	0.002063	0.979979	0.011035
6	0.996947	0.002081	0.980594	0.010925
7	0.996887	0.002061	0.979523	0.010337
8	0.996872	0.001963	0.979665	0.010464
9	0.996902	0.002049	0.979707	0.010681
10	0.996868	0.002055	0.979865	0.010776
11	0.997846	0.001884	0.979825	0.010991
12	0.998911	0.000625	0.979946	0.011175
13	0.998891	0.000658	0.979946	0.011263
14	0.998891	0.000617	0.979769	0.011248
15	0.998866	0.000697	0.983675	0.005916

在利用交叉验证方式对 XGBoost 分类器模型参数的调优中，训练样本与测试样本相应的 AUC 值相差不大，未出现明显的过拟合问题。此外，根据图 13-11（a）和图 13-11（b）所示结果可知，利用最优基学习器数（16）构建的 XGBoost 分类器模型的训练时间明显低于指定基学习器数（300）构建的 XGBoost 分类器模型的训练时间，而两者对应的评估指标值基本相同。根据图 13-11（c）所示的 AUC 曲线可知，最终的 XGBoost 分类器模型整体性能较高。此外，如图 13-11（d）所示，XGBoost 分类器可用于评估特征重要性。

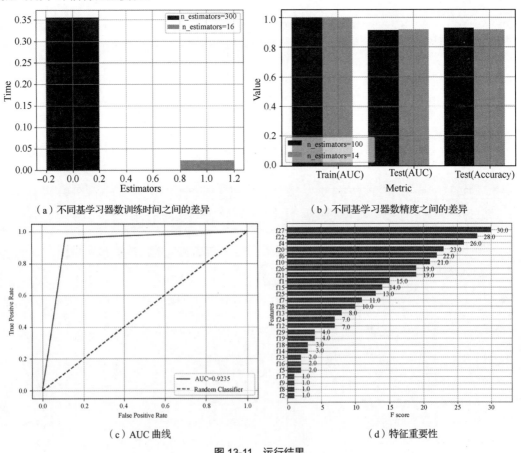

（a）不同基学习器数训练时间之间的差异　　　　　（b）不同基学习器数精度之间的差异

（c）AUC 曲线　　　　　（d）特征重要性

图 13-11　运行结果

13.2.5　随机森林

Bagging 集成框架的代表算法为随机森林，其在以决策树作为基学习器的基础上进一步在基学习器的训练中引入随机属性选择机制，以进一步提高基学习器的多样性与独立性。具体而言，构建基学习器时，对于每个节点，首先从属性集合（包含 d 个属性）中通过随机选择的方式生成一个包含 $k \leq d$ 个属性（通常将 k 值设置为 $\log_2 d$）的属性子集，再从此属性子集中选择一个最优属性用于构造该节点相应的样本分类判别依据或函数。随机森林算法的基本步骤如下。

第一步：在初始样本集的基础上利用随机采样技术创建多个采样集。

第二步：利用每个采样集构造基学习器，其中的节点最优判别函数利用随机选择属性子集确定。

第三步：通过特定的组合策略对所有基学习器进行集成以生成最终的强学习器。

随机森林的原理虽然很简单且算法易于实现，但其实际性能却很好。一般情况下，其初始误差比较大，随着基学习器数量的增加，最终效果通常会有很大的提高。

scikit-learn 库包含随机森林分类与回归器库，其导入方式如下。

```
from sklearn.ensemble import RandomForestClassifier
from sklearn.ensemble import RandomForestRegressor
```

函数原型如下。

```
RandomForestClassifier(n_estimators=100, criterion='gini', max_depth=None,
min_samples_split=2, min_samples_leaf=1, min_weight_fraction_leaf=0.0, max_features='auto',
max_leaf_nodes=None, min_impurity_decrease=0.0, min_impurity_split=None, bootstrap=True,
oob_score=False, n_jobs=1, random_state=None, verbose=0, warm_start=False, class_weight=None)
RandomForestRegressor (n_estimators=100, criterion='mse', max_depth=None,
min_samples_split=2, min_samples_leaf=1, min_weight_fraction_leaf=0.0, max_features='auto',
max_leaf_nodes=None, min_impurity_decrease=0.0, min_impurity_split=None, bootstrap=True,
oob_score=False,n_jobs=None, random_state=None, verbose=0, warm_start=False)
```

💡知识拓展

常用的模型参数选择方式主要有以下两种。

（1）GridSearchCV：在给定的参数空间中，在交叉验证的基础上以网格搜索的方式确定最佳参数组合。其主要参数如下。

① estimator：需确定参数的模型。

② param_grid：以字典或列表形式指定的参数空间。

③ cv：交叉验证的折数。

④ scoring：评估指标。

⑤ refit：是否在找到最优参数后重新拟合整个数据集。

（2）RandomizedSearchCV：在给定的参数空间中，在交叉验证的基础上以随机搜索的方式确定最佳参数组合。其主要参数如下。

① estimator：需确定参数的模型。

② param_distributions：以字典或列表等形式指定的参数空间的分布。

③ n_iter：进行随机搜索的迭代次数。

④ cv：交叉验证的折数。

⑤ scoring：评估指标。

表 13-7 和表 13-8 所示为随机森林的常用参数与属性。

表 13-7 常用参数

名称	说明
n_estimators	随机森林中要创建的决策树数量
criterion	决策树构建标准。对于分类模型，可设置为'entropy'（信息熵）或'gini'（Gini 系数）；对于回归模型，可设置为'mse'（标准差）、'friedman_mse'（费尔德曼标准差）与'mae'（绝对平均误差）
max_depth	树的最大深度
bootstrap	是否采用有放回的抽样方式

表 13-8 常用属性

名称	说明
estimators_	决策树列表
classes_	类别标签列表
n_classes_	类别数量
n_features	拟合过程中使用的特征的数量
feature_importances	特征重要程度列表（值越大，相应的特征越重要）

❖ **实例 13-8：随机森林参数调优。**

本例主要介绍随机森林参数调优、特征选择等具体方法。

（1）问题描述

利用红酒数据集构建随机森林分类器，具体要求如下。

① 通过网格法确定单个决策树分类器的最优参数并对其精度进行测试。

② 通过网格法确定随机森林分类器的最优参数并对其精度进行测试。

③ 利用随机森林分类器评估特征的重要性并对其进行排序。

④ 选择重要的特征构建与测试随机森林分类器。

（2）编程实现

根据本例问题的相关要求，相应的求解过程如下。

```python
from sklearn.ensemble import RandomForestClassifier    #导入随机森林库
from sklearn.model_selection import train_test_split    #导入数据划分库
from sklearn.tree import DecisionTreeClassifier    #导入决策树库
from sklearn.datasets import load_wine    #导入红酒数据集
from sklearn.model_selection import GridSearchCV    #导入网格式参数优化库
#导入绘图库
import matplotlib.pyplot as plt
import matplotlib as mpl
import numpy as np    #导入科学计算库
#加载数据
wine = load_wine()
x,y = wine.data,wine.target
#划分训练样本与测试样本
x_train, x_test, y_train, y_test = train_test_split(x, y, test_size=0.3, random_state=1)
# 决策树参数优化
# 设置参数搜索范围
param_grid = {'criterion': ['entropy', 'gini'],
              'max_depth': [2, 3, 4, 5, 6, 7, 8],
              'min_samples_split': [4, 8, 12, 16, 18, 20]}
# 构建决策树模型
DTC = DecisionTreeClassifier()
# 参数优化
DTC_CV = GridSearchCV(estimator=DTC, param_grid=param_grid, scoring='accuracy', cv=3)
# 训练决策树模型
DTC_CV.fit(x_train, y_train)
# 显示最优参数信息
print('决策树最优参数：',DTC_CV.best_params_)
# 显示最优模型
print('决策树最优模型：',DTC_CV.best_estimator_)
# 利用最优参数构建决策树模型
DTC.set_params(**DTC_CV.best_params_)
DTC.fit(x_train,y_train)
```

```
    # 评估决策树模型
    print('决策树预测精度:',DTC.score(x_test,y_test))
    # 随机森林参数优化
    # 设置参数搜索范围
    param_grid = {
        'criterion':['entropy','gini'],
        'max_depth':[5, 6, 7, 8, 10],
        'n_estimators':[9, 11, 13, 15],
        'max_features':[0.3, 0.4, 0.5, 0.7],
        'min_samples_split':[4, 8, 10, 12, 16]
    }
    # 构建随机森林模型
    RFC = RandomForestClassifier()
    # 参数优化
    RFC_CV = GridSearchCV(estimator=RFC, param_grid=param_grid,scoring='accuracy', cv=3)
    # 训练随机森林模型
    RFC_CV.fit(x_train, y_train)
    # 显示最优参数信息
    print('随机森林最优参数: ',RFC_CV.best_params_)
    # 显示最优模型
    print('随机森林最优模型: ',RFC_CV.best_estimator_)
    # 利用最优参数构建随机森林模型
    RFC.set_params(**RFC_CV.best_params_)
    RFC.fit(x_train,y_train)
    # 评估随机森林模型
    print('随机森林精度:',RFC.score(x_test,y_test))
    # 求取特征重要性
    print('特征重要性排序如下。')
    importances = RFC.feature_importances_
    indices = np.argsort(importances)[::-1]
    for f in range(x_train.shape[1]):
        print('%2d) %-*s %f' % (f + 1, 30, wine.feature_names[indices[f]],
importances[indices[f]]))
    # 特征重要性可视化
    plt.figure()
    names = [wine.feature_names[i] for i in indices]     #特征名称
    plt.bar(range(x_train.shape[1]), importances[indices])
    plt.xticks(range(x_train.shape[1]), names, rotation=20)
    plt.ylabel('Importance')
    plt.xticks(fontsize=8)
    plt.yticks(fontsize=8)
    plt.grid(True)
    plt.show()
    # 选择特征
    threshold = 0.13    #特征阈值
    x_selected_train = x_train[:, importances > threshold]
    x_selected_test = x_test[:, importances > threshold]
    # 训练随机森林模型
    RFC_CV.fit(x_selected_train, y_train)
    # 显示最优参数信息
    print('随机森林最优参数: ',RFC_CV.best_params_)
    # 显示最优模型
    print('随机森林最优模型: ',RFC_CV.best_estimator_)
    # 利用最优参数构建随机森林模型
    RFC.set_params(**RFC_CV.best_params_)
    RFC.fit(x_selected_train,y_train)
```

```
# 评估随机森林模型
print('随机森林精度:',RFC.score(x_selected_test,y_test))
#绘制分类效果图
x_Min, x_Max = x_selected_test[:,0].min(), x_selected_test[:,0].max()
y_Min, y_Max = x_selected_test[:,1].min(), x_selected_test[:,1].max()
xx,yy=np.meshgrid(np.linspace(x_Min, x_Max, 50),np.linspace(y_Min, y_Max, 50))    #生成
网格点
GridTest=np.stack((xx.flat, yy.flat), axis=1)    #测试点
y_pred=RFC.predict(GridTest)    #预测测试点所属类别
CmBg = mpl.colors.ListedColormap(['r', 'y','c'])    #背景颜色
plt.figure()
plt.xlim(x_Min, x_Max);plt.ylim(y_Min, y_Max)    #设置坐标范围
plt.pcolormesh(xx, yy, y_pred.reshape(xx.shape), cmap=CmBg)    #绘制网格背景
plt.scatter(x_selected_test[y_test==0, 0], x_selected_test[y_test==0, 1], c='k',
marker='o', linewidths=1, edgecolors='w', label='Class1')
plt.scatter(x_selected_test[y_test==1, 0], x_selected_test[y_test==1, 1], c='k',
marker='s', linewidths=1, edgecolors='w', label='Class2')
plt.scatter(x_selected_test[y_test==2, 0], x_selected_test[y_test==2, 1], c='k',
marker='^', linewidths=1, edgecolors='w', label='Class3')
plt.xlabel('X1')
plt.ylabel('X2')
plt.legend(loc='best')
plt.grid(True)
plt.show()
```

（3）结果分析

以上代码运行结果如图 13-12 所示。

```
决策树最优参数: {'criterion': 'entropy', 'max_depth': 5, 'min_samples_split': 4}
决策树最优模型: DecisionTreeClassifier(criterion='entropy', max_depth=5,
min_samples_split=4)
决策树预测精度: 0.9629629629629629
随机森林最优参数: {'criterion': 'entropy', 'max_depth': 7, 'max_features': 0.3,
'min_samples_split': 12, 'n_estimators': 9}
随机森林最优模型: RandomForestClassifier(criterion='entropy', max_depth=7,
max_features=0.3, min_samples_split=12, n_estimators=9)
随机森林精度: 0.9814814814814815
特征重要性排序如下。
    1) od280/od315_of_diluted_wines   0.204488
    2) proline                        0.179739
    3) alcohol                        0.125481
    4) flavanoids                     0.105033
    5) total_phenols                  0.101373
    6) color_intensity                0.090043
    7) hue                            0.074770
    8) magnesium                      0.050886
    9) proanthocyanins                0.028989
   10) malic_acid                     0.023996
   11) alcalinity_of_ash              0.011859
   12) ash                            0.003344
   13) nonflavonoid_phenols           0.000000
随机森林最优参数: {'criterion': 'gini', 'max_depth': 10, 'max_features': 0.7,
'min_samples_split': 16, 'n_estimators': 11}
随机森林最优模型: RandomForestClassifier(max_depth=10, max_features=0.7,
min_samples_split=16, n_estimators=11)
随机森林精度: 0.9444444444444444
```

通过最优参数的选择，相对于单个决策树，随机森林的精度更高。从原理上讲，随机森林通过样本与特征的随机抽样以生成各具特色的基学习器，在很大程度上可克服单个决策树易出现过拟合、

稳定性差等问题。此外，随机森林可对特征的重要性进行定量评估，如图 13-12 所示，依此选择的特征可用于构建性能优良的分类器；在此例中，选择两个特征构建的分类器精度可达 0.944，表明随机森林自身性能及对特征评估的可靠性均较高。

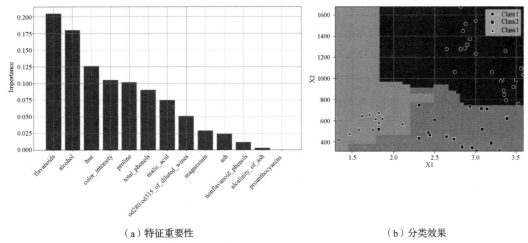

（a）特征重要性　　　　　　　　　　　　　（b）分类效果

图 13-12　运行结果

13.2.6　Stacking 分类与回归

Stacking 集成框架的基本思想是将多个异质的初级学习器（如决策树、支持向量机等）的输出结果作为输入，进而利用元学习器进行融合以提升整体分类或回归性能。在具体应用中，初始学习器通常选择性能优良的模型以最大限度地提取原始数据中的关键信息，而元学习器选择复杂度较低的模型以在一定程度上避免过拟合问题的发生。

利用 scikit-learn 库导入 Stacking 集成框架的分类或回归库的方式如下。

```
from sklearn.ensemble import StackingClassifier
from sklearn.ensemble import StackingRegressor
```

函数原型如下。

```
StackingClassifier/ StackingRegressor (estimators, final_estimator=None , cv=None)
```

表 13-9 所示为其常用参数。

表 13-9　常用参数

名称	说明
estimators	基分类器或回归器
final_estimator	基分类器或回归器集成后的分类器或回归器
cv	确定 cross_val_predict() 中用于训练 final_estimator 的交叉验证拆分策略

❖　**实例 13-9：利用 Stacking 集成框架解决分类问题。**

本例主要介绍 Stacking 集成框架解决分类问题的具体应用方法。

（1）问题描述

利用鸢尾花数据集构建 Stacking 集成学习分类器，具体要求如下。

① 初级分类器采用 K 近邻、高斯朴素贝叶斯与随机森林等模型，元学习器采用 Logistic 回归模型。

② 对比个体学习器与集成学习分类器的精度。

（2）编程实现

根据本例问题的相关要求，相应的求解过程如下。

```
from sklearn.linear_model import LogisticRegression   #导入 Logistic 回归库
from sklearn.neighbors import KNeighborsClassifier   #导入 K 近邻库
from sklearn.naive_bayes import GaussianNB   #导入高斯朴素贝叶斯库
```

```
from sklearn.ensemble import RandomForestClassifier    #导入随机森林分类库
from sklearn.ensemble import StackingClassifier    #导入 Stacking 分类框架库
from sklearn import model_selection    #导入模型选择库
from sklearn.datasets import load_iris    #导入鸢尾花数据集
from sklearn.preprocessing import StandardScaler    #导入数据标准化库
#加载数据
iris = load_iris()
X, y = iris.data, iris.target
#标准化
scaler = StandardScaler()
X = scaler.fit_transform(X)
#初始分类器参数确定
KN=KNeighborsClassifier()    #K 近邻
RF=RandomForestClassifier()    #随机森林
GN=GaussianNB()    #高斯朴素贝叶斯
LR=LogisticRegression()    #Logistic 回归
#利用 Stacking 集成框架构建集成学习器
sclf=StackingClassifier(StackingClassifier=[KN,RF,GN], final_estimator=LR)
#精度对比
for clf, label in zip([KN,RF,GN,LR],['KNeighborsClassifier', 'RandomForestClassifier',
'GaussianNBClassifier', 'StackingClassifier']):
    scores = model_selection.cross_val_score(clf, X, y, cv=3, scoring='accuracy')
    print("Accuracy: %0.2f (+/- %0.2f) [%s]" % (scores.mean(), scores.std(), label))
```

（3）结果分析

以上代码运行结果如下。

```
Accuracy: 0.96 (+/- 0.02) [KNeighborsClassifier]
Accuracy: 0.97 (+/- 0.02) [RandomForestClassifier]
Accuracy: 0.94 (+/- 0.02) [GaussianNBClassifier]
Accuracy: 0.97 (+/- 0.01) [StackingClassifier]
```

在本例中，集成学习器获得了较高的精度与最小的标准差，从根本上而言，这主要得益于其融合了不同个体学习器的特征表达或非线性变换能力并采用交叉验证方式在一定程度上避免了过拟合问题的发生。需要注意的是，虽然随机森林本身为集成学习器，但在此例中作为初级学习器与其他初级学习器共同构建了另一个集成学习器，充分体现了 Stacking 集成框架多层结构、层层递进的特点。

❖　**实例 13-10：利用 Stacking 集成框架解决回归问题。**

本例主要介绍 Stacking 集成框架解决回归问题的具体应用方法。

（1）问题描述

以正弦曲线为基础通过均匀采样的方式构造真实数据点并添加服从正态分布的噪声，然后利用 Stacking 集成框架构建回归器，具体要求如下。

①　将初始分类器设置为线性回归、支持向量机（线性核）与随机森林等模型，元学习器设置为支持向量机（高斯核）模型以拟合带噪数据点。

②　将初始分类器设置为线性回归、支持向量机（线性核），元学习器设置为支持向量机（高斯核）模型以拟合带噪数据点。

③　绘制以上两种情况下生成的曲线以比较其间差异。

（2）编程实现

根据本例问题的相关要求，相应的求解过程如下。

```
from sklearn.ensemble import StackingRegressor    #导入 Stacking 集成回归库
from sklearn.linear_model import LinearRegression    #导入线性回归库
from sklearn.ensemble import RandomForestRegressor    #导入随机森林回归库
```

```python
from sklearn.ensemble import AdaBoostRegressor     #导入 AdaBoost 回归库
from sklearn.ensemble import GradientBoostingRegressor    #导入梯度提升树库
#导入绘图库
import matplotlib.pyplot as plt
from sklearn.metrics import PredictionErrorDisplay
import numpy as np    #导入科学计算库
import time   #导入时间库
#导入交叉验证库
from sklearn.model_selection import cross_validate, cross_val_predict
# 构造数据
a,b,c=3,-5,8  #设置参数真值
#真值
x = np.linspace(-5,5,100)
y_real = a * np.power(x,2) + b * x + c
#生成仿真数据
y = y_real + np.random.normal(0,5,100)
x = x.reshape(-1,1)
y_real = y_real.reshape(-1,1)
y = y.reshape(-1,1)
#显示结果
LR = LinearRegression()    #线性回归
RFR = RandomForestRegressor()    #随机森林
ABR = AdaBoostRegressor()    #AdaBoost
GBR = GradientBoostingRegressor()    #梯度提升树
estimators = [
    ('Random Forest', RFR),
    ('AdaBoost', ABR),
    ('Gradient Boosting', GBR)]
SR = StackingRegressor(estimators=estimators, final_estimator=LR)
# 评估并输出结果
fig, axs = plt.subplots(2, 2, figsize=(10, 8))
axs = np.ravel(axs)
for ax, (name, est) in zip(axs, estimators + [('Stacking Regressor', SR)]):
    scorers = {'R2': 'r2', 'MAE': 'neg_mean_absolute_error'}
    start_time = time.time()
    scores = cross_validate(est, x, y, scoring=list(scorers.values()), n_jobs=-1,
verbose=0)
    elapsed_time = time.time() - start_time
    y_pred = cross_val_predict(est, x, y, n_jobs=-1, verbose=0)
    scores = {
        key: (f"{np.abs(np.mean(scores[f'test_{value}'])):.2f} +- "
            f"{np.std(scores[f'test_{value}']):.2f}")
        for key, value in scorers.items()
    }
    display = PredictionErrorDisplay.from_predictions(
        y_true=y,
        y_pred=y_pred,
        kind='actual_vs_predicted',
        ax=ax,
        scatter_kwargs={'alpha': 0.5, 'color': 'tab:green'},
        line_kwargs={'color': 'tab:red'},
    )
    ax.set_title(f'{name}({elapsed_time:.2f} seconds)')
    for name, score in scores.items():
        ax.plot([], [], ' ', label=f'{name}: {score}')
    ax.legend(loc='upper left')
plt.tight_layout()
plt.subplots_adjust(top=0.9)
```

249

```
plt.show()
plt.plot(x, y)
plt.xlabel('Predicted values')
plt.ylabel('Actual values')
plt.show()
```

（3）结果分析

以上代码运行结果如图 13-13 所示。

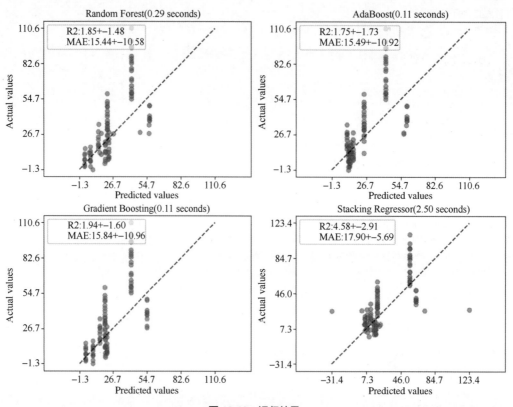

图 13-13   运行结果

在本例中，构建 Stacking 回归器时采用了随机森林、AdaBoost 与梯度提升树 3 个性能优良的初级学习器，同时将元学习器设置为线性回归模型，以在一定程度上避免过拟合问题的发生。

如图 13-13 所示，AdaBoost 与梯度提升树效率最高，Stacking 回归器由于集成多个个体学习器导致效率最低。在拟合效果上，Stacking 回归器的拟合优度最高，但偏差与平均绝对误差（Mean Absolute Error，MAE，预测值与真实值之间绝对差值的平均）也最大，表明很大可能出现了过拟合或模型集成不当问题。事实上，当不同初级学习器之间存在过拟合或相关性较高问题时，相应的 Stacking 模型的性能可能会受到影响；此时可通过调整初级学习器的类型与参数提高 Stacking 模型的性能。此外，在实际应用中，以下原因也可能导致 Stacking 模型性能较低。

（1）数据量较少或数据不平衡：较少的数据量不易突出其中蕴含的规律或关键信息，因而易导致 Stacking 模型构建的可靠性较差，而当不同类别的数据量偏差较大时，问题往往会更为严重。此时可以采用有效的数据扩充方式调整数据量以改善 Stacking 模型的性能。

（2）初级学习器较弱：性能较差的初级学习器不足以提取数据中蕴含的规律或关键信息，也易导致 Stacking 模型性能较低；此时可通过调整初级学习器的类型与参数改善 Stacking 模型的性能。

（3）特征选择不合理：当特征不具有良好的辨识性或特征之间存在较高的相关性时，Stacking 模型的性能也会受到较大的影响。此外可通过采用特征选择与提取方法改善 Stacking 模型的性能。

本章小结

　　集成学习通过融合不同个体学习器的优势构建性能优良的学习器，其常用的基础集成方法包括投票法与平均法两种，经典集成框架包括 Boosting、Bagging 与 Stacking 3 种，其中，Boosting 与 Bagging 为同质集成框架（即个体学习器类型需相同）且主要采用投票与平均等线性组合策略，而 Stacking 为异质集成框架（即个体学习器可不同）并采用学习式非线性组合策略。此外，这 3 种集成框架均可用于分类与回归等问题的求解，在具体的应用中应根据问题特点选用并设计相关个体学习器。

习题

　　1.　描述 Boosting、Bagging 与 Stacking 这 3 种集成框架的基本原理与区别。

　　2.　利用糖尿病数据集构建 AdaBoost 与 XGBoost 分类器并比较两者的精度。

　　3.　在 Stacking 集成框架下集成支持向量机、K 近邻、朴素贝叶斯与 Logistic 回归等模型并利用乳腺癌数据集训练与测试相应的分类器。

参考文献

[1] 周志华. 机器学习[M]. 北京: 清华大学出版社, 2016.

[2] 周志华. 集成学习: 基础与算法[M]. 北京: 电子工业出版社, 2020.

[3] 史丹青. 生成对抗网络入门指南[M]. 北京: 机械工业出版社, 2018.

[4] 爱丽丝·郑, 阿曼达·卡萨丽. 精通特征工程[M]. 陈光欣, 译. 北京: 人民邮电出版社, 2019.

[5] 黄佳. 零基础学机器学习[M]. 北京: 人民邮电出版社, 2020.

[6] 鲁伟. 机器学习: 公式推导与代码实现[M]. 北京: 人民邮电出版社, 2022.

[7] 李航. 机器学习方法[M]. 北京: 清华大学出版社, 2022.

[8] 王衡军. 机器学习与深度学习（Python 版·微课视频版）[M]. 北京: 清华大学出版社, 2022.

[9] 邱锡鹏. 神经网络与深度学习[M]. 北京: 机械工业出版社, 2020.

[10] 杰克·万托布拉斯. Python 数据科学手册[M]. 陶俊杰, 陈小莉, 译. 北京: 人民邮电出版社, 2018.

[11] 奥雷利安·杰龙. 机器学习实战: 基于 Scikit-Learn、Keras 和 TensorFlow[M]. 宋能辉, 李娴, 译. 北京: 机械工业出版社, 2022.

[12] 安德里亚斯·穆勒, 莎拉·吉多. Python 机器学习基础教程[M]. 张亮, 译. 北京: 人民邮电出版社, 2018.

[13] 埃里克·马瑟斯. Python 编程[M]. 袁国忠, 译. 3 版. 北京: 人民邮电出版社, 2023.

[14] 张伟楠, 赵寒烨, 俞勇. 动手学机器学习[M]. 北京: 人民邮电出版社, 2023.

[15] 弗朗索瓦·肖莱. Python 深度学习[M] 张亮, 译. 2 版. 北京: 人民邮电出版社, 2022.

[16] 陈仲铭, 彭凌西. 深度学习原理与实践[M]. 北京: 人民邮电出版社, 2018.